天下文化
BELIEVE IN READING

# 哈佛商業評論最有影響力的30篇文章

## 一本領略100年來最重要的管理思想精髓

The Most Influential and Innovative Articles from Harvard Business Review's First Century

《哈佛商業評論》——編著
《哈佛商業評論》中文版特約翻譯群——譯

目錄

出版者的話

# 2006年HBR全球繁體中文版<br>台北問世

## 融入世界企業管理的潮流

HBR繁體中文版創辦人 高希均

## （一）緣起：十六年前赴劍橋談合作

二十一世紀的台灣企業要與世界接軌，必先要與世界頂尖的管理學說、管理實務與管理績效接軌。多年來我們希望有一天能出版世界一流《哈佛商業評論》中文版的心意。

機會果然出現了。2006年2月應邀赴劍橋HBR總部商討繁體中文版的可能。我們一行四人（我和王力行、版權主管及一位事業群的顧問）從台北出發。二十小時後到達冰天雪地的波士頓。同行的顧問張明正是多年好友，趨勢科技董事長。他十分關心台灣的企管知識及實務亟需加強。事實上幾年前他個人已資助幾位台灣的管理學者赴哈佛商學院觀摩「個案研究」的教學與撰寫。

在一整天（9:00 － 17:00）的會議中，先後有八位HBR

2006年9月6日HBR繁體中文版創辦人高希均教授與HBR總裁David Wan簽約（台北人文空間）

的高層負責人及主管集體與分組討論。尤其午餐及兩次「咖啡時間」，增加彼此的熟悉度。會議中，雙方表現學術合作的期許及熱情。看到我們帶去六本近年出版的《遠見》雜誌，他們十分驚喜其設計、照片及廣告等。那時他們已與近十個國家（如日本）合作過國際版。

一天會議圓滿結束，告別時天色已暗，零度以下的寒風，撲面而來。王發行人忍不住問我：「聽說威斯康辛比這裡還冷，你怎麼受得了？」「四十年的生活經驗告訴我，吃得苦中苦，方爲人上人。」旁邊的明正兄：「高教授說得好，吃飯我請客，爲這次交流慶功。」

當年九月初，HBR總裁David Wan（第二代華裔）飛抵台北的「人文空間」正式簽約。HBR全球繁體中文版就在2006年9月正式創刊發行。至2022年6月已是190期。

## （二）趕上世界管理水準

1959年去美國讀書，讀到凱因斯的名言：「觀念可以改變歷史的軌跡」。受到這句話的激勵，使這位東方的青年決定要走向進步觀念的傳播。

在哈佛大學商學院出版的著作及雜誌上，常讀到它們標示的三個英文字：「Ideas with impact」，正可意譯爲「進步觀念」，是那麼地令人嚮往。

《哈佛商業評論》（*Harvard Business Review*, HBR）的英文版創立於1922年，今年剛好百週年。一世紀以來它已對全球的管理理論與實務產生深遠的影響。

在這個全球化年代，杜拉克（Peter F. Drucker）、彼得·聖吉（Peter M. Senge）、查爾斯·韓第（Charles Handy）等西方管理學者一再提醒：領先對手的唯一方法就是比對手學習得更快。

十六年前，在台灣各種學術領域中，與台灣企業成長最密切的一環，就是商學院的教學與研究是否已達國際水準。那時幾位資深的政大與台大教授說：「如果美國一流大學的管理教學爲A，那麼台灣最高的水準是接近B。」、

「如果美國是100分，台灣是60分。」

一世紀以來，HBR曾經孕育出許多先進的管理觀念，對全球的管理實務產生深遠的影響。許多著名學者和專家常常先在《哈佛商業評論》上發表原創性的文章，等待回響，然後改寫成書，如杜拉克、波特、韓第、蓋瑞·哈默爾、大前研一及《藍海策略》的兩位教授金偉燦、莫伯尼。

近年來HBR特別著重於四大領域：領導、創新、策略、管理。英語世界中最負盛名的學者與專家，都會在HBR發表文章。杜拉克2005年11月去世前，爲HBR在2004年6月寫的文章What Makes an Effective Executive?（我曾在《遠見》2004年7月討論過），即獲次年（2005）HBR麥肯錫最佳論文獎。

想起當時走進劍橋的哈佛商學院出版公司的大廳，就看到這幾個耀眼的字：Improving the practice of management and its impact in a changing world。自己四十年來不斷地傳播進步觀念，以及《遠見》與「天下文化」的出版，不正就是在東方的我們，在做的同樣的努力嗎？

台灣企業要與世界接軌，必先要與世界頂尖的管理學說、管理實務與管理績效接軌。這就是十六年前出版《哈佛商業評論》中文版的最大心意。由我們熱情的工作伙伴，參與這一項具有深遠影響的接軌工程。他們包括王力行擔任發行人，張玉文、鄧嘉玲負責編務，管理學者許士軍、李吉仁、周行一、簡禎富、許志義等擔任編輯顧問。

2014年10月21日 HBR舉辦CEO Innovation Forum，HBR總編輯殷阿笛在論壇中演講（台北人文空間）

## （三）創刊十六年以來的努力

創刊以來的十六年，我們投入許多心力，推動台灣管理理論與實務有助益的事。我們精準地譯介每期《哈佛商業評論》英文版前瞻的管理知識；尤其近幾年，數位轉型成爲不可逆轉的趨勢，企業對此求知若渴，我們持續在此領域的譯介，成爲企業在數位轉型的重要指引。同時，也善用這份雜誌兼具理論與實務的特性，搭建起台灣產學界的橋樑，除了邀請台灣學者專家撰文，我們也時常舉辦重要管理議題的論壇，增加產學交流。

此外，我們還舉辦各種評選，鼓舞建立管理界表現優秀的典範。2016年4月開始，每兩年舉辦一次「台灣執行長50強」評選（2020年始擴增爲「台灣執行長100強」），選出長期表現卓越的領導人。「數位轉型鼎革獎」選出在數位轉型上有傑出表現的企業。評選「最佳女性CEO」，則是爲了鼓勵更多女性經理人發揮才華。

繁體中文版在本身的經營管理不斷變革求新；追隨英文版的腳步，自2016年起，也轉型成以線上訂閱爲主的形式。目前我們也在研發多元化的產品，推廣至不同讀者群，例如去年推出的《請聽，哈佛管理學！》Podcast音頻節目，即深受年輕朋友的喜愛。

在世界舞台上，所有的落後中，一個社會最可怕的落後就是：觀念的落伍、知識的落差、與行動的落後。

十六年來，我們爲企業界及廣大的讀者，做出一些貢獻。此後還要跟緊百年來的HBR英文版，持續加強與世界接軌。我們也要感謝近三年來擔任執行長的楊瑪利的貢獻。

---

**高希均**

1959年赴美，1964年獲密西根州立大學經濟發展博士，任教於威斯康辛大學（河城校區）經濟系三十四年。曾獲美國傑出教育家獎、傑出教授獎、威州州長卓越獎、傑出校友獎等。曾任臺灣大學講座教授、行政院、經濟部等顧問。獲三所大學：亞洲大學、中興大學與台北商業大學名譽管理學博士；2016年總統頒授二等景星勳章。現爲「遠見・天下文化事業群」董事長。

前言

# 商業思維史上最受歡迎的文章

《哈佛商業評論》總編輯 殷阿笛（Adi Ignatius）

《哈佛商業評論》於一個世紀前創刊，爲時興的企管領域提供發表空間，精彩呈現各種新穎觀點。

當時美國一片歡騰，一次大戰塵埃就要落定，美國企業也即將起飛。「咆哮的二〇年代」（Roaring Twenties）正露出曙光，經濟急速成長、也充滿各種社會實驗（直到1929年經濟大蕭條，歡愉戛然而止）。汽車製造業與其他消費產業發展蓬勃，但講到如何有效率地以流程來引導產業，這門學問才剛開始萌芽。

《哈佛商業評論》應運而生。這本雜誌原爲季刊，創刊者爲哈佛商學院在任最久的院長華勒斯・多納姆（Wallace Brett Donham）。他的父親以巡迴牙醫爲業，而多納姆相信，如果能夠嚴謹地研究企業如何應對最艱難的挑戰，發展出一套適當的「商業理論」，就能讓企業高層學會如何做出正確判斷。他在1922年的《哈佛商業評論》創刊號寫道，做不到這點，商業就「沒有系統、沒有計畫，對許多人而言就是一場糟糕的賭博。」

許多《哈佛商業評論》最早的文章，都是以提升營運效率爲重點。當時最著名的學派是「科學管理」（scientific management），提倡者就是管理學者泰勒（Frederick Winslow Taylor），這位機械工程出身的顧問相信，幾乎所有工業程序都能量化並加以改進，提升效率與一致性。

然而隨著各種產業與利益關係日益複雜，企業還需要其他的方法與概念。在這樣的思維演進過程中，《哈佛商業評論》成爲相關觀點的重要來源，很快開始討論一系列廣泛的議題，從總體經濟趨勢如何影響企業、如何與工會打交道，再到如何適應新的金融規則。

時移世易，《哈佛商業評論》也隨之調整，著眼於新的重點領域。一些過去或許會認爲太過「軟性」的議題，像是員工動機、眞正的領導能力、工作與生活的平衡，後來都漸漸得到肯定，認爲是健全組織應具備的重要面向。《哈佛商業評論》接著發展出新的平台與產品，傳播思想的管道從雜誌邁向網路，有影片、有Podcast，登上社群媒體，甚至（從2020年開始）還上了TikTok。當然，《哈佛商業評論》知名的長篇紙本文章仍然深受重視，但現在也希望透過較短篇的文章、圖說、資料分析等形式，爲讀者創造重要的價值。

《哈佛商業評論》曾刊載多篇在現代商業史上影響最深遠的文章，而本書就集結許多重要亮點。我們選文的標準是希望幾十年來歷久彌新，雖然業界環境不斷發展、後人也以自己的想法與研究加以補充，但仍然深具參考價值的文章。某些文章的寫法用詞依今日標準可能覺得過時、甚至是令人反感。雖然我們選擇保留原始的表達方式，但也承認某些段落或許讀來會顯得刺眼。本書的用意並非作爲《哈佛商業評論》的歷史，也不是要以編年紀事的方式來呈現《哈佛商業評論》的歷年轉變，只是想要精選一些文章，呈現過去一個世紀以來《哈佛商業評論》最出色而經久不衰的概念。

我們選文時，可能也受到近因偏誤（recency bias）的影響，在爲數30篇的文章中，只有5篇出自《哈佛商業評論》的前60年，而有9篇出自於2015年之後。這有一部分也反映出商界的改變多麼劇烈，許多早期文章關注的範疇太狹隘、又或者只是一時之見。而如今《哈佛商業評論》刊載的文章則比較常談策略、商業模式、變革管理、科技等等，都是我們廣大的讀者群多半會感興趣的主題（撰寫本文時，每個月約有1100萬名讀者造訪網站）。在我們刊載的文章中，也充滿著我們一貫認定長久成功所必要的永恆根本價值，那就是永續、多元、包容、基於事實的決策。在這本精選合集當中，幾篇比較新的文章就是關於這些主題。

書中精選的作者與文章大多是傳奇經典。像是現代管理之父彼得・杜拉克（Peter Drucker），我們挑選他在1999

年的〈杜拉克教你自我管理〉，文中向未來的領導人提出挑戰，要他們正視自己的長處與短處，才能成爲更優秀的經理人。著名的哈佛商學院教授麥可・波特（Michael Porter），我們則是選擇他在1979年的文章〈競爭力如何形塑策略〉，該文首次提出引發許多研究的「競爭五力」架構，分析企業的競爭挑戰。至於克雷頓・克里斯汀生（Clayton Christensen），我們挑選的是1995年的作品〈掌握破壞式技術浪潮〉（與約瑟夫・鮑爾〔Joseph Bower〕合著），該文介紹克里斯汀生的代表性概念「破壞式創新」。另外也有金偉燦（W. Chan Kim）與芮妮・莫伯尼（Renée Mauborgne）2004年的文章〈藍海策略〉，除了創出「藍海」一詞，更啟發無數創新者創造出各種新的市場。

選集當中較爲晚近的文章，所談的主題和挑戰也有所改變，常常就是各方領導人向我們表示他們需要掌握的內容，包括性別、種族與多元性、科技與人工智慧、氣候變遷、全球疫情，以及工作的未來。隨著商業界不斷發展，《哈佛商業評論》也不斷調整，持續爲未來追求長期成功的領導人提供重要指引。

最後，我們也收錄一篇希奧多・李維特（Theodore Levitt）的文章。在《哈佛商業評論》悠久的歷史上，李維特是一位重要人物，這位德裔美籍經濟學家曾任哈佛商學院教授，於1985至1989年擔任《哈佛商業評論》主編，讓《哈佛商業評論》的使命與觀點都有所擴張。他在1960年的經典文章〈行銷短視症〉就洞燭機先，提出深謀遠慮的觀點：企業想要成功，就必須依據顧客需求、調整自己的方向。

李維特曾經開玩笑表示，《哈佛商業評論》這本雜誌是「由不能寫的人，寫給不能讀的人」。這當然是個風度翩翩的自謙之詞，而事實是，本選集所選入的文章不但觀點鞭辟入裡，更是商業思維史上流傳最廣、也深受喜愛的作品。

希望讀者能夠喜歡這些文章，也希望這些文章能繼續爲我們帶來啟發。

1999

第一章

# 杜拉克教你自我管理

Managing Oneself

彼得・杜拉克（Peter F. Drucker）

歷史上成就不凡的人物，如拿破崙（Napoleon）、達文西（da Vinci）、莫札特（Mozart）之類的人物，都很懂得自我管理，也因此才能有偉大的成就。不過在大家眼中，他們畢竟屬於罕見的非凡人物，才華與成就都非比尋常，凡夫俗子自認無法企及。但現在，大多數人也必須像那些非凡人物一樣學習自我管理，即使天資平庸的人也應該如此。我們必須懂得如何開發自我，把自己放在能做出最大貢獻的位置。在可能長達50年的工作生涯中，我們必須保持警覺與專注的心態，也就是說，知道怎樣轉換自己的工作，還有何時轉換。

## 我的長處是什麼？

大多數人都自認了解自己的長處，結果往往是誤解。自認了解自己短處的人更多，但也多半是誤解。問題是，唯有發揮長處，才會有優秀的表現，靠短處不可能展現績效，若是靠自己一竅不通的項目，更不可能成功。

從前，一般人幾乎沒必要了解自己有什麼長處，因爲在出生時，每個人的地位與職業就已經注定。農人的兒子還是農人，工匠的女兒將來也會嫁給工匠。不過現代人可以選擇，所以我們必須了解自己的長處，才能找到發揮的空間。

發現自己長處的唯一方法，就是進行回饋分析（feedback analysis）。每當你做出重大決策或行動時，記下你預期會發生的情況，等9到12個月後，再把實際結果與你原先的預測相比對。我用這個方法已經有15到20年了，每次的結果都出乎我意料之外。例如，經由回饋分析，我才了解自己對技術型人員，無論是工程師、會計師或市場研究員，都只憑直覺就能了解他們，這點令我大感意外。我還發現，我和通才型人士之間缺乏共鳴。

回饋分析絕對不是什麼新鮮事，早在14世紀，一位名不見經傳的日耳曼神學家就發明這種方法；大約150年後，約翰・喀爾文（John Calvin）與羅耀拉的依納爵（Ignatius of Loyola）也採用這種分析方法，各自教導信眾使用這種方法。這種方法講求績效與成果，因此他們各自創立的喀爾文教派與耶穌會都在30年內成爲歐洲勢力最大的教會組織。

只要持之以恆，就可以藉由這個簡單的方法，在短短兩、三年內了解自己的長處是什麼，而這是你最應該知道的要事。回饋分析可以顯示，你因爲做了或沒做哪些事情，因此無法充分發揮所長、獲得最大效益。它也可以告訴你，哪些領域你並不擅長，哪些領域你毫無天分，根本做不來。

做過回饋分析後，接下來就可以採取一些行動。首先，就是專注發揮所長，把精力放在能產生效果的地方。

其次，努力強化自己的長處。回饋分析可以讓你很快知道，自己需要改善或學習的技能有哪些，哪方面的知識有待充實，這些知識通常都可以補足。數學家是天生的，但每個人都能學會三角函數。

第三，找出自己在哪方面犯了「知識的傲慢」的毛病，因而產生無知的心態，並改正這個毛病。有太多人，尤其是專精某個領域的人，對其他領域的知識往往不屑一顧，或認爲有聰明的頭腦就夠了，不需要知識。例如，一流的工程師往往很得意自己不懂人情世故，還認爲涉及「人」的事情往往沒有條理可言，不適合優秀工程師的腦袋。而人力資源的專業人士，也常常對自己不懂初級會計或計量方法引以爲傲。其實這種以無知爲傲的心態，會讓自己走向失敗，應該要努力吸收能讓自己充分發揮所長的技術與知識。

同樣重要的是，要改掉自己的壞習慣，也就是因爲有做或沒做一些事而有損成果與績效的事情。透過回饋分析，可以很快察覺到這些習慣。例如，有一位規畫人員可能發現自己訂的完美計畫會失敗，是因爲無法貫徹到底。他和許多聰明人一樣，以爲觀念的力量足以移山；但移山得靠推土機，觀念只能指示推土機往哪裡挖。他應該要認清，計畫制定完成，並不表示工作就此結束。他還得去找執行計畫的人，向他們解釋內容，還必須在執行期間機動調整與修正。最後，他必須決定何時停止推動計畫。

如果問題出在沒有禮貌，回饋分析也可以反映出來。禮貌是組織的潤滑劑。兩個移動的物體接觸時，必然會產生磨擦，不論人或物體都不例外，這是自然法則。禮貌有時只是簡單說聲「請」和「謝謝」、叫得出對方的名字，或是問候對方的家人；有禮貌作潤滑劑，兩個人不論是否互有好感，都可以共事。可惜聰明人往往不懂這一點，聰明的年輕人尤其不懂。如果回饋分析顯示某人的表現很好，不過一旦需要與別人合作，就一再敗事，那問題可能出在他對人沒有禮貌。

拿自己的預測和實際結果相比，就可以看出哪些事不要去做。在很多領域，我們都欠缺天賦或才能，甚至連普通水準也很難達到。我們不該擔任這些領域的工作、職務或任務，知識工作者尤其應該謹記這一點。我們應該盡量避免把精力浪費在改善自己不擅長的領域，因爲，從無法勝任進步到普通水準需要耗費的精力，遠多於從一流水準進步到卓越所耗費的精力。可是大多數人，尤其是大多數的老師和組織，卻都努力想讓無法勝任的人進步到普通水準。其實，我們應該把精力、資源與時間用來協助勝任的人，讓他們提升爲績效卓越的明星。

## 怎麼把事情做好？

說也奇怪，很少人了解自己是怎麼完成事情的。大多數人甚至不知道，不同的人用不同方式做事，表現也不同。太多人用不適合自己的方式工作，也幾乎注定不會有好表現。對知識工作者來說，「我怎麼做才會有好表現」可能比「我的長處是什麼」更重要。

人人各有所長，同樣地，把事情做好，各人也有各人的獨特方式，這與人格特質有關。不論人格特質是先天或後天培養的，早在你開始工作之前，人格就已經形成了。因此一個人怎麼做事，其實已經定型了，就和一個人天生擅長或不擅長什麼事一樣。做事的方式或許可以稍加調整，但不太可能徹底改變，當然，改變起來也絕對不容易。唯有做自己擅長的事，才會有傑出的成就，同樣地，唯有以自己最能發揮的方式做事，才會成功。下列幾項人格特質，往往就決定一個人怎麼把事情做好。

## 我是閱讀者或聆聽者？

首先，要分辨自己是閱讀者（reader）或聆聽者（listener）。極少人知道有這種區別，也不曉得很少有人能兼具兩者，而了解自己屬於哪一類人的就更少了。不過從以下一些例子可以看出，要是缺乏這方面的認識，後果可能不堪設想。

二次大戰時，歐洲戰場聯軍最高統帥杜懷特・大衛・艾森豪（Dwight David Eisenhower）堪稱媒體寵兒，他的記者會以風格獨具著稱：不論記者提出什麼問題，艾森豪將軍都能全盤掌控，以優雅圓融的措詞，兩、三句話就清楚描述某種狀況或解釋某項政策。10年後他擔任美國總統時，當年對他仰慕有加的同一批記者，卻公開對他表示不屑。他們抱怨，艾森豪總是不正面回答問題，反而沒完沒了地談些不相干的話題。他們也喜歡調侃他的答覆前後矛盾、不合文法，簡直是謀殺純正的英語。

艾森豪顯然不知道自己是閱讀者，而非聆聽者。他擔任聯軍最高統帥時，幕僚要求記者至少必須在每次記者會召開前半小時先以書面提交問題；更何況，他那時掌控全局。他擔任總統之後的情況不同，他之前的兩任美國總統富蘭克林・羅斯福（Franklin D. Roosevelt）與哈利・杜魯門（Harry Truman）都屬於聆聽者，而且他們也很清楚自己是聆聽者，面對自由發問的記者會游刃有餘。艾森豪或許認爲自己應該承襲前兩任總統的作風，結果卻連記者提的問題也沒聽進去。不過，論起聽不懂別人的話，艾森豪還不算是最糟的。

幾年後，林登・詹森（Lyndon Johnson）出任總統，表現非常糟糕，主要歸咎於他不了解自己是個聆聽者。他的前任約翰・甘迺迪（John Kennedy）屬於閱讀者，手下有一批高明的作家擔任他的文膽，他們奉命先提出書面意見，然後才與總統當面討論。詹森留下這些人擔任幕僚，他們也就照寫不誤，但詹森顯然完全不了解他們寫的東西。他擔任參議員時，一直表現得很優異；畢竟，國會議員必須是聆聽者。

很少有聆聽者能變成好的閱讀者，反之亦然。聆聽者如果想變成閱讀者，就會落得和詹森一樣的下場，而想成為聆聽者的閱讀者，也難逃和艾森豪相同的命運，不會有什麼表現或成就。

## 我是怎麼學習的？

要知道怎麼做才會有好表現，第二件事就是必須了解自己如何學習。許多一流的作家，例如溫斯頓・邱吉爾（Winston Churchill），在學校的表現都很差，他們記憶中的學校生活，完全只有折磨。不過，他們的同學對學校的回憶多半不太一樣，就算不很喜歡學校生活，頂多也只是覺得無聊而已。原因就出在作家的學習通常不是經由聽與讀，而是透過書寫。但學校不容許他們用這種方式學習，所以他們的成績很差。

一般學校的基本假設是：正確的學習方法只有一種，而且人人適用。但那些學習方式不同於一般人的學生，被迫按照學校教的方式來學習，眞是苦不堪言。其實，學習方式可能有六種之多。

有些人透過書寫來學習，例如邱吉爾。有些人是靠寫下大量筆記來學習，像貝多芬留下許多筆記本，卻表示自己作曲時從未翻閱這些資料。據說有人問他，爲何還要記下那些東西？他的回答是：「如果不立刻寫下來，我很快就會忘記；可是寫到筆記本上，我就永遠不會忘記，而且事後也不需要再查看。」另外，有些人由做中學，有些人則靠聆聽自己的談話來學習。

我認識的一位執行長就是屬於靠談話學習的例子。他把業績平平的小型家族企業，改造爲業界龍頭。他習慣每週召集所有高階主管到辦公室裡一次，聽他滔滔不絕談上兩、三個鐘頭。他會提出一些政策面的議題，然後，針對每一個議題各列舉三個不同論點。他很少徵詢部屬的意見，也不要他們提出問題，他只是需要聽眾來聽他談話罷了。他就是這麼學習的。這個例子相當極端，但是從談話中學習絕不是什麼罕見的方法。成功的訴訟律師（trial lawyer）和許多診斷醫師都是如此（我自己也是）。

在各種了解自我的重要事項中，最容易的就是了解自己怎麼學習。當我問別人：「你是怎麼學習的？」大多數人都知道答案。可是如果再問：「你會根據這方面的認識來行動嗎？」就很少有人的回答是肯定的。然而，根據這方面的認識來行動，才是有好績效的關鍵；或者反過來說，如果**不**根據這方面的認識來行動，就難有好表現。

我是閱讀者或聆聽者？我是怎麼學習的？這些是一開始就該問的問題。可是要問的問題絕不只這些。爲了有效地自我管理，你還必須問：我善於和別人合作，還是適合單打獨鬥？如果確認自己善於和別人合作，還必須再問：我以什麼關係和別人合作？

有些人擔任部屬時表現得最好，第二次世界大戰時，美國的偉大軍事英雄喬治・巴頓（George Patton）將軍就是很突出的例子。巴頓擔任美軍部隊最高指揮官，但在他接受推薦擔任獨立指揮之責時，美國參謀長喬治・馬歇爾（George Marshall）將軍卻說：「巴頓是美軍有史以來最好的部屬，但可能會是最差的指揮官。」馬歇爾可能是美國歷史上最有識人之明的人。*

有些人在團隊內表現最好，有些人則在獨立作業時最有成效。有些人特別擅長擔任教練與指導者，有些人就是無法勝任指導者的工作。

* 編註：巴頓將軍在第二次世界大戰的戰功彪炳，但在戰後被任命為德國北部巴伐利亞軍事司令時，仇視同為戰勝國的俄國人，並讓納粹黨人繼續擔任公職而被解職。

另一個關鍵問題是，我適合當決策者還是顧問？很多人擔任顧問時表現傑出，卻無法承受做決策的負擔與壓力。還有很多人需要顧問來強迫自己思考，然後他們就能據以制定決策，並且充滿自信、迅速勇敢地執行。

順便一提，這也是組織裡第二號人物晉升爲最高領導人時往往無法勝任的原因之一。決策者最適合擔任最高職位。強勢決策者經常指派他信任的人坐第二把交椅，擔任自己的顧問。這位第二號人物往往表現突出，可是一坐上第一把交椅，表現就完全走樣。他們雖然知道該做什麼決策，但就是無法承擔眞正做決策的責任。

其他該問的重要問題還包括：我在壓力下表現良好，或是需要組織架構分明、可預測的環境？我在大機構或小機構表現得比較好？很少有人在各種環境下都能有良好的績效。我就曾看到不少在大機構中非常成功的人士，換到較小的機構後表現非常差勁，反之亦然。

最後，我還要再重覆一次：別想改變自己，這是很難做到的。你應該努力改善自己的做事方法，同時，盡量不要接下自己做不來或做不好的工作。

## 我的價值觀是什麼？

爲了管理自我，你最後還得問：我的價值觀是什麼？這並不是道德問題，因爲關於道德，人人都適用同樣的準則，而且檢驗方法很簡單，我稱爲「鏡子檢驗」。

20世紀初，各個強權國家中最受尊重的外交官，非德國駐英大使莫屬。他足堪大任，如果沒當上德國總理，至少也會成爲外交部長。可是，他突然在1906年辭職，不願意主持外交使節團爲英王愛德華七世（Edward VII）所辦的宴會。這位國王是有名的好色之徒，而且明白表示希望宴會照他喜歡的方式舉行。據說這位德國大使說：「我可不希望早上刮鬍子時，在鏡子裡看到一個皮條客。」

這就是「鏡子檢驗」。道德要求你自問：我希望早上在鏡子裡看到的自己是什麼樣的人？在某一個組織或場合裡合乎道德的行爲，在其他組織裡也是合乎道德的。但道德只是價值系統的一部分，尤其只是組織價值系統的一部分。

如果組織的價值系統讓你無法接受，或者不符合你個人的價值觀，在那裡工作，勢必會讓你感到挫折而難有表現。

有位很成功的人力資源主管，在公司被另一家大公司收購後獲得晉升，負責她最擅長的工作，包括遴選人才出任要職。她深信，應該先確認內部沒有合適人選出任這些要職，才考慮向外徵才。可是公司卻認爲應該以外部人才爲優先，好「引進新血」。當然，這兩種策略各有利弊，根據我的經驗，比較適當的做法是雙管齊下。不過問題是，兩者在本質上相互矛盾，不是政策上的矛盾，而是價值觀的矛盾。這兩種做法的觀點截然不同，無論就組織與員工的關係、組織對員工及其前途應負的責任，以及員工對企業最重要的貢獻是什麼，兩種觀點的看法都不一樣。經過幾年的掙扎，這位主管辭職了，金錢損失頗爲可觀，但她的價值觀就是與公司格格不入。

同樣地，一家藥廠爲求績效，應該持續進行小幅度改良，或是砸重金尋求高風險、但不常發現的「突破」？如何抉擇，基本上並非經濟問題，因爲兩種策略最後的結果可能大同小異。這終究還是兩種價值體系的衝突，也就是這家藥廠究竟認爲，應該致力協助醫師改良既有做法，或是要追求科學上的新發現。

企業應該追求短期成果或著重長期發展，同樣也是價值觀的問題。財務分析師認爲，企業應該可以兩者兼顧，而成功的企業人士對此有更深刻的了解。當然，每家公司都必須有短期績效，但短期績效與長期成長之間有衝突時，各家公司會決定本身的優先順序。基本上，這並不是經濟面的分歧，而是價值觀的衝突，各企業對於企業功能與管理職責各有不同看法。

價值衝突不限於企業組織。美國有個成長很快速的教會，以新教友的人數來評量成功與否。這個教會的領導人相信，重要的是有多少新教友成爲信眾，因爲加入後，上帝自會照顧他們靈魂上的需求，或至少照顧到足夠多的需求。但另一個福音派教會卻重視屬靈的成長，反倒鼓勵無法融入教會屬靈生活的新教友自動離開。

當然，這不是人數的問題。乍看之下，第二個教會的成長會比較緩慢，但它留住的新教友比例高得多。換句話說，它的成長更爲實在。這也不是神學問題，至少重點不在神學，而是價值觀的問題。在一次公開辯論中，有位牧師說：「除非你先進教會，否則永遠找不到天國之門。」

「不對，」另一位牧師反駁，「除非你先追尋天國之門，否則不會成爲教會一員。」

組織和人一樣，也有自己的價值觀。一個人如果想在組織中有所發揮，他的價值觀必須與組織價值觀契合。兩者並不需要完全相同，但必須相當接近，可以並存。否則，個人不但會有挫折感，也無法做出貢獻。

個人長處及最能發揮所長的方式，往往能夠相輔相成，不會相互衝突。可是一個人的價值觀與長處，有時卻會彼此牴觸。你非常擅長的事，未必符合你的價值體系。在這種情況下，似乎不值得你投入一生來做那份工作（或者連投入大半生也不值得）。

容我在此提一下個人的經驗。多年前，我也面臨同樣的抉擇，必須在自己的價值觀與做得很成功的事情間取捨。那是1930年代中期，我年紀還很輕，在倫敦從事投資銀行業，表現很好，這顯然是我擅長的工作。可是我看不出自己當資產經理人的角色有什麼貢獻可言。我體認到，「人」才是我最看重的，否則就算我終老時變成最有錢的人，還是沒有意義。當時我既沒有錢，也沒有其他工作機會，經濟大蕭條仍在持續中，但我還是辭職了，而且這是個正確的決定。換句話說，價值觀的確是、也應該是最終的檢驗標準。

## 我的歸屬在哪裡？

只有少數人很早就知道自己的歸屬在哪裡。例如，數學家、音樂家和廚師，通常四、五歲就已經嶄露天分。物理學家通常在十幾歲、或更小時就決定一生的方向。可是大多數人，尤其是天賦高的人，往往過了二十好幾才眞正了解自己該走的路。不過，這時他們應該已經知道下面這三個問題的答案：我的長處是什麼？該怎麼發揮所長？我的價值觀是什麼？接下來，他們就能夠、也應該決定自己的歸屬。

或者說，他們應該能夠決定自己**不**屬於哪裡。如果體認自己在大型組織中不會有什麼表現，就必須學會拒絕到大型組織工作；如果知道自己不是決策者的料，就必須學會拒絕擔任決策的工作。像巴頓將軍這樣的人，應該學會拒絕獨立指揮的機會（他大概一輩子也沒體認到這點）。

同樣重要的是，知道這些問題的答案後，碰上合適的機會、職位或任務時，你會懂得說：「好，我願意。不過請了解，這是我做事的方式，我還希望有這樣的架構和關係。你可以預期我會在這樣的時限內取得這些成果，因爲我就是這樣的人。」

成功的事業不是靠規畫來的。如果了解自己的長處、做事的方法、價值觀，自然能把握機會，發展出自己的事業。平凡的人如果知道自己的歸屬在哪裡，可以靠著努力而勝任工作，變成績效不凡的傑出人物。否則要是放在其他地方，就會只是個平庸的角色而已。

## 應該貢獻什麼？

在過去，絕大多數人根本不需要問：我應該貢獻什麼？因爲決定權不在自己手裡，有的人由本身的職業決定該做什麼事，例如農人或工匠，有的則是聽從主人的吩咐做事，例如僕人或傭人。直到不久前，大多數人仍然以部屬的身分聽命行事，以爲那是天經地義的事。即使到了1950與1960年代，新的知識工作者（就是所謂的「組織人」）還是仰仗公司的人事部門規畫他們的職業生涯。

到了1960年代晚期，沒有人願意再由旁人決定自己該做什麼事。年輕人開始問：我希望做什麼？他們得到的答覆是：貢獻自己的方式就是「做自己的事」。可是這麼做，並沒有比組織人過去的做法高明。那些相信做自己的事就能貢獻社會、自我實現（self-fulfillment）、功成名就的人，到頭來很少有人眞的能做到其中任何一項。

但話說回來，我們也不可能重回老路，聽從別人指派你該做什麼。知識工作者尤其應該學會問一個前人不曾問過的問題：我**應該**有什麼貢獻？爲了回答這個問題，必須釐清三項重點：這需要什麼條件配合？考量我的長處、行事方式與價値觀，我怎樣才能對該做的事做出最大貢獻？還有最後一點是，應該要達到怎樣的成果，才能眞正發揮影響力？

以某位新上任的醫院院長爲例，他看出過去30年來，這家頗負盛名的大醫院全靠既有的名聲輕鬆經營，因此他決定，自己的貢獻應該是兩年內在某個重要領域建立卓越的標準。他選定的目標是急診室，因爲急診室規模龐大，動見觀瞻，但效率不彰。他的目標是，每位進入急診室的患者，能在一分鐘內受到一名合格護士的照顧。結果一年內，這家醫院的急診室就成爲全美所有醫院的典範，又過了兩年，整個醫院都脫胎換骨了。

這個例子顯示，我們幾乎不可能預測太久以後的事，這樣做也不會有什麼收穫。通常，把期限訂在18個月內，計畫仍能維持清晰明確。因此通常應該要問的是：今後一年半內，我在哪些領域、怎麼做，就能達到改變現狀的成果？答案必須綜合考量幾個因素：首先，成果必須有一點難度，用現在流行的詞語來說，需要「努力施展」(stretching)，但又不能遙不可及。設定根本達不到、或只有最罕見情況下才能達到的目標，並不代表有雄心壯志，而是愚不可及。其次，成果必須有意義，要能發揮影響力。最後，成果必須明顯可見，最好還能夠衡量評估。釐清以上這些因素，就可以擬定行動方案：該做什麼、從哪裡開始、怎麼開始、該設定什麼目標與期限。

## 為人際關係負起責任

除了極少數偉大的藝術家、科學家與運動員，很少人的工作是單打獨鬥，全靠一己之力取得成果。大多數人都與別人共事，一起達成目標，不論你是組織的一員或獨立工作者都一樣。要做好自我管理，必須負起人際關係的責任，這可以分爲兩部分來說。

首先要接受一個事實：別人和你一樣，也是獨立的個體，也會固執地以自己的方式行事。也就是說，他們也有自己獨特的長處、行事方式與價值觀。爲了提升效能，你必須了解共事者的長處、做事方式和價值觀。

雖然聽起來理當這樣做，但很少人眞的在這上面花心思。典型的狀況是，人們在擔任第一個工作時，上司通常會訓練他寫報告，因爲第一位上司是個閱讀者。等到換了一位上司，他仍然沿襲過去寫報告的做法，即使這位上司屬於聆聽者，他還是照寫不誤。結果寫報告都沒有什麼用，上司覺得他既蠢又懶，不能勝任工作。其實只要他稍微留意一下，分析**這位**上司如何做事，就可以避免這種後果。

上司並不是組織圖上的一個職稱，也不是一種「功能」。他們是人，也要用自己最擅長的方式來做事。和他們共事的部屬應該觀察他們，了解他們如何工作，並調整自己來配合上司，讓上司能展現最佳成效。其實這就是「管理」上司的祕訣。

同樣的做法也適用於同事。每個同事都有自己的工作方式，也都有權這麼做，而不是用你的方式工作。重要的是，他們能不能把事情做好，價值觀又是什麼。每個人最能發揮的做事方法各不相同，因此獲得成果的祕訣，就是要了解與你共事或你仰仗的人，如此才能運用他們的長處、工作方式與價值觀。工作關係是以工作為基礎，但同樣也是以人為基礎。

人際關係責任的第二部分，就是負起溝通的責任。每當我或其他顧問與某一個組織展開合作時，首先聽到的總是各式各樣的人際衝突。大多數問題源自於人們不了解別人在做什麼、怎麼做事，也不了解別人努力做什麼貢獻、預期會得到什麼成果。至於他們為什麼會不了解，就是因為不曾開口發問，也就從未被告知。

這種不開口問的習性，與其說反映人類的愚蠢，更大程度是反映人類的歷史。在過去，大家根本沒必要告訴別人那些事，這情況直到最近才改觀。中世紀時，城市裡同一區裡的每個人都從事同樣的行業；在鄉下地方，住在同一個河谷裡的每個人，在冰霜融化後種植同樣的作物。就算有少數人做的事與一般人不「相同」，但因為他們是獨自工作，也不需要告訴別人自己在做什麼。

今天絕大多數人與別人一起工作，而且各有不同的任務與責任。如果有位行銷副總裁是業務出身，就會對業務非常熟悉，可是對他從未做過的事情就一無所知，例如訂價、廣告、包裝等。所以公司負責這方面事務的人就務必要讓行銷副總裁了解他們打算做什麼、爲什麼要做、怎麼做，以及會有什麼結果。

如果行銷副總裁不了解這些高層級知識專家在做些什麼，錯不在他，而要怪那些人沒有告訴他。反過來說，行銷副總裁有責任確認其他同事了解他對行銷的想法：他的目標是什麼、他怎麼做事、他對自己與每個成員有什麼期望。

一般人就算了解負起人際關係的責任有多麼重要，往往還是無法與同事充分溝通。他們擔心同事會認爲他們很傲慢、過分好問或愚蠢；其實並不會。如果你告訴同事：「這是我擅長的事、這是我的做事方式、這是我的價值觀、這是我全力以赴要做的貢獻，我預期得到這樣的成果。」對方一定會說：「這會很有幫助，你爲什麼沒有早點告訴我？」

如果你繼續問同事，「我該知道你有哪些長處、做事方式、價值觀和希望做的貢獻？」一定也會得到相同的反應，據我所知，沒有任何例外。其實知識工作者應該向所有共事的人詢問這些問題，不論自己的身分是部屬、上司、同僚或團隊成員，都該詢問。同樣地，只要這麼做，對方一定會說：「謝謝你問我，你爲什麼沒有早點問？」

現代組織的基礎不再是力量，而是信任。人和人互相信任，不一定代表他們喜歡彼此，而是代表他們相互了解。因此，負起人際關係的責任也就成爲絕對必要的事，這是一種本分。無論你是組織的成員、顧問、供應商或配銷商，你對所有的共事者都負有這種責任，只要他的工作和你的工作相互依存，他都是你的共事者。

## 規畫人生的下半場

在大多數人都從事勞力工作的時代，人們不太需要操心下半生要怎麼過，只要繼續做原本一直在做的事就好了。如果運氣好，在磨坊或鐵路辛苦工作40年後依然健在，大概會樂得什麼事也不做，悠閒度過餘生。但今天大部分的工作屬於知識型工作，而且在40年的工作生涯之後，知識型工作並不會「結束」，只會令人感到厭倦。

我們常聽說許多高階主管有中年危機，其實多半是因為厭倦。大多數高階主管在45歲已經達到事業巔峰，他們很清楚這一點。他們花了20年做大同小異的事，對工作已經得心應手，但他們不再學到新事物，不再有所貢獻，也無法再從工作中得到挑戰和滿足。然而，他們很可能還要再工作20年、甚至25年。正因為如此，自我管理引導人們開展事業第二春的情況愈來愈多。

開展事業第二春有三個方法，一是開始從事新行業，往往是轉換到不同性質的組織：例如，由某家大公司事業部的會計長，轉任中型醫院的會計長。不過，也有愈來愈多人轉任性質完全不同的工作：例如，企業高階主管或政府官員在45歲時去當牧師；或是中階主管離開工作20年的企業界，進入法學院就讀，然後到小鎮擔任律師。

未來，我們會看到更多人在原本工作上小有成就後，毅然追求事業第二春。這種人很有才幹，也熟悉工作方法，他們需要一個讓自己有歸屬感的社群（因爲子女都已經離家，剩下一個空巢），也需要收入。不過最重要的是，他們需要挑戰。

爲下半場人生做準備的第二種方式，是同步開拓第二項事業。許多在第一項事業表現傑出的人會一直待在那個領域，性質可能是全職工作、兼差，或是擔任顧問。不過，他們也會同時擔任另一項職務，通常是在非營利組織，每週貢獻10小時，像是在教會負責行政事務，或是擔任地方女童軍會的會長。他們也可能經營受虐婦女庇護所，或在社區的公共圖書館擔任兒童圖書館員，或參與學校的董事會。

最後，就是社會企業家（social entrepreneur）了。這些人通常在第一項事業上十分成功，也熱愛自己的工作，只是覺得工作不再有挑戰性。他們往往還是持續做著既有的事業，但投入時間愈來愈少，同時也會展開另一項活動，通常是非營利性質。像我的朋友鮑伯・布佛德（Bob Buford）設立一家非常成功的電視公司，目前他仍在經營，但他也創立一個很成功的非營利組織，與基督教會合作從事服務工作；現在他又在籌設另一個組織，準備教導社會企業家在經營本業之餘，如何管理自己的非營利事業。

也許永遠只有少數人會好好管理自己的下半生，多數人可能都是「在職退休」，並數著還要工作幾年才能退休。只有少數人懂得把剩餘的漫長工作生涯，視為對自己與社會的有利契機，像這樣的人，才能成為領導人與典範人物。

要管理自己的下半場人生有個先決條件：你必須及早開始準備。30年前，工作年限快速延長的趨勢已經開始明朗化，許多觀察家（包括我在內）都相信，退休人士擔任非營利機構志工的人數會愈來愈多，但結果並非如此。如果一個人在大約40歲之前沒有開始擔任志工，60歲後也不會這麼做。

同樣地，我認識的社會企業家，都是早在本業達到巔峰前，就開始投入自己選擇的第二項志業。以擔任某大公司法律顧問的一位成功律師為例，他在居住的州投資設立一些模範學校（model school）。早在他35歲左右，就開始替一些學校提供義務的法律服務，40歲被選入學校董事會；到了50歲累積大筆財富後，他就開始興辦模範學校的事業。不過在此同時，他還是在自己年輕時代協助設立的公司裡擔任首席法律顧問，而且幾乎是全職工作。

應該及早發展第二項主要興趣還有另一個原因。只要活得長久，任何人都可能在人生或工作生涯中遭受嚴重挫敗。有一位優秀的工程師在45歲時未能如願升遷；某學院稱職的42歲教授體認到自己永遠無法進入著名大學任教，儘管資格都符合。還有家庭生活的變故，如婚姻破裂或子女亡故等。遭遇這些狀況時，如果有第二項主要興趣（不只是嗜好而已），結果可能大爲不同。例如前述那位工程師終於了解自己在工作上不算太成功，但在工作以外的活動，像是擔任教會出納，卻表現傑出。或是個人的家庭雖然破碎，但還是可以從其他活動中找到能讓自己有歸屬感的社群。

在這麼重視成功的社會裡，擁有其他出路變得益發重要。回顧往昔，並沒有「成功」這回事，絕大多數人只知謹守「合宜本分」，別無期待。當時的社會流動只有往下，不會往上。

然而，在目前的知識社會，我們期望人人都會成功。這顯然不可能，許多人頂多就是不失敗而已。因爲有人成功，必然就會有人失敗。因此，無論就個人或他的家庭而言，擁有一片天地，在其中可以有所貢獻、發揮影響力、成爲**重要人物**，就變得至關重要。也就是說，我們要找到第二個領域，不論是轉換到第二項事業，或是同時進行本業和第二項事業，或是從事社會事業，都能讓我們有機會當領導人，受人尊敬，獲得成功。

自我管理的挑戰看似明顯，甚至相當基本，因應之道也好像單純到不言自明。但是，自我管理對個人有一些前所未有的嶄新要求，尤其是對知識工作者。要做到自我管理，每位知識工作者的思考與行爲就必須像一家企業的執行長。另外，從聽命行事的勞工，轉變成必須管理自己的知識工作者，社會結構也面臨重大挑戰。現在的社會就算再強調個人主義，也會把以下兩件事視爲理所當然（也可能只是下意識認爲如此）：組織壽命超越個人、大多數人會維持原狀不變。

可是，今天的情況其實恰好相反：知識工作者的壽命超過組織，而且他們會流動。因此，自我管理的必要性，正在人類社會掀起革命性的變化。

---

（李明譯，轉載自2005年1月號《哈佛商業評論》，最初在1999年3月至4月號發表）

---

## 彼得・杜拉克

管理顧問、教育家和作家，他的著作爲現代企業的哲學和實務基礎做出貢獻。他是管理學教育開發的領導人物，發明著名的「目標管理」（*management by objectives*）概念，被認爲是「現代管理學的奠基者」。

— 1998 —

第二章

# 成為全方位領導人

## What Makes a Leader?

丹尼爾・高曼（Daniel Goleman）

每位企業人士都聽過這樣的故事：一個極爲聰明、也非常能幹的高階主管，在晉升到領導階層後，卻無法勝任。當然，也有些才智與專業夠扎實、但並不特別傑出的人，在被提拔到領導職務後，卻一路扶搖直上。

企業界有太多這樣的故事，似乎證實以下這個普遍的想法：要找出擁有「適當領導特質」的人，是一門藝術而非科學。畢竟，一流領導人的人格特質各有不同：有些領導人很內斂、重分析，有些人則毫不保留地表達自我。重要的是，情勢不同，需要的領導能力也不同。像大部分併購案需要的掌舵者，是敏銳的談判專家；但若要大幅整頓企業，多半需要較爲強勢的領導人。

然而，我也發現到，所有的高效能領導人都有個重要的共同點：很高的「情緒智能」（Emotional Intelligence，中文一般俗稱EQ）。這並不是說，智商（IQ）和專業技能無關緊要，它們還是很重要，但那只是「門檻」，也就是說，只是擔任高階主管的基本條件。我的研究和最近一些其他的研究都清楚顯示：EQ是領導力的必要條件。一個人就算受過世界上最好的訓練，頭腦敏銳、擅長分析，還有源源不絕的聰明點子，若是沒有EQ，仍然無法成爲偉大的領導人。

去年，我和同事全心研究EQ在職場上如何運作。我們探討EQ如何影響績效，尤其是領導人的績效。我們也觀察EQ如何展現在工作中。舉例來說，你如何分辨某人有高EQ，或自己是否有高EQ？接下來，我們會探討前述的問題，依序討論EQ的每項組成因素：自我認知、自我規範、驅動力、同理心、社交技巧。

## 掂一掂EQ的分量

現在，大多數大型企業都會聘請受過專業訓練的心理學家，發展所謂的「職能模式」（competency model）*，根據這些模式來找出、訓練、提拔可能成爲領導人的明日之星。針對位階較低的職務，這些心理學家也發展類似的模式。近幾年來，我分析188家公司的職能模式，其中不乏一

* 譯註：歸納整理從事某項工作的高績效人員共同具備的職能因素，彙集成為該項工作的職能模式。

**工作EQ的五項要素**

| | 定義 | 特徵 |
|---|---|---|
| **自我認知** | • 分辨及了解自己的心情、情緒、驅動力的能力，以及這些情緒對別人的影響 | • 自信<br>• 務實的自我評量<br>• 自嘲式幽默 |
| **自我規範** | • 有能力控制及扭轉一時衝動、失控的情緒<br>• 先思考後行動，不妄下判斷 | • 值得信賴及正直<br>• 對模稜兩可處之泰然<br>• 對改變持開放態度 |
| **驅動力** | • 不只為金錢及地位而工作的熱情<br>• 努力不懈追求目標 | • 強烈渴望有所成就<br>• 失敗時仍保持樂觀<br>• 對組織的熱切投入 |
| **同理心** | • 能夠了解別人的情緒<br>• 與人相處時，能考量對方的情緒反應 | • 有培養及留住優秀人才的能力<br>• 跨文化的敏感度<br>• 對客戶提供服務 |
| **社交技巧** | • 擅長管理人際關係與建立人際網絡<br>• 能夠找出共識及建立關係 | • 有效領導變革<br>• 有說服力<br>• 擅長建立及領導團隊 |

些全球性的大型企業，像朗訊科技（Lucent Technologies）、英國航空（British Airways），以及瑞士信貸銀行（Credit Suisse）。

我的主要目的是確定在這些組織中，哪些個人能力可以創造傑出的績效，以及對績效的影響程度有多大。我把能力分爲三大類：純粹的專業技能，像是會計或事業規畫；認知能力，像是分析推理；展現EQ的能力，像是與別人合作的能力，以及有效領導變革。

心理學家在發展職能模式時，會要求公司裡的資深經理人指出組織裡頂尖領導人通常具備哪些能力。而在發展其他模式時，心理學家會用部門績效之類的客觀標準來區隔組織高層中表現優異者與平庸者。接著，心理學家會面談及測試這些人，並且比較這些人的能力。最後，心理學家會列出清單，列舉高效能領導人的特色，通常有7到15項，從積極進取到策略眼光，可能都涵蓋在內。

我在分析這些資料時，發現一些引人注意的結果。確定的是，聰明才智是績效傑出的原因之一，而宏觀思考與長遠眼光等認知能力尤其重要。然而，當我計算專業技巧、聰明才智，以及EQ對優良績效的貢獻時，發現EQ對各層級職務的重要性是其他能力的兩倍！

此外，我的分析結果也顯示，對企業高層主管來說，EQ愈來愈重要，專業技能的差異則變得不相關。換句話說，一個表現傑出的人職位愈高，愈能看出是EQ讓他表現優異。當我比較資深領導階層中的傑出者與平庸者時，幾乎有90%的差異可歸因於EQ，而非認知能力。

其他研究人員也證實，EQ非但能使傑出的領導人脫穎而出，也有助於創造優良的績效。像知名人類與組織行爲研究學者大衛・麥克里蘭（David McClelland）的發現就是很好的例子。1996年，麥克里蘭針對一家全球食品飲料公司的調查發現，如果資深管理者擁有高EQ，該部門可超越年度盈餘目標20%；但如果管理者EQ不太高，可能會落後年度目標20%。有意思的是，這項發現不但適用於該公司的美國部門，在亞洲與歐洲部門也同樣適用。

簡單來說，各項研究數字陸續提供一些令人信服的證據，說明企業的成功與公司領導人EQ之間的關聯。而同樣重要的是，研究也顯示：只要採用正確的方法，就能培養EQ（見〈EQ學得來嗎？〉）。

## 自我認知

自我認知是EQ的第一個組成要素。這很有道理，因爲幾千年前古希臘著名的「特爾斐神諭」（Delphic Oracle）就提出「了解你自己」（know thyself）的建議。自我認知意謂著深入了解自身的情緒、長處、弱點、需求及驅動力。自我認知強烈的人既不會過於吹毛求疵，也不會不切實際地滿懷希望。相反地，他們誠實面對自己與他人。

有高度自我認知的人知道，自己的情緒如何影響自己、別人和自己的績效。如果某個人深知自己在截止日期迫近時的表現最糟，就會仔細規畫時間，在截止之前很早就完成工作。此外，自我認知程度高的人也知道如何與要求嚴格的客戶工作。他明白自己的情緒會受客戶影響，以及自己感到沮喪的深層原因。「客戶一些瑣碎的要求，使我們無法專注進行眞正重要的工作。」他可能會如此解釋，然後進一步把憤怒轉換成更有建設性的事。

自我認知可延伸爲對自我價値觀及目標的體認。自我

## EQ學得來嗎？

長久以來，人們一直爲了領導人究竟是天生或後天養成而爭論不休，對EQ也有相同的爭論。比方說，人們究竟是生來就具有某種程度的同理心，或是經由生活經驗而獲得？答案是兩者皆是。科學研究強烈主張，EQ具有先天的成分，而心理學及發展研究卻指出，後天培養也有一定的重要性。究竟先天與後天各占多少比重，或許永遠都不會有答案，但研究與實證卻清楚顯示：EQ是可以學習的。

有件事是肯定的，EQ會隨著年齡增長而提高。用老式的說法，就是「成熟」。不過，有些人即使成熟度提高，仍需要接受訓練來提升EQ。可惜的是，有太多訓練課程雖以建立領導技巧（包括EQ在內）爲宗旨，但只是浪費時間與金錢。問題很簡單，他們弄錯應該注重的大腦部位。

EQ主要是由腦中一個主導感覺、衝動、欲望的邊緣系統（limbic system）神經傳導物質（neurotransmitter）所產生。研究指出，透過刺激、不斷練習及回饋，邊緣系統的學習效果最佳。接著，我們再比較掌管分析與技術能力的新皮質（neocortex）的學習方式。新皮質會掌握住概念與邏輯，在腦中負責釐清應如何操作電腦，以及從書中學習如何進行銷售拜訪。以提升EQ爲目的的訓練計畫，大多是針對腦中的新皮質來設計，這一點並不令人意外，但這種做法大錯特錯。我爲「組織EQ研究聯合會」（Consortium for Research on Emotional Intelligence in Organizations）所做的研究發現，如果訓練計畫針對的是新皮質部分的學習，反而可能會對人們的工作績效造成**負面**影響。

若要提升EQ，組織必須重新調整訓練計畫，納入邊緣系統的訓練。他們必須幫助人們打破舊有的行爲模式，建立新的行爲模式。這不僅比傳統訓練計畫花時間，也需要採用個人化的方法。

假設有個經理人被同事認爲沒有同理心，他的其中一個缺點是不懂得傾聽，會打斷別人談話，也不注意別人在說什麼。若要解決這個問題，這位經理人必須有改變的動機，還需要多多練習，並聽取其他同事的意見回饋。公司應指定一位同事或教練，在這位經理人忘了傾聽時提醒他。然後他必須重做一次練習，做出較佳的回應，也就是要表現出自己能夠理解別人說的話。公司也可以安排這位經理人去觀察幾個懂得傾聽的高階主管，模仿他們的行爲。

只要持之以恆地練習，成效就可以持久。我知道一位在華爾街工作的經理人想要提高同理心，特別希望有能力解讀別人的反應、了解別人的看法。在他尋求改善前，他的部屬都很怕與他共事，甚至不敢讓他知道壞消息。等到他終於發現自己的窘境時，自然感到很震驚。他告訴家人這種情況，但家人也同意同事對他的評語。他的家人和他意見不同時，一樣非常怕他。

這位經理人邀請一位教練協助，在工作中不斷練習、聽取他人的意見回饋，設法提高自己的同理心。他的第一步是休假，到一個說著陌生語言的國度。在那裡，他觀察自己對不熟悉的人事物的反應，留心自己對於和自己不同的人是否保持開放態度。出國度假一週讓他變得謙卑，回到工作崗位後，他要求那位教練一週選擇幾天，在某些時段跟著他，用新的或不同的觀點來評斷他如何對待別人。同時，他刻意利用工作上的互動機會，來練習「聆聽」與他不同的意見。最後，這位經理人把自己在會議中的表現錄下來，並要求部屬或與他共事的人評量他理解別人感受的能力。花了幾個月的時間，這位經理人的EQ終於提升了，成果也反映在他的整體工作績效上。

重要的是，人們必須眞心渴望，並且全力投入，才能夠建立EQ。參加一場簡短的研討會，或是買一本如何培養EQ的手册，都沒有用。學習如何了解別人的感受，把同理心內化爲一種待人的自然反應，比熟練運用迴歸分析要難得多，但這是做得到的事。美國思想家愛默生（Ralph Waldo Emerson）說：「缺乏熱忱難成大事。」如果你的目標是成爲眞正的領導人，在你致力培養高EQ的過程中，愛默生的話可以作爲你的座右銘。

認知程度高的人知道自己的方向，以及選擇那個方向的理由，比方說，他會堅辭某項工作，因爲那個工作的金錢報酬雖然很吸引人，卻不符合自己的原則與長期目標。相反地，缺乏自我認知的人會做出一些違背價值觀的決定，因而引發內心衝突。一個在工作崗位上待了兩年的人這麼說：「因爲薪水不錯，我就接下了這份工作，但對我來說，這份工作沒有太大的意義，我一直覺得很無聊。」有自我認知的人所做的決定會符合自己的價值觀，因此他們在工作時總是充滿活力。

一個人如何認識自我？首先，必須先誠實評量自己的能力。有高度自我認知的人能精確且開誠布公地談自己的情緒，以及情緒對工作的影響，即使表達方式不見得熱情洋溢，或是像告解般毫無保留。比如說，我認識一位大型連鎖百貨的經理，對公司即將推出的專屬購物服務（personal-shopper service）有疑慮。即使工作團隊及老闆都沒有詢問他的意見，他還是說出自己的想法：「目前，我無法全力支持這項新服務。」他承認，「因爲我眞的很希望能執行這個計畫，但我並未被選上。我有點情緒，請各位見諒，我會好好處理它。」這位經理的確仔細檢視自己的情緒，一個星期之後，他全心支持這項計畫。

在招募人才時，往往可以發現應徵者是否具備自我認知。如果你要求應徵者舉例說明，是否曾受情緒影響而做出令自己後悔的事。有自我認知的應徵者會坦然承認自己曾有過這類失敗的經驗，而且往往是帶著微笑述說事情的經過。自我認知的一項特徵，就是有自我調侃的幽默感。

在績效評估期間，也可以了解員工擁有自我認知的程度。有自我認知的人知道、且能坦然談論自己的極限與長處，並樂於接受建設性批評。相反地，自我認知低的人若是獲得「需要改進」的訊息，會認為這是威脅或失敗的象徵。

此外，有自信的人，也可能具備自我認知。舉例來說，這些人很清楚自己的能力，不太可能執行超乎自己能力的工作，招致失敗；他們也知道該在何時尋求幫助。他們在工作中承擔的風險都經過計算；如果他們自知無法獨立完成某項挑戰，就不會主動要求接受那項挑戰。他們會挑自己的長處發揮。

舉例來說，一位中階人員受邀出席一場策略會議，其他與會者全是高階主管。他是會議室裡最資淺的，但他並不只是安靜坐著，戒慎恐懼地聽著別人的發言。他知道自己的邏輯清晰、頭腦清楚，表達技巧很有說服力，因此他針對公司策略提出有力的建議。但同時他有自知之明，不會觸及自身較弱的領域。

雖然在職場中擁有自我認知的人頗具價值，但我的研究卻顯示，高階主管在尋找有潛力成為領導人的人才時，不夠重視自我認知。許多高階主管把「坦誠」誤認為「軟弱」，對那些公開坦誠自己弱點的員工並未給予應有的尊重，甚至輕率地認為他們「不夠強硬」，無法領導別人。

## —— 2016 ——

# 三招提升情緒靈敏力

## Three Ways to Better Understand Your Emotions

蘇珊・大衛（Susan David）

有效的情緒管理是領導能力的關鍵，而第一步就是要把各種情緒的名字給說對，也就是心理學所說的**標籤化**（labeling）。但這點沒有想像中容易；很多人並不懂得如何辨別自己的感受，而且最明顯的標籤常常不見得最準確。

舉例來說，憤怒與壓力是職場最常見的兩種情緒，或者起碼是我們最常用來說明工作情緒的用詞，但這兩個詞常常掩蓋更深層的感受。我們必須把深層情緒敘述得更加貼切和準確，才能培養出強健的**情緒靈敏力**（emotional agility），讓我們更懂得與自己的情緒和諧相處、與外界順利交流。

確實，員工可能對工作感到不爽，但會不會也是感到傷心？或是焦慮？我們對情緒的用詞需要更細緻，除了希望表達更精準，更是爲了不要誤判情緒、做出錯誤的處理。假設我們以爲自己是要處理「憤怒」，處理方式就會跟處理「失望」或「焦慮」有所不同（又或者有時候只想逃避）。

以下提供三種方式，讓你更精準掌握自己的情緒：

### 讓表達情緒的詞彙更豐富

字字斟酌是必要的。假如你感覺到一股強烈的情緒，請先沉澱一下，決定如何稱呼那股情緒。但可別這樣就滿足了：決定之後，請再找出兩個詞彙來形容你的感受。你或許會很驚訝，自己竟然結合這麼多種情緒；也有可能你會挖掘到表面之下更深層的眞實情緒。

下表列出一些簡單的情緒詞彙，你可以進一步在Google上搜尋這些詞，還能找到更多相關情緒詞彙。

我們除了要擴充「負面」情緒的詞彙，也得擴充「正面」情緒的詞彙。舉例來說，能說出自己對新工作「很興奮」（而不只是「很緊張」）、說同事「值得信任」（而不只是「人很好」），就有助於確立自己對某個工作職務或人際關係的想法，讓自己在未來更容易成功。

## 考慮情緒的強度

我們常常會用到一些像是「憤怒」或「壓力大」這樣的基本說法，但有些時候情緒根本沒那麼誇張。我有位客户的婚姻出了點問題，總說太太很「憤怒」，於是常常把他也惹得很火大。但正如我們的情緒列表所示，每種情緒還可以有許多細微區別。我請那位客户試著用其他詞彙來描述太太的情緒，就讓他發現，有些時候他太太可能只是覺得被惹惱、或是不耐煩。這讓他們的關係好轉，因爲現在他突然看懂了，知道太太並不是整天在生氣，也就能針對她當時的特定情緒與想法來回應，而不是自己也跟著火大。同樣地，

## 情緒列表

不要只看到表面情緒，而要找出深層確切的感受

| 憤怒 | 傷心 | 焦慮 | 受傷 | 尷尬 | 快樂 |
|---|---|---|---|---|---|
| 暴躁 | 失望 | 害怕 | 嫉妒 | 被孤立 | 感謝 |
| 挫折 | 哀悽 | 壓力大 | 遭背叛 | 不自在 | 信任 |
| 被惹惱 | 遺憾 | 脆弱 | 被孤立 | 孤單 | 舒適 |
| 有防禦心 | 沮喪 | 困惑 | 震驚 | 比人差 | 滿足 |
| 懷恨在心 | 呆住 | 不解 | 被剝奪 | 內疚 | 興奮 |
| 不耐煩 | 悲觀 | 懷疑 | 受迫害 | 羞愧 | 放鬆 |
| 嫌惡 | 含淚 | 擔心 | 憤憤不平 | 反感 | 解脫 |
| 遭冒犯 | 灰心 | 謹慎 | 受苦 | 可悲 | 興高采烈 |
| 被激怒 | 理想破滅 | 緊張 | 遭遺棄 | 困惑 | 自信 |

另一項重點就是你也得好好評估自己，知道自己現在是憤怒、或者只是覺得暴躁；是覺得哀悽、或者只是灰心；是覺得興高采烈、或者只是覺得很滿意。

爲情緒加上標籤之後，還要給出1到10分的評分。你對那種情緒的感受有多深？是否緊急？強度又有多強？會讓你想換個詞彙來形容嗎？

## 把情緒寫出來

德州大學教授詹姆斯・潘尼貝克（James Pennebaker）研究寫作與情感處理之間的連結已經有40年之久，他的實

驗顯示，會把情緒澎湃的事件寫出來的人，身心健康明顯較好。潘尼貝克研究近期遭到解雇的員工，發現如果會把屈辱、憤怒、焦慮與人際關係困難訴諸筆下，重新就業率足足是控制組的三倍。[1]

實驗也顯示，隨著時間過去，會寫出感受的人還能開始看清這些感受所代表（或不代表）的意義，會使用「我了解到……」、「這對我的影響是……」、「會這樣的原因是……」、「我現在意識到……」，以及「我懂了……」的句型。寫下情緒的過程，讓他們對自己的情緒有了新的觀點，也就能更清楚了解這些情緒，並知道這些情緒會造成哪些影響。

請試試看這項練習：計時20分鐘，寫下你過去這週、這個月、或是這一年的情緒體驗。不用擔心想寫得多完美或多好讀，就順著你的心來寫就好。寫完之後，也不用把這份文件特別存檔；重點在於你已經把那些想法都寫出來、就寫在眼前的頁面上。這項練習每天都可以做，但如果你正遇到

但其實情況恰好相反。首先，人們通常都會欣賞並尊重誠實的人。此外，領導人必須不斷下判斷，公正地評量自己與別人的能力。我們是否有足夠的專業管理能力去收購競爭

困難或生活的劇變、情緒有重大起伏，或是經歷某種痛苦的體驗，而目前覺得心情還沒平復，這種時候就會格外實用。

一旦能了解自己究竟是感受到「哪種」情緒、以更準確的詞彙來描述，也就更能應對、並從中學習。

注1：Stefanie P. Spera, Eric D. Buhrfeind, and James W. Pennebaker, "Expressive Writing and Coping with Job Loss," *Academy of Management Journal*, November 30, 2017, https://journals.aom.org/doi/abs/10.5465/256708.

---

（林俊宏譯，改編自2016年11月10日哈佛商業評論網站文章）

---

**蘇珊．大衛**

麥克李恩醫院（McLean Hospital）指導學院（Institute of Coaching）共同創辦人，在哈佛醫學院任教，而且是公認世界頂尖的管理思想家。他是《華爾街日報》第一名暢銷書《情緒靈敏力》（*Emotional Agility*）作者，這是根據《哈佛商業評論》評選年度管理觀念的概念所命名。大衛身為受歡迎的演講者和顧問，曾與數百個大型組織的資深領導階層合作，包括聯合國、安永會計師事務所與世界經濟論壇。

---

對手？我們是否能夠在6個月內推出新產品？能誠實評估自己的人，也就是有自我認知的人，也很適合評估自己帶領的組織。

## 自我規範

生理衝動（biological impulse）驅動著我們的情感。我們無法擺脫這種生理刺激，但可以設法管理它。自我規範就像一種持續的內心對話，是EQ的組成要素之一，讓我們避免成爲自己感情的俘虜。進行這種內心對話的人，也會像其他人一樣心情低落或有情緒衝動，但會找出方法控制情緒，甚至把情緒引導至有用的方向。

想像一下這樣的情景：一位高階主管剛剛目睹他的團隊向董事會做了一份極糟糕的分析報告，因而感到很沮喪，有種氣到想拍桌或踢倒椅子的衝動；他可以跳起來對著同仁咆哮，或是默不作聲地瞪著每個人，然後大步離去。

但他若是有自我規範的能力，會選擇不一樣的方式。他會謹愼用詞，指出團隊的表現不佳，但不會妄下判斷。他會退一步想想表現不佳的原因，例如，是否是他們個人的原因，像是努力不夠？是否有其他因素可以減輕過錯？他本身對這次的失敗該負什麼責任？在考慮過上述問題後，他可以召集團隊，列出這次失敗的所有後果，並說出自己的感想，然後說明自己對這項問題的分析，並提出考慮周詳的解決方案。

爲什麼自我規範對領導人如此重要？首先，能控制自己感覺及衝動情緒的人（也就是明理的人），能創造信任與公平的環境。這種環境可以大幅減少政治權謀與相互攻擊，生產力就能夠提高。優秀人才會流向這樣的組織，而且不會輕易被挖走。自我規範有上行下效（trickle-down effect）的效果，如果上司以冷靜處事聞名，部屬就不希望自己看起來個性毛躁。如果高階主管沒有太多負面的情緒，整個組織的氣氛自然良好。

其次，自我規範對競爭也相當重要。大家都知道，現在商場瞬息萬變，企業合併和分拆都是常態，科技改變工作的速度更是快得令人目不暇給，而擅長控制情緒的人能順應這些變化。當全新的計畫宣布時，他們不會驚慌失措，不會貿然下判斷，而是尋求一些資訊，並傾聽高階主管解釋這個新計畫。隨著計畫的推展，他們也能跟得上腳步。

有時候，他們甚至會引導改變。我們來看看以下這位大型製造公司經理人的例子。5年來，她和同事都使用同一種軟體。這個軟體影響她蒐集與呈報資料、構思公司策略的方式。有一天，高階主管突然宣布將安裝一套新軟體，這套軟體會徹底改變公司蒐集與評估資訊的方式。許多人極力抱怨這項改變會帶來多大的困擾，但這位經理人卻仔細思考採用新軟體的理由，並相信這套新軟體的確有可能協助改善績效。她積極參加相關訓練課程，有些同事卻不願參加。後來她獲得晉升，負責管理幾個部門，原因之一就是她可以非常有效地使用這套新系統。

我想更進一步強調自我規範對領導力的重要性，說明自我規範有助於強化「正直」，這不僅是一項個人美德，也是一項組織優勢。許多發生在公司裡的壞事，都是源於一時衝動的行爲。人們不太會刻意虛報獲利、浮報費用、挪用現金，或爲一己之私濫用職權。通常都是因爲有機可乘，自制力較差的人就是無法克制自己。

對照之下，看看下面這位資深高階主管的作爲。他服務於一家大型食品公司，與當地配銷商交涉時，他總是誠實以對。他會定期把公司的成本結構詳細提供給配銷商，讓配銷商了解公司的訂價政策，這個做法讓他無法從配銷商爭取到太多利潤。有時他會有一股衝動，想要隱藏公司的成本資訊，好提高利潤，但他忍住了，因爲他知道，長期來說，那樣是行不通的。而他在情感上的自我規範是值得的，因爲能夠與配銷商建立穩固的長期關係，對公司來說，好處遠大於短期的財務效益。

因此，自我規範情緒的能力不難分辨，就是一種深思熟慮的傾向，對曖昧不明與變化處之泰然，以及克制衝動的能力，也就是正直。

就像自我認知一樣，自我規範通常沒有得到應有的重視。擅長掌控自己情緒的人常會被認爲是冷血動物，而他們深思熟慮的行爲則被視爲缺乏熱情。相反地，那些有火爆性格的人常被視爲「典型的」領導人，而他們任由情緒爆發，常被認爲是領導魅力及權力的象徵。但當這種人攀上最高領導人的位置時，衝動的個性往往對他們不利。根據我的研究，用極端的方式發洩負面情緒的人，從來就不是好的領導人。

## 驅動力

如果要舉出一項所有高效能領導人都擁有的特質，那就是驅動力。他們受到激勵，要達成遠超過預期的目標，包括他們自己和別人的預期。關鍵字是「達成」。很多人受到外在因素的激勵，像是優渥的薪水，或是耀眼的頭銜或任職於知名企業所代表的身分地位。相反的，具有領導潛力的人，是受到埋藏在內心深處、爲了獲得成就感而努力達成目標的渴望所驅動。

如果你在尋覓領導人，要如何分辨哪些人是受成就動機所驅動，哪些人是受外在報酬的激勵？第一個特徵是熱愛工作。這種人會尋求有創意的挑戰、樂於學習，並以把工作做好爲榮。他們精益求精，從不懈怠。這種人通常不安於現狀，會一直追問爲何事情要這樣做，而不是那樣做，他們也會積極尋求新的工作方法。

舉例來說，有一家化妝品公司的經理感到相當沮喪，因爲他必須等兩個星期，才能得到第一線人員提供的銷售結果。於是，他決定架設一套自動電話系統，這套系統會在每天下午5點發出訊號給銷售人員，催促銷售人員輸入當天打了多少通電話及做了多少生意的數字。有了這套系統，銷售結果的回報時間從幾個星期縮短爲幾個小時。

以上的故事顯示有成就動機人士的兩個共同特點：他們會不斷提高績效標準，而且喜歡打分數。以前者來說，在績效評估時，驅動力高的人會要求上司給他們更多挑戰。當然，若一個員工同時擁有自我認知及內在動機，就會體認到自己的極限，但不會接受那些顯然可輕易完成的目標。

因此，精益求精的人會希望採取一套方法來追蹤進步的情形，包括他們自己、團隊或整個公司的進步情形。成就動機低的人對結果往往只有模糊的概念，而成就動機高的人卻會依獲利能力、市場占有率等明確的衡量標準來打分數。據我所知，有位基金經理人每天開始工作和結束工作時都會上網，把自己操作的股票基金績效與業界公認的四個績效指標做比較。

有趣的是，即使績效分數不理想，成就動機高的人依然保持樂觀。在這種情況下，自我規範加上成就動機，克服了失敗帶來的挫折與沮喪。舉另一個在大型投資公司工作的基金經理人爲例，她管理的基金曾有幾年優異的表現，後來卻連續三季績效大幅滑落，結果損失三個重要的法人客戶。

有些高階主管會把客戶的流失歸咎於外在環境急速惡化，不是他們所能控制的；另一些人則可能把這次的挫折視爲個人失敗的明證。然而，她把這次挫折視爲機會，來證明自己有能力反敗爲勝。兩年後，她晉升到公司非常高階的職位，談到之前的挫敗經驗時說：「那是我生命中發生過最棒的事，我從當中學到很多。」

經理人若想了解哪些員工的成就動機高，還可以尋找另一個特徵，就是對組織的投入很深。熱愛工作的人，通常會對提供這份工作的組織保持忠誠。即使獵人頭公司捧著大把鈔票來挖角，這些忠誠的員工還是很可能會留下來。

究竟成就動機是如何且爲何會轉變成強勁的領導力？這點應不難理解。如果你爲自己設定高績效標準，當需要爲組織訂定績效標準時，也同樣會設定高標準。相同地，那股超越目標的動機，以及打分數的興趣，也是會傳染的。擁有這些特質的領導人，通常會組成具備相同特質的管理團隊。當然，樂觀及組織忠誠度都是領導力的基礎；你只要想像一下，經營企業卻缺乏這兩項因素的情況就會了解了。

## 同理心

在EQ的所有要素中，同理心是最容易辨認的。我們都曾從善體人意的老師或朋友身上感受到同理心，我們也都曾因教練或老闆缺乏同理心而受到傷害。但在企業界，我們很少聽到人們讚揚同理心，更遑論獎勵同理心了。「同理心」這個詞似乎很不實際，不適合充滿殘酷現實的商場。

但同理心並不是「我好，你也好」這種濫情。對領導人來說，同理心並不表示要把別人的情緒當成自己的情緒，或是設法取悅每個人。要是眞的那樣做，必然是惡夢一場，根本不可能行動。相反地，同理心是要我們在制定明智決策的過程中，除了納入其他因素，也應周詳考慮員工的感受。

舉一個同理心的實例。兩家大型證券公司合併之後，所有部門都有一些職位的功能重複了。其中一個部門經理召集部屬談話，他的發言內容很沮喪，強調很快就會有多少人被裁員。而另一個部門經理對部屬的談話卻大不相同。他坦白說出自己的憂慮與困擾，並保證會持續告知同仁相關訊息，而且會公平對待每個人。

這兩位經理人的最大差異，就是同理心。第一位經理太擔心自己的命運，沒有顧慮到同事也一樣憂心忡忡。第二位經理直覺地知道部屬的感受，談話的內容表達他能理解他們的感受。難怪第一位經理人的部門有許多員工感到士氣低落，甚至離職，其中包括一位最優秀的人才。相反地，第二位經理一直是很好的領導人，不但最優秀的人才都留下來，部門的生產力也未曾稍減。

同理心是今日領導力中特別重要的組成要素，至少有以下三項原因：團隊合作形態的增加、迅速全球化，以及留住人才的必要性日增。

想像領導一個團隊所面臨的挑戰。曾經身爲團隊一員的人都知道，團隊就像一個充滿高漲情緒的大汽鍋。通常團隊都必須達成共識，但兩個人就很難達成共識了，而人數愈多，難度愈高。即使是只有四、五名成員的小團體，也會形成小圈圈，產生互相衝突的議題。團隊領導人必須要能感覺並了解每個人的觀點。

有一位在大型資訊科技公司任職的行銷經理就做到這一點。他受命帶領一個問題團隊，那個團隊情況很糟，工作量太大，總是無法如期完成任務，團隊成員間的關係也很緊張。只修改工作程序，並無法將整個團隊整合在一起，也不會讓團隊績效優異。

因此，這位經理採取幾個步驟。他逐一與團隊成員個別談話，聆聽每位成員的想法，像是哪些事使他們感到沮喪、他們對同事的評價如何，以及是否覺得自己被忽視。接著，他鼓勵大家坦白說出自己的沮喪，並協助成員在會議中提出建設性的批評，這種領導方式有助於凝聚整個團隊。簡單來說，由於他擁有同理心，所以能夠了解團隊成員的情緒。最後不僅增進成員間的合作，也增加不少業務，因爲公司內部許多單位都尋求該團隊的協助。

全球化也使得同理心對企業領導人的重要性與日俱增。跨文化的溝通常會造成誤解，而同理心是最好的解藥。有同理心的人善於察覺身體語言上的細微之處，也能聽出對方話中的眞義。此外，他們對文化及種族差異的存在與重要性，也有深刻的體認。

我們來看看一位美國顧問的例子，他的團隊剛向日本潛在客戶推銷一個企畫案。根據以往與美國客戶往來的經驗，團隊提案之後，客戶往往會提出一大堆問題，但這次他們面對的卻是一片沉默。其他的團隊成員把「沉默」解讀成「不認同」，準備收拾東西離去，但這位顧問卻示意他們停止動作。雖然他並不很了解日本文化，但他從客戶表情及態度上看到的並不是拒絕，而是流露出興趣，甚至在愼重考慮。結果證明他是對的。客戶最後終於開口，決定把生意交給這家顧問公司。

最後，在挽留人才方面，同理心也扮演相當重要的角色，特別在現今的資訊經濟中更加重要。領導人一直都需要運用同理心，來培養及挽留好的人才，但如今要付出的代價更高了。畢竟，當優秀人才離開時，會把公司的知識一併帶走。

這也就是爲何要採用企業教練或導師之類師徒制的做法。有證據顯示，這種做法不僅能創造更好的績效，也能提高工作滿意度及降低離職率。師徒制運作最成功的關鍵因素，在於這種師徒關係的性質。優秀的企業教練或導師能理解徒弟的想法，知道如何提供有效的意見回饋，也知道何時該推徒弟一把，要求更好的績效，或何時應適可而止。他們懂得如何運用同理心來激勵徒弟。

容我再次強調，同理心在企業中並未得到應有的重視。人們會懷疑，如果領導人體諒所有受影響人員的感受，要如何做出艱難的決定？然而，有同理心的領導人不僅是對自己周圍的人感到同情而已，還會運用知識，以微妙且重要的方式，改善自己領導的公司。

## 社交技巧

EQ的前三項組成要素都是自我管理的技巧，最後兩項要素，同理心和社交技巧，則與管理人際關係的能力有關。社交技巧看似簡單，其實不然，儘管社交技巧高的人很少是暴躁、難以相處的，但社交技巧不只是「友善」而已，而是有目的的友善。目的是爲了把人們導向你所希望的方向，例如同意一個新的行銷策略，或是激起大家對新產品的熱情。

有社交技巧的人通常交遊廣闊，擅長與所有人相處，找到與他們之間的共同點，這是一種建立緊密關係的本領。這並不表示他們的社交活動很頻繁，而是意謂著他們認爲，任何重要的事都無法由個人單獨完成。因此，當這樣的人需要行動時，已有現成的人際網路可以動用。

社交技巧集所有其他EQ組成要素之大成。一個人若能了解及控制自己的情緒，並能體諒別人的感受，往往就可以很有效地管理人際關係。甚至連驅動力也有助於社交技巧。成就動機高的人往往很樂觀，即使遭受挫折或失敗仍是如此。如果某個人很樂觀，他在與別人談話或交往的過程中，都會展現很熱切的態度。因此，他們受歡迎是有道理的。

由於社交技巧是其他幾項EQ要素運作下的結果，因此在一般人很熟悉的許多工作層面上，都能展現社交技巧。

比方說，有社交技巧的人因爲具備同理心，往往很擅長管理團隊，這是他們在工作上的同理心。同樣地，他們也是說服高手，而這正是自我認知、自我規範以及同理心的綜合表現。因爲擁有這些技巧，說服高手知道何時該採感性訴求，何時該採理性訴求。旁人若能感受到他的驅動力，就能與他合作愉快；他們的熱情會感染其他人，致力於找出解決方案。

但有時候，社交技巧也會以不同於其他EQ要素的方式呈現出來。舉例來說，有社交技巧的人在工作時，有時看起來卻像沒在做事，彷彿只是在閒聊；他們可能在走道上與同事聊天，或是到處與那些和他們「眞正」工作無關的人開玩笑。有社交技巧的人認爲，限制他們人際關係的範圍是沒道理的。他們廣泛建立人脈，因爲知道在這個多變的時代，今天才認識的人，也許未來有一天會幫得上忙。

舉一個全球性電腦製造公司策略部門的經理人爲例。早在1993年，他就深信公司的未來取決於網際網路。接下來的一年裡，他找到一群志同道合的人，並運用社交技巧組織一個跨層級、部門、國家的虛擬社群。他帶領這個團隊建立一個企業網站，這在大企業中是項創舉。接著，他在沒有預算與正式身分的情況下，主動幫公司報名參加年度網際網路產業大會。他號召同好，並說服許多部門捐款，從十幾個單位邀集五十多人代表公司參加大會。

管理階層注意到這件事。在開完大會之後不到一年，公司以這位經理人的團隊爲班底，設立公司第一個網際網路部門，正式任命這位經理人負責該部門。之所以能有今日的成果，是因爲這位經理人打破傳統的部門界線，努力培養與維繫和組織中每個人的關係。

大部分企業是否都認爲社交技巧是關鍵的領導能力？答案是肯定的，而且比EQ的其他組成要素更受重視。大家似乎都知道領導人必須有效管理人際關係，領導人不能像一座孤島。畢竟，領導人的任務是藉由其他人的力量完成工作，要靠社交技巧才能做到這一點。如果領導人有同理心卻無法表達出來，那麼有沒有同理心都無所謂了。如果領導人無法把自己的熱忱傳達給整個組織，就算他自己擁有驅動力，也沒有用。社交技巧能讓領導人的EQ發揮作用。

如果你認爲以往重視的智商與專業能力對高效能領導不重要，那你就錯了。但若少了EQ，就不完整。EQ曾被視爲企業領導人「有也很好」（nice to have）的特質，而現在我們知道，這些是領導人「必備」（need to have）的要素，如此才能創造好績效。

幸運的是，EQ是可以學習的。學習過程並不容易，需要時間，更重要的是，需要努力投入。但高EQ可以爲個人和組織帶來許多好處，因此這一切都是值得的。

---

（吳佩玲譯，轉載自2004年1月號《哈佛商業評論》，最初在1998年11月至12月號發表）

## 丹尼爾・高曼

以撰寫EQ的相關著作而聞名，他是羅格斯大學（Rutgers University）「組織EQ研究協會」（Consortium for Research on Emotional Intelligence in Organizations）的聯合主席。他的最新著作是《EQ的標準元件》（*Building Blocks of Emotional Intelligence*），這是針對每種EQ能力、一套12冊的入門書，他藉由線上學習平台、EQ教練與培訓計畫提供EQ相關能力的培訓。他的其他著作包括《打造新領導人》（*Primal Leadership*）與《平靜的心，專注的大腦》（*Altered Traits*）

2018

第三章

# 真誠領導

Lead with Authenticity

艾美・伯恩斯坦（Amy Bernstein）、莎拉・葛林・卡麥可（Sarah Green Carmichael）、妮可・托瑞斯（Nicole Torres）訪問
蒂娜・奧佩（Tina Opie）

當我們可以在工作中保有完整的眞實自我，我們的行動完全符合內在眞實想法時，就能夠感受到所謂的「眞誠」（authenticity）。但對女性來說，想在工作中保持眞誠卻是一項挑戰。她們同時扮演著女兒、母親、姊妹、老闆等不同角色，這些角色之間往往很難調和。因此，雖然「眞誠領導」常常被視爲要朝向單一規範，但是現實中的女性卻生活在一個多元世界。當擁有這麼多相互競爭的自我時，女性該如何忠於自我？

蒂娜・奧佩是貝伯森學院（Babson College）副教授，她與《職場女性》（*Women at Work*）Podcast節目主持人艾美・伯恩斯坦、莎拉・葛林・卡麥可、妮可・托瑞斯一同探討女性在工作中所感受到的眞誠與不眞誠。

**莎拉．葛林．卡麥可：我曾和一位女性一起工作，當時我們的主管對她說：「妳很有潛力，我覺得妳很有機會晉升到管理職位。但如果妳想要達到這個目標，就必須改變穿著，而且應該要開始化妝。」這位主管同為女性，但同事卻對此憤怒。主管給同事這樣的建議，算是性別歧視嗎？**

**蒂娜．奧佩**：我們得先區分「期望中的世界」和「眞實生活的世界」。如果妳問我是否永遠不要聽到或說出這樣的建議？只要做的是了不起的工作，就能得到很棒的職位？這是我想要生活在其中的世界，我致力於研究與教學，來朝建造這樣的世界目標邁進。但不幸的是，這並非我們生活的世界。

我們生活在一個印象當道的世界，印象與外表高度相關，人們會瞬間依外表將他人分類。因爲有這些類型的相關性，所以我們會不由自主的認爲：「**這樣**的人通常比較專業，而**那樣**的人不是。」如果你剛好被分爲後一類，就很可能需要做一些額外努力，才能證明自己實際上比看起來更爲積極、專業、出色。但這也許都發生在第一印象形成之後。

**艾美．伯恩斯坦：在我大學畢業時，我的衣櫥裡只有兩條藍色牛仔褲和三件休閒襯衫。我聰明又睿智的母親是知名的廣告主管，她在我開始第一份工作之前，帶我去選購一條俐落的窄裙、一件正式的外套和一件看起來很專業的襯衫。對**

**當時的我來說，這就像是要我穿上超人裝一樣不自在、不真誠。她給我的建議是：「如果妳想成為副總統，就必須穿得像是副總統。」對於不了解在新環境中什麼是真誠的人來說，這似乎是個不錯的建議。妳對此有什麼看法？**

**蒂娜・奧佩**：你母親幫妳準備的其實就是套制服，我們不喜歡把自己視爲必須穿制服的專業人士。在我們眼中，我們感覺自己的地位更高，我們更爲專業。

西裝本質上就是制服，我在一些研究中回顧西裝的起源與演進，它的起源很歐洲。它來自歐洲皇家宮廷，而且非常男性化，當時是用來作爲區分不同階級的方式，並展現某種程度的謙遜。因爲最初西裝是紅色、紫色等非常亮麗的顏色，後來才逐漸演變爲我們現在所熟知的藏青色、黑色、灰色這些比較低調且微妙的顏色，因爲這可以傳達出某種程度的專業和可信賴感。

妳的母親其實是在向妳提出同樣的建議。她建議妳穿制服，帶領妳並期望妳融入一個新世界。對妳來說，商業界及辦公室都是嶄新的體驗。如果妳眞的穿著牛仔褲和休閒襯衫去上班，一進辦公室很可能會感到吃驚與尷尬，因爲全公司上下沒人會這樣穿。

我現在穿著緊身牛仔褲、漂亮的花上衣，戴著一些可愛的耳環，還頂著一頭蓬鬆捲髮。我有個目標是開一間由自己當執行長的公司，然後每天都隨心所欲的打扮自己，看看有誰要走進來告訴我我看起來不夠專業。當然，我也希望我擁有的公司是，如果有人覺得自己穿西裝更舒服，他們可以放心的穿。

**艾美・伯恩斯坦：妳的學生經常向你尋求建議。當有學生詢問參加工作面試該如何著裝時，妳會提供什麼樣的建議？**

**蒂娜・奧佩**：我之前有個學生名叫娜迪亞（Nadia），她現在已經畢業了。當時我在貝伯森學院辦了一個關於「工作場所眞誠性」的研討會。她說：「我看到妳的髮型很自然，妳認爲我在工作場所可以保留現在的髮型嗎？」我試著引導她做出決定：「聽著，妳喜歡妳的爆炸頭，對嗎？」她回答：「是的，它讓我感覺很好。身爲一個黑人拉丁裔女性，這是我眞正想要的樣子。」非常好，我們正在確認一件事，她的髮型與她的眞誠和身分認同有關。

然後我問：「妳想從事哪個行業？」「我想從事法律工作。」「請向我描述一下，妳認爲從事法律工作時，會面對怎麼樣的情境或環境。」「他們非常保守，會身穿訂做的西裝。」但當她說「他們」的時候，描述的是男性，不過我們很快討論到女性的情況，結果也非常相似。我不認爲我們能夠逃避這樣的事實：最初，女性的商務穿著有很大程度上是複製或重現男性的商務穿著。職場上的女性制服是設計來掩蓋她們的女性氣質和差異。

所以，我與娜迪亞確認的第一件事是她認爲什麼是眞誠的自己，然後確認法律相關行業的工作情境。接著，困難的部分來了：沒有一個明確且絕對正確的答案。我告訴她，她必須自己權衡後果。如果妳的髮型對妳來說是眞誠的，而且如果改變髮型會讓妳覺得是在放棄或出賣自己，或是如果適應新髮型會讓妳很不舒服，那麼這麼做或許不是最好的決定。不過有件事妳要明白，當妳選擇這樣走進這樣一個特定的環境，這也許意味著妳無法得到這份工作。

另一個選擇是順從並拉直妳的頭髮。因爲當我們說非裔黑人的髮型「符合標準」時，指的往往就是把頭髮弄直、掩蓋源自非洲的特徵及身爲非裔黑人的明顯證據。妳可以這樣做，但如果這樣做讓妳感覺很不舒服，那麼或許這就不是妳最理想的選擇。

此外，我們還常常會聽到這類的權威性建議，如果妳有帳單必須支付，妳就得拉直頭髮、把紋身遮起來、把臉上的穿孔去掉。現在，還有些人可能會說出諸如此類的話：「如果她再白一點，我們會更喜歡她。」我不能對我的膚色做任何事情，即使有辦法讓自己變白，我也不願意。這樣做的代價太過高昂，我想大多數人都不願意。不過確實有些人十分樂意改名，特別是亞裔族群。我有很多學生會說：「叫我艾美就行了。」我比較想用他們出生證明上的名字稱呼他們，但這樣對他們來說很不舒服，因爲這會暴露他們的亞裔身分。我希望有一天我們都能夠把自己眞誠的身分認同和自我描述帶到工作場所中，我們的同事或同學也會接受這一點，而不是試圖讓我們順從。

**妮可．托瑞斯：除了外表之外，我們還能如何看待職場中的真誠性？**

**蒂娜．奧佩**：可能還有溝通的方式。曾經有人告訴我，我有很強的民族性，因爲我用手說話。但是客戶喜歡我，他們說：「妳眞是很會講故事的人。」所以無論是我們溝通的方式、口音，甚至是表達憤怒、歧見、衝突的方式，都是眞誠性的展現。有些人會不惜一切代價避免表現出憤怒情緒，有些人則是順其自然。對我來說，表達憤怒就是表達眞誠的自我，但在某些場合，卻會被認爲是不專業的行爲。

想像一個情境，妳直接走到主管、部屬或同事面前說：「聽著，這是我在會議上提出的構想，我們還一起討論過。請向我解釋，爲什麼你會因爲這個構想而受到讚賞。」

**妮可．托瑞斯：我完全無法想像自己會說出這樣的話。**

**蒂娜．奧佩**：對，但問問自己爲什麼。雖然其中有一些是個性使然，但在許多專業情境下，如果妳眞的爲自己辯護，妳會被認爲是差勁的員工，尤其是當妳在團隊面前這樣做的時候。

**莎拉・葛林・卡麥可：當我們說「領導人要真誠」時，我們談的很多是如何把快樂的感覺帶入工作場所。當我們說「希望讓員工全心全意投入工作」時，通常指的是光鮮亮麗和快樂的部分，而不是指憤怒，對女性而言尤其如此。**

**蒂娜・奧佩**：妳說的非常正確。女性在工作場所表達憤怒時會遭遇強大的後座力，這點在耶魯大學管理學院（Yale School of Management）托里・布雷斯科爾（Tori Brescoll）的研究中已經獲得證實。之後杜克大學富科商學院（Duke's Fuqua School of Business）的艾希蕾・謝爾比・羅塞特（Ashleigh Shelby Rosette）、哈佛大學甘迺迪學院（Harvard Kennedy School）的羅伯・李文斯頓（Robert Livingston）等學者做過一系列研究，說明這種現象還受到其他因素的交互影響，例如當黑人女性在工作中表達憤怒時，並不會受到像白人女性那樣強烈的後座力。

我始終無法理解在工作場合展現憤怒情緒所引起的本能性負面反應。我所說的憤怒，並不是有人像個瘋子一樣在走道上走來走去，對著人們吼叫辱罵、施加暴力或亂扔東西。憤怒情緒意味著不悅及惱怒，這是一種訊號，顯示出有些事情不對勁或不公平，試著把它表達出來，又有什麼不對？

當然，我們還是必須考慮傳達這種情緒的方式，以及如何在工作場所溝通這些想法。我認爲女性尤其要注意，如果女性能夠弄清楚如何以有效的方式使用憤怒，就會發現自己擁有的潛在優勢。

妳們曾經在工作場所生氣嗎？妳們當時做了什麼？是否曾經躲回自己的隔間或辦公室？是否曾經打電話跟朋友？有沒有去洗手間哭過？我很想知道，妳們是否都看過成功表達憤怒的例子？

**艾美・伯恩斯坦：妳讓我再次想起那些因憤怒而哭泣的過往。我經歷過的憤怒有兩種。第一種是受到傷害的憤怒：我不敢相信你竟然會這樣對我。對我來說，這比較不容易直接說出來，我總會懷疑這樣的情緒是否合理，自己是不是也有什麼不對的地方。即便是處理它很可能帶來我所期待的改變，但我總是會找一堆理由不去處理它。**

**我比較常表露出來的第二種憤怒是：你為什麼沒有照我要求的方式把事情做好。我負責管理一個團隊，如果我認為我的要求沒有被確實執行，我會感到憤怒，通常是私下打電話給相關人員講個清楚。倘若情況嚴重到會阻礙組織發展，讓我相當憤怒，我會清楚表達出來。另一種情況是，我會火冒三丈到想要罵人。**

**蒂娜・奧佩**：有趣的是，事情以這樣的方式涉及到你時，我們會允許自己表達憤怒：「這與工作有關，所以我有權生氣。因爲如果我不說些什麼，組織就會受到影響。」這時，我們成爲想要拯救組織的女性，所以會願意爲這種憤怒而戰。

此外，當看見有人對別人不公正，或者有人以不公平方式對待我們的部屬時，身爲女性的我們會更願意清楚表達憤怒。這時我是憤怒的女性，雙手插著腰、頭側向一邊說：「你現在是怎樣？」

然而，當別人對我們做了同樣的事情時，我們卻不允許自己表達憤怒、不允許去解決自己所遭遇的不公平待遇。

**莎拉・葛林・卡麥可：我整個職業生涯幾乎都在《哈佛商業評論》出版社中度過，而且我的經驗是，我們公司的文化不太歡迎明顯的憤怒表現。大致來說，這種反對憤怒的文化對我來說是件好事，因為我是個不喜歡衝突的人。話雖如此，這意味著我在工作中有時確實會感到憤怒。隨著年紀增長，我開始愈來愈願意接納自己的憤怒情緒，而且我也愈來愈能夠決定該如何處理它，而不僅是默默的感受它。**

**妮可・托瑞斯：這似乎與女性被期望在工作中不應表現出過多情緒有關，甚至當妳對某件事充滿熱情，也可能被誤解為「過度情緒化」。我覺得這句話被放在女性身上的頻率比男性高得多。**

**艾美・伯恩斯坦：我也認為這與我們對坦率的恐懼有關。我偶爾也會被召喚出憤怒情緒。在我們身處的禮貌文化中，有時妳只是想把事情表達清楚，卻可能被誤解為是在生氣或無禮。就我來看，不把事情講清楚才會導致更多的問題，畢竟我是紐約人，這是我DNA的一部分。蒂娜，妳怎麼看這樣的文化**？

**蒂娜・奧佩**：我非常同意妳的看法。這依然涉及組織文化對什麼是專業、什麼是不專業的判斷，而妳在工作場所表達自己的方式則與眞誠性有關。

我來自一個非常坦率的家庭。我們來自美國南方，那裡的人往往被認爲是有南方人的紳士風度，但我們是南方的黑人家庭。如果有人來我家，言談行爲粗俗無禮，我們可能不會在他們面前說出來，但我們會在背後討論個好幾天。有趣的是，隨著年齡的增長，我被大家公認是直接坦率的人，所以我媽媽會說：「去吧，蒂娜！去告訴他們事情應該是怎樣。」因爲這就是我的性格。

作爲一個職場女性，我曾因爲太坦率而被打耳光，但我已經試著找到解決之道。有人詢問我看法時，我會說：「你想聽實話嗎？你想聽我眞正的想法，還是希望我說些好聽的場面話？」如果對方想聽眞實的想法，那我會非常直接的告訴他。人們知道我是這樣的人，而且他們喜歡我這樣。我認爲應該調整我們的文化和工作場所，更重視善意、直接坦率的表達，而非迂迴的溝通方式，因爲隱藏在間接互動背後的未必是善意，有些人可能是不想傷妳的心，但他們也可能是根本不想給妳直接的批判性回饋，不願意幫助妳變成更好的工作者。

**莎拉．葛林．卡麥可：我的背景是白人、盎格魯撒克遜人、新教徒、新英格蘭人，家人的表達方式並不直接，所以我在職場中一直陷入掙扎，究竟該如何才能以間接、明確和友善，而不是直接、明確但刻薄的方式溝通。妮可，那妳呢？**

**妮可．托瑞斯：我家嗎？非常間接。我們是情感壓抑者，悲傷或生氣時總是自己悶著。我們不是一個擁有強烈情緒的家庭，我認為自己也不是一個情緒強烈的人。當我開始工作後，雖然我不認為自己用很間接的方式表達，但我在電子郵件中始終很有禮貌，畢竟提出問題多少可能具有挑戰性，所以我會說：「這會是個好主意，這對我們倆都很好……」**

**莎拉．葛林．卡麥可：妳可能是我們辦公室裡最有禮貌的人。**

**妮可．托瑞斯：我很有禮貌，而且喜歡用驚嘆號，我希望人們能感受到我帶來的正能量。我認為這是在成長過程中內**

**化的模式，因為我幾乎很少會真的生氣，所以自然不會表現出憤怒情緒，更別說是直接提出要求。**

**蒂娜・奧佩**：妮可，接下來我想以妳爲討論核心。妳認同自己是亞洲人嗎？

**妮可・托瑞斯：沒錯。**

**蒂娜・奧佩**：來自哪個國家？

**妮可・托瑞斯：菲律賓。**

**蒂娜・奧佩**：我會這樣問是因爲這是刻板印象，在工作場所中，亞洲人往往被認爲是模範的少數民族，謙恭有禮、專注任務、使命必達，但他們不是領導人。妳之前有聽過這種刻板印象嗎？

**妮可・托瑞斯：有的，我們也曾刊登過關於這方面的研究。**

**蒂娜・奧佩**：我讀過那篇研究，也輔導過一些亞裔學生，因爲他們確實遭遇這樣的困擾。我想問的是，當妳說自己不是一個情緒強烈的人，是妳沒有感受到情緒？還是不想表達情緒？

**妮可·托瑞斯：我能夠感受到這些情緒，但不知道如何表達，或者說不知道怎樣表達才合適。這或許是我潛意識裡思考的一個大問題，我認為應該是文化使然。家庭給我的規範和期望，以及為我安排的人生道路，和我現在為自己設想的期望和道路大不相同。在成長過程中我被期望扮演的角色是：在學校表現出色、不要頂嘴，拿個好成績、找份好工作、不要跟別人爭執。但我現在努力試著讓職涯發展得更好，創造更突出的表現，讓自己的聲音能夠被聽見，這一切都與家庭教我的大不相同。**

**蒂娜·奧佩**：每個人都有各自的文化背景，在進入職場後，那個眞實的自我該棲身何處？我們該如何調適並融入新的環境？妳想要表達自己的情緒，只是還不知如何表達，這樣的情況倒還好。如果是因爲工作環境要求妳必須表達出情緒，而不得不這樣做，那麼這仍然是不眞誠的。

**艾美·伯恩斯坦：倫敦商學院的荷蜜妮亞·伊巴拉（Herminia Ibarra）為《哈佛商業評論》寫了一篇很棒的文章〈真誠，沒那麼簡單〉（The Authenticity Paradox）。其中最讓我深感共鳴的觀點是，當你想到真誠時，尤其是針對離職涯起點不遠的人而言，妳必須嘗試去扮演不同的行事風格，去觀察哪種行事風格會讓你感到自在。因為剛從大學畢業幾年的人，可能都無法在任何工作場所中成長茁壯，對嗎？妳得**

**在學習中成長，在各種困難遭遇中找出正確前進方向。妮可，這樣的觀點同樣能讓妳產生共鳴嗎？**

**妮可・托瑞斯：是的，她在文章中提到，妳不想要過於僵化的看待真誠的定義。我想要知道「不真誠」和「被趕出舒適區」的區別，因為面對後者，妳必須在工作中有所發展，並成為領導人。**

**蒂娜・奧佩**：對我來說，眞誠就是做最好的自己。有一些文章建議：「把眞誠的自己留在家裡，沒有人想看到你的眞實自我，畢竟它總是惹人討厭。」不過這不是我所謂的「眞誠自我」。因此，開車時，看到某個人做的事情讓妳生氣，就跟對方比出中指，有些人會說這是眞實自我的表現。但我說的並不是這個，而是在壓力、威脅等情境下的本能性表現。如果我有時間停下來想想，而不是順著情緒行事，我肯定不會那樣做。因爲那不是我的價值觀；與我眞正擁有的價值觀不符。

**莎拉・葛林・卡麥可：我想到職場中的一個例子，女性有時要調整自己的溝通方式，以便在會議中讓更多人聽到她的聲音。這時與其說：「我們選這個方案好嗎？」還不如說：「我強烈建議採用這個方案。」當妳刻意改變說話方式來讓別人聽見妳的想法時，是否會覺得自己不真誠？**

**蒂娜．奧佩**：這倒很難說。因為有些溝通技巧可能來自專家或職涯顧問，這些技巧能夠幫助女性、男性，或是說每一個人；但也有一些技巧是意圖透過細微線索來讓別人服從，例如大聲說話、使用更多聲明性的語句、加重語氣，站起身來、四處走動並掌控整個場面。這不禁讓我懷疑，我們現在談的到底是開會，還是打美式足球。如果妳有個聲音柔和、才華洋溢、可以調和正反雙方意見的夥伴，難道這樣的聲音在我們的餐桌或會議桌上，就完全沒有存在的價值嗎？

我認為我們可以很快的推論到，我們提供女性「用更低沉的聲音說話」之類的建議。然而，這眞的有必要嗎？如果她們正在交流彼此的想法，是否非得用那樣的方式交流？

**艾美．伯恩斯坦：這跟建議妳必須改變穿著方式有什麼不同？**

**蒂娜．奧佩**：這就是問題所在。我不知道答案是什麼。因為我們得試著找出那條界線，對吧？我們必須試著弄清楚這個人如何在職場中表現出眞誠並有卓越表現。

除非我很生氣或者我眞的很累，不然我通常沒有太多南方口音。那是因為我的父母意識到口音可能有礙學業和職涯成功，所以刻意培養我們沒有南方口音。如果我還保有南方口音，我會更眞誠嗎？我不知道。我只知道我願意放棄口音，但完全不願意改變我的髮型，這就是我的最後底線。

**莎拉・葛林・卡麥可：不同種族中的不同女性對於真誠和對真誠的期望有何不同？**

**蒂娜・奧佩：**我和凱薩琳・菲力普斯（Katherine Phillips）進行一系列關於職場髮型的研究，特別是髮型帶來的不利情況。我之所以研究髮型，是因為這是可以改變的特徵，而且與身分認同高度相關。身為美國企業界的一名黑人女性，曾經有人建議我不要把頭髮梳成特定樣式，因為客戶可能不喜歡它。而在我們進行研究時，我們發現，留著爆炸頭或雷鬼頭的人，會被認為比直髮或把捲髮燙直的人更不專業。這是個全面性的現象，無論黑人和白人皆是如此。然而最有趣的是：雖然非洲式髮型，也就是混合各種捲髮的髮型（textured hair，而且我想要強調，並不是所有的非裔女性都有混合各種捲髮的髮型）遭到全面貶低，但非裔人對它的貶低程度最高，這顯然是某種群體內的偏見。

有些人會馬上下結論：「那是因為黑人討厭自己。」然而事實未必如此，我們還需要透過後續研究進行檢視。這可能與某種內化的種族主義有關，但也可能是黑人敏銳的意識到：能夠成功駕馭工作場所的人，通常必須具備印象管理技巧。所以如果妳問：「是否可以給這位應徵者一些建議？」根本沒有任何人會向直髮者提到髮型問題。但當黑人評價那些留著爆炸頭或雷鬼頭等黑人形象的應徵者時，他們會說：「她可能需要改變髮型」、「她可能需要把頭髮拉直」，或「她可能需要把頭髮燙直。」

他們之所以會強調這一點，我認爲很可能源自他們在職場內外收到的建議。但人們不知道的是，爲了把自然捲曲的頭髮弄直，每天得花上多少時間。妳必須在工作時間之外做很多無償的「影子工作」，並爲此耗費大量心力。我們難道不希望員工專注於自己的工作嗎？我的意思不是非裔員工在工作時會分心，而是他們被迫爲同樣的事情付出額外代價。說眞的，髮型眞的會影響員工表現嗎？那和工作又有什麼關係？

這只是對什麼是專業和不專業的文化理解，也是我想指出的眞正關鍵所在：組織確實有必要好好自我審視。曾經有人通過面試後，因爲拒絕剪掉頭上的辮子而被拒絕錄用，最終提起訴訟。妳要告訴我，身爲一個組織，妳非常擔心客戶被這種髮型冒犯，所以必須解雇一個你認爲非常有資格勝任這份工作的人？

也許你信奉「必須保持乾淨」之類的規則。但信不信由你，即使這樣也存在著爭議。在某些文化中，人們也許一週只洗一次澡，當他們到習慣一天洗一兩次澡的地方開會時，可能會讓人覺得有些異味。所以，他們「乾淨」嗎？根據他們的文化，他們是乾淨的；但根據我們的文化就沒有。我們對他們應該抱持著怎樣的期望？又該如何針對這個議題與他們進行對話？

我不知道確切的答案是什麼，但我們需要改變對「什麼是專業」的傳統觀念。我們不能繼續習以爲常而完全不加質疑，應該要思考這種觀念會如何影響員工。

**妮可．托瑞斯：記得我去穿鼻環的那天，我媽簡直氣瘋了：「妳這個樣子永遠無法找到工作！」而我心裡想的是：「好吧，反正我也不想去不接受鼻環的地方工作。」這是千禧世代的態度嗎？我知道這種態度大概是年輕人的特權，相信自己可以選擇要過怎樣的人生。新一代的年輕人也有類似的心態嗎？**

**蒂娜．奧佩**：無論哪個世代都有著相同的叛逆欲望。或許是「好吧，我可以穿細條紋西裝，但我就是要搭配黃色襪子。」或者是「我穿著量身訂做的套裝，但手臂上有他們永遠看不到的紋身。」也可能是「我看起來梳著髮髻，但實際上是雷鬼頭。」誰知道呢？不順從是人的天性，大概每個世代都會認爲自己是最叛逆的世代，我同意這點。

不過，如果妳是留雷鬼頭、穿鼻環、染粉紅色頭髮的黑人女性，可以被職場接受嗎？**我們或許可以在一、兩個方面上冒險，但也不要完全不守規矩**，否則很難被職場接受。

**莎拉．葛林．卡麥可：妳認為女性有可能成為真誠領導人**

**嗎**？

**蒂娜・奧佩**：我認爲女性確實有可能成爲眞正的領導人，也就是成爲一個能夠展現眞實自己、以行動反映自己想爲職場創造的價值觀、願意與部屬分享利弊得失的人。

關鍵在於我們所說的「眞誠領導」到底是什麼？它的定義可以根據人們談論的內容而有所改變。我們指的是一個誠實而透明的人？或者是指一個追求最佳自我的人？她會努力採納工作夥伴的觀點，以便在進行決策時能夠納入考量。我認爲身爲女性，可以用這種方式在職場中展現眞實的自己，並成爲一個眞誠領導人。

我不認爲只有特定類型的女性才能成爲眞誠領導人，但我知道這對女性而言往往並不容易。妳擁有的權力愈小，要做到眞誠就愈有挑戰性，就是這樣。如果妳是高度依賴雇主的時薪工作者，當妳被要求穿上圍裙並拉直頭髮，自然會比妳是公司執行長時更傾向乖乖照做。因此，我們必須意識到這對每個人來說都不容易，而且權力不僅會影響工作場所中所有男性與女性是否能夠展現眞誠的自己，更會影響他們能否成爲眞誠領導人。

---

（劉純佑譯，改編自2018年2月9日《職場女性》Podcast節目〈眞誠領導〉）

## 蒂娜・奧佩

奧佩顧問集團（Opie Consulting Group LLC）的創辦人，她爲金融服務、娛樂、媒體、美容、教育和醫療照護產業裡的大公司提供顧問服務。她是個屢獲殊榮的研究員、顧問、美國貝伯森學院管理學副教授，也及哈佛商學院訪問學者。她的研究刊登在一些媒體上，像是《歐普拉雜誌》（*O Magazine*）、《華盛頓郵報》（*The Washington Post*）、《波士頓環球報》（*The Boston Globe*），以及《哈佛商業評論》。她還是哈佛商業評論《職場女性》Podcast節目、美國公共電視服務網旗下電視台WGBH的定期評論員。她也是《共享姊妹情誼》（*Shared Sisterhood*）的合著者。

## 艾美・伯恩斯坦

《哈佛商業評論》編輯，哈佛商業出版社的副董事長兼執行編輯主任。她也是《職場女性》Podcast節目的共同主持人。可以上Twitter關注她：@asbernstein2185。

## 莎拉・葛林・卡麥可

彭博評論（Bloomberg Opinion）的編輯與專欄作家，之前是《哈佛商業評論》的執行編輯。可以上Twitter關注她：@skgreen。

## 妮可・托瑞斯

駐倫敦的彭博評論（Bloomberg Opinion）編輯，之前是《哈佛商業評論》的資深編輯。

1979

第四章

# 競爭力如何形塑策略

How Competitive Forces Shape Strategy

麥可・波特（Michael E. Porter）

策略形成的本質，本來就是爲了應付競爭所需。然而我們很容易將競爭看得太過狹隘與悲觀，致使我們不時可以聽見主管抱怨某個產業的競爭過於激烈，然而會造成這樣的結果，絕非偶然或時運不濟使然。

此外，在爭奪市場占有率的戰鬥中，競爭不僅是表現在其他競爭者的爭奪行爲。事實上，產業內部的競爭根源於其經濟狀態，這些競爭力量甚至遠超過檯面上的那些競爭者。客戶、供應商、潛在的進入者，以及替代品，都可能或多或少明顯受制於這股內部的競爭力量。

一個產業的競爭狀態，主要是根據五股基本的競爭作用力而定。我將它們列在圖4-1。這些力量的總和，決定產業最終的獲利潛力。產業獲利如同光譜，可以**由強到弱**排列。有些產業如輪胎、金屬罐、鋼鐵等，企業無法獲得驚人的投資報酬率；而有些產業如採油設備和服務業、飲料及衛浴設備等，獲利空間卻很大。

在經濟學家所稱「完全競爭」的產業，進入產業非常容易，而且隨時可以調整定位。從長遠來看，在這類產業結構下競爭，企業當然是無利可圖的。不過，這些加總的力量愈弱，愈可能提供廠商卓越表現的機會。

圖 4-1

**主導產業競爭的力量**

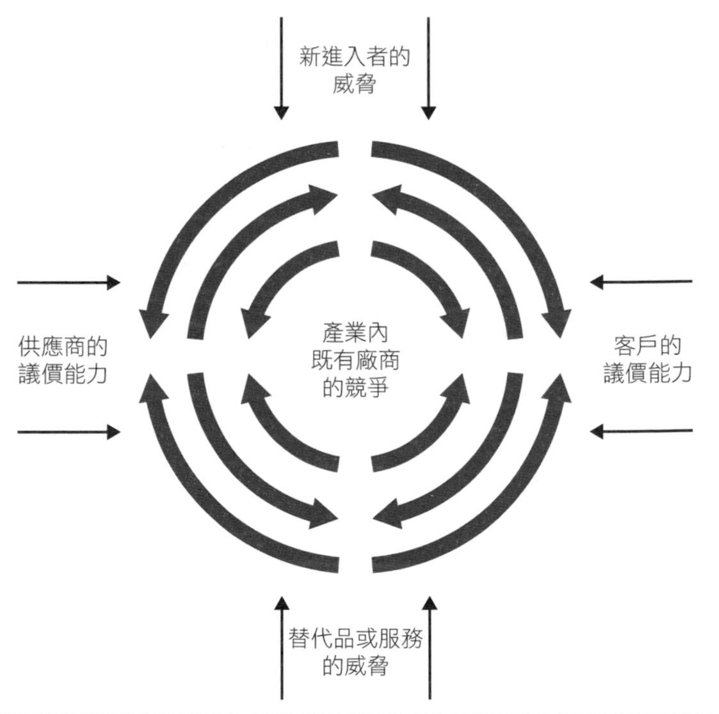

無論競爭作用力的強弱程度，企業策略分析師的目標是，在產業中爲自己的公司找出最佳的定位，以期能對抗這些競爭作用力，或將其引導至對己方有利的方向。這些競爭作用力的總強度可能明顯不利於所有的競爭者；儘管如此，爲了應付它們，策略分析師還是必須深究原因，並分析每股作用力的來源。例如，造成產業進入門檻不高的原因爲何？供應商議價能力的決定要素爲何？

了解這些競爭壓力的基本來源，可爲企業提供決定策略與行動的基礎。這些作用力會凸顯企業最強和最弱的部分、找出自己在產業的定位、釐清策略性變動所能產生最大效益之處，以及凸顯產業的走向，以確保企業能夠掌握最重要的機會或威脅。研究證明，了解這些源頭也有助於企業思考多角化的領域。

## 競爭力

最能左右產業獲利程度的競爭作用力，也是影響策略形成最重要的因素。舉例來說，即使在未受潛在市場進入者威脅的產業中一家具有強勢地位的企業，若碰到功能更卓越或價格更低的替代品時，利潤依然會減少；眞空管和電咖啡壺的領導廠商就經歷過這樣的痛苦經驗。處在這種情況下，對抗替代品就成爲企業策略的優先目標。

當然，產業不同，影響競爭程度的作用力也不同。在遠洋油輪產業，客戶（大石油公司）可能是最關鍵的競爭作用力；在輪胎產業，最能左右競爭的作用力則是代工廠商和強悍的競爭對手；而在鋼鐵產業，具有關鍵性的競爭作用力，卻是國外競爭廠商和替代性材料。

每個產業都有基本結構，或是具有一組基本的經濟和技術特質，進而形成這些競爭作用力。策略分析師希望藉由有利的定位來應付產業環境的競爭，或影響環境使其有利於該企業的發展，就必須先摸清楚左右環境的因素。

服務業和銷售業的競爭，基本上大同小異。在這篇文章中，我將產品和服務都通稱為「產品」（products），這個原則也適用於各類型的行業。

各競爭作用力的優勢都有一些重要的特徵。我會在下一節中予以討論。

## 侵入的威脅

產業的新進入者會帶來新的產能，它們渴望奪取市場占有率，以及實質的資源。原本在其他市場、透過併購的多角化過程進軍產業的企業，通常會善用現有資源而引發競爭態勢的重組（shake-up），這就是菲利普・莫利斯集團（Philip Morris）買下美樂啤酒（Miller beer）時的情形。

侵入的威脅程度端視產業進入障礙的高低，以及新進廠商如何評估現有競爭者可能的反應而定。產業進入障礙門檻很高，以及新進廠商預期既有競爭者會發動猛烈報復之時，很明顯地，這些新進廠商將不構成嚴重的威脅。

以下是六種主要的進入障礙：

1. **規模經濟（economies of scale）**：這些經濟體系會迫使進入者必須以大規模進入市場，否則便得接受成本劣勢的現實。奇異電器（GE）和全錄（Xerox）在歷經慘痛的教訓後了解到，大型電腦產業主要的進入障礙可能是生產、研發、行銷和服務等方面的規模經濟。規模經濟也在通路、業務人員數量、財務和其他部分，扮演了障礙的角色。
2. **產品差異化（product differentiation）**：品牌識別會創造產業的進入障礙，因爲它迫使新進廠商必須大量投資，以克服顧客對原品牌的忠誠度。廣告、顧客服務是進入一個產業首先面對的問題，產品差異化又是進一步培養品牌識別的要素之一。在飲料、成藥、化妝品、投資銀行和專業會計等產業，最重要的進入障礙可能就是產品差異化。爲了創造出這種高度的藩籬，相關業者便會將品牌識別與生產、配銷和行銷的經濟規模結合起來。
3. **資金需求**：競爭需要投入大量財力時，會造成產業的進入障礙，尤其是當資金必須投注在有去無回的廣告或研發工作。資金的重要性不僅表現在固定設備的投資上，同時也表現在獲取顧客信任、庫存，以及吸收初期的損失。當大企業有足夠財力可以進入任何產業時，像電腦製造、採礦等需要巨額資金的領域，就是限制可能進入者數目的重要關卡。

4. **與規模無關的成本劣勢**：無論新進廠商的規模多大、企圖達成的經濟規模又多高，既有廠商仍有潛在競爭者不及的成本優勢。這類優勢來自學習曲線）（learning curve）的效應（以及它的近親：經驗曲線〔experience curve〕）、專屬技術、可取得最佳的原物料來源、以通貨膨脹前的價格採購的設備、政府補貼或有利的地點等。有時候透過專利權，成本優勢還可以進一步受到法律保障（相關的討論分析，請參考〈以經驗曲線作爲進入障礙〉）。
5. **取得經銷通路**：面對重重的障礙，新進廠商必須確保它的產品或服務的通路。比方說，在超級市場的貨架上，新產品必須透過打折、促銷、密集的銷售活動或其他方法擠下其他產品，才有機會露臉。大盤商或零售通路的限制愈多、既有競爭者與它們的關係愈密切，當然新進廠商要進入這個產業的難度就愈高。有時候，這類進入障礙可能難以跨越，新競爭者必須另創自己的通路才能越過這道障礙，正如1950年代，天美時（Timex）在手錶產業的做法。
6. **政府政策**：政府以核發執照或限制取得原物料等方

式，管制或限制廠商進入特定的產業。像貨運、酒類零售、運輸等受管制的產業，都是很明顯的例子；政府更微妙的限制作法，也見諸於滑雪地區的開發與煤礦開採。政府也可以透過控制空氣和水的汙染防治標準與公安法規等，間接而實質地影響產業的進入障礙。

潛在進入廠商如何判斷既有競爭者的可能反應，也會影響其行動決定。如果既有廠商對新進者毫不留情，有意進入的企業可能就會三思。同樣地，以下情形發生時，也會令進入者卻步：

- 既有廠商擁有龐大堅實的資源，如大量現金、借貸能力、生產產能或影響配銷通路和顧客的能力，可以展開對新進者有力的反擊。
- 爲了要確保市場占有率或爲免於整個產業的產能過剩，既有廠商可能不惜削價競爭。
- 產業成長趨緩，不但影響到它吸收新進廠商的能力，並可能導致所有業界成員的財務績效衰退。

## 條件改變

從策略性的觀點來看，關於侵入的威脅，還應該注意兩

## 以經驗曲線作為進入障礙

近年來，各界廣泛討論到以經驗曲線作爲產業結構的關鍵性要素。根據這個概念，許多製造業（有些教條主義者認爲，應該是**所有**的製造業）乃至部分的服務業，都會隨著在「經驗」或產品數量上的累積，導致單位成本下降。（經驗曲線應該包含許多因素，在意義上，也比一般熟知的學習曲線更廣泛，經驗曲線是指操作員經過一段時間的反覆操作，而達到的效率。）

導致營運單位成本下降的原因，其實是一連串因素的組合，包括規模經濟、勞動學習曲線，資金與勞動力間的替代（capital-labor substitution）等。成本下降會形成進入障礙，因爲比起既有廠商，新的競爭者因爲缺乏「經驗」而必須面對較高的成本，特別是新進廠商面對的是擁有最大市場占有率的業者，要追上既有競爭者確實困難重重。

擁護經驗曲線概念的廠商強調，達到市場龍頭地位來創造最大市場進入障礙的重要性；它們也大力鼓吹積極行動，透過殺價來帶動預期成本下滑的購買心態，進而增加銷售量。它們認爲，在這種情況下，對於無法達到健全的市場占有率之競爭者而言，上上策通常是「收攤走人」。

經驗曲線眞的是建構進入障礙的必要條件嗎？在制定策略方面，答案是：並非所有產業都是如此。事實上，有些產業如果以經驗曲線爲本，建構策略時可能造成一場災難。對某些企業主管而言，成本隨經驗曲線下降並非新聞。從制定策略來看，重要的是，要先弄清楚是哪種因素導致成本下降。

如果成本下降是因爲愈來愈多的企業能透過更有效率、運用自動化設備和垂直整合等方式，而獲得規模經濟的利益，此種累積的生產量對企業本身的相對成本地位，並不具重要的影響性。在這種情況下，成本最低的業者，便是那些規模最大、設備最有效率的業者。

如果只是靠工廠新穎先進便能取勝，新進廠商可以比既有經驗老道的競爭對手更有效率，要追上舊廠可說是毫無困難。「你一定要擁有最大、最有效率的工廠」的策略，顯然不同於「你必須利用既有設備達到最大的累積生產量，以降低生產成本」的策略。

累積產量（而非絕對產量）形成的成本降低是不是產業的進入障礙，取決於成本下降的成因。如果成本下降是因爲產業內一般性技術的進步，或是別人也能經由仿製、購買而獲得改良設備，那麼這類經驗曲線根本不能視爲進入障礙；事實上，新手或缺乏經驗的競爭者也享有相對於領導廠商的成本優勢。避開過去天文數字般的投資，新進廠商或缺乏經驗的競爭者，照樣可以採購或仿製最新、成本最低的設備和技術。

一旦經驗變成某廠的專利時，領導廠商將能維持成本的優勢，不過新進廠商在降低成本上所需的經驗仍較領導廠商少。這些形勢意味著，在制定策略時，經驗曲線並不是可靠的產業進入障礙。

由於受限於篇幅，我只能提出一些以經驗曲線建構進入障礙，制定適當策略的重要因素：

- 相較於行銷、業務和創新等領域，市場進入的門檻，端視各項成本對競爭的重要性而定。
- 一旦產品和製程創新帶來實質性的新技術，進而創造全新的經驗曲線時，也會使原本的進入障礙消弭

個重要的附加條件。

首先，「形勢」發生變化時，進入障礙也會隨之改變。比方說，當寶麗來（Polaroid）立即顯影照片的基本專利到期後，原本透過專屬技術形成絕對成本的進入障礙就大幅降低。柯達公司（Kodak）便毫不意外地立即揮軍進入這個市場，因爲在顯影上的產品差異化已經完全消失。反過來說，二次世界大戰後的汽車產業，因爲自動化和垂直整合的關係，規模經濟有了長足的進展，因而成功阻絕新的競爭

於無形。*新進廠商可以一躍而超越領導廠商，形成新的經驗曲線，至於既有廠商反而受困於定位而難以自拔。

- 當不只一家大廠依循經驗曲線制定策略時，結果可能會導致自相殘殺；但如果只有單獨一家廠商以經驗曲線設計進入障礙，則產業的成長又可能會停滯，而且很長一段時間裡，這家廠商都能享受勝利的滋味。

*汽車產業的演進歷史就是很好的例子，請參考William J. Abernathy and Kenneth Wayne, "The Limits of the Learning Curve," *Harvard Business Review,* September–October 1974, p. 109.

者。

其次，對產業足以產生大規模影響的策略性決策，會對「形勢」造成重大的衝擊，進而決定侵入威脅的嚴重性。比方1960年代，許多美國酒廠紛紛採取推出新產品、提高廣告開銷和擴展全國性銷售點等行動，確實因爲提高規模經濟和掌握行銷通路，而強化進入產業的路障。同樣地，休旅車產業的業者決定採取垂直整合的做法以降低成本，此舉也大大地增加規模經濟，並提高進入這個產業的資金障礙。

## 強勢供應商和客戶

對產業的成員而言，供應商具有提高價格、或降低採購貨品與服務品質等議價力量。當下游產業無法將新增成本反應在價格上時，產業的獲利就會受到有實力供應商的剝削。像不含酒精的飲料業者就無力對抗製罐廠商提高利潤的威脅，因爲他們還要面對果汁粉、果汁飲料和其他飲料的強烈競爭，又無法對消費者提高售價。依此類推，客戶也有能力遊走競爭廠商之間，壓低價格，要求更好的品質或更多的服務，這些做法都會犧牲產業的利潤。

每個重要供應商或客群力量的強弱，端視市場情勢的特質，以及這個產業在銷售或採購上的相對重要性而定。

下列情形出現時，**供應商**有左右競爭的實力：

- 上游產業是由少數大廠主導，並且比下游產業還更集中時。
- 供應商的產品具有獨特性，或至少有差異性，或能形成轉換成本（switching cost）。轉換成本是客戶在更換供應商時，必須面對的固定成本。這些因素能影響下游的原因是，當客戶的產品規格緊密地扣住特定供應商時，買方已在特定的輔助性設備上、或學習如何操作某家供應商的設備（如電腦軟體）上大量投資，或它的生產線直接與供應商的製造設備銜接（如某些飲料容器的製造）。

- 供應商沒有應付替代品的壓力。比方說，爲了爭奪製罐產業，鋼鐵廠和煉鋁廠之間的競爭，會形成供應商彼此之間的制衡。
- 供應商能形成向後整合的威脅。這提供一股抵制下游產業要求改善採購條件的力量。
- 產業本身並非供應商群的重要客戶。當產業本身是供應商的重要客戶時，上下游之間的利害是休戚與共的，供應商會透過合理的報價來保護產業，並協助進行類似研發和遊說等活動。

以下情況出現時，**客戶**有左右競爭的實力：

- 客戶的採購量很大或集中採購時。當這個產業的固定成本特質很明顯時，大量採購的客戶是特別重要的力量。在提高進入障礙以維持產能滿載的金屬容器、玉米碾磨和大宗化學品等產業中，這種情況很常見。
- 這個產業所採購的產品已標準化，或沒有差異性。客戶當然能找到其他供應商，並在其中煽風點火，像製鋁產業所遭遇的情況。
- 客戶所採購的項目是產品的重要零組件，並占很大的成本。這時候，客戶很可能會去尋找比較便宜的價格，並選擇性的採購。當產品只占客戶產品成本很小的比重時，客戶通常比較不計較價格。

- 產品的利潤有限，會促使廠商降低採購成本。高獲利的客戶通常不太在意採購價格（當然，採購的項目必須只占產品成本的一小部分）。
- 當上下游的產品或服務品質之間沒有重要相關時。一旦客戶產品的品質直接受到上游影響，客戶在採購時通常會不惜血本。處在這種情況的產業包括石油探勘設備行業，因爲只要一個環節出問題，就會導致業者的大量損失；這種情況也出現在電子醫療器材和檢測設備的封裝上，這類產品的封裝品質會影響到使用者對設備內部品質的印象。
- 這個產業的產品並不能爲客戶節省成本。只要產品或服務物超所値，客戶很少會在乎價格；他比較在意的是品質好壞。類似投資銀行、會計師專業等服務業，判斷上小小的失誤就可能造成龐大的損失和難堪。另外像探測油井，準確的調查可能會省下數千美元的鑽探成本。
- 客戶威脅要進行逆向整合，生產上游產品。美國前三大汽車廠和主要汽車採購客戶，通常會以自己製造上游產品來威脅，以此作爲議價的工具。但是有時候，上游產業也能以向下整合的行動進行反制。

這些買方的力量大多可以推展到消費群，以及工業品或一般商業用品的客戶；運用時，整個參考架構只須做小幅修正即可。當採購的產品並沒有太大的差異性，相較於所得而言比較昂貴，或品質並不是特別重要的考量時，消費者通常會更在乎價格。

各零售商的採購力量取決於相同的規則，但需要增加一項重要的條件。當零售商能影響消費者的採購決策時，他們對製造商的議價力量就變大。這種情形見諸音響器材、珠寶、五金、運動器材和其他商品。

## 策略性行動

企業選擇採購供應商或銷售對象，應該被視爲一個重要的策略性決定。藉由找出影響力不及自己的供應商或客群，企業就能改善自身的策略性處境。

最常見的情況是企業能選擇銷售的對象，換句話說，就是選擇客戶。很少企業會對所有客戶群一視同仁，即使只面對單一產業銷售，產業內仍有不同的產業區隔，而且重要性不盡相同（因此也有比較不在意價格的情況）。比方說，大多數產品的替代市場，就不像整體市場那麼在意價格。

一般來說，企業要向有實力的客戶銷售，同時還要獲取高於產業平均的利潤，它的成本就必須低於同業，或在功能上具有獨特性或差異性。像愛默生電子公司（Emerson

Electric）供應大型客戶電力馬達，還能獲取高利潤，關鍵就在於它的成本比較低，能以相同或低於競爭者的價格競爭。

一旦企業缺乏較低的成本地位或產品獨特性時，不採取市場區隔的銷售只是自我戕害。因爲賣得愈多，問題就愈大。此時，企業應該鼓起勇氣推開上門的生意，或選擇議價能力較低的客戶。

國家製罐（National Can）和皇冠瓶塞公司（Crown Cork & Seal）之所以能成功，關鍵因素就是選對客戶。他們把重心放在製罐產業中能形成差異化的區隔，盡力降低向後整合的威脅，連帶將客戶強大的議價力量減輕。當然，有些產業並不能這麼奢侈地選擇「好」客戶。

由於決定供應商和客戶議價實力的因素會隨著時間和企業策略的變化而改變，兩者的議價力量自然也會變動。在成衣產業中，隨著客戶（百貨公司和服裝店）開始集中採購，而且控制權落於大型連鎖店之手，成衣產業的利潤就會受到壓縮。成衣業一直以來無法進行產品差異化或產生轉換成本，以鎖定客戶抵消這些不利的趨勢。

## 替代品

替代品或替代性服務會使產業無法將產品價格拉到最高點。面對替代品時，除非產業能將產品的品質提高或增加其差異性（例如透過行銷方式），它在盈餘上，甚至可能在成長上都會受到傷害。

很顯然地，替代品的價格與功能愈有吸引力，原產業的利潤所受到的限制就愈高。當前，製糖廠商面對大規模商業化的高果糖玉米糖漿，也就是傳統糖的替代品時，就學到這個教訓。

替代品不僅平時限制原產品的利潤，也會減低產業在繁榮期鴻圖大展的機會。1978年，受到能源價格高漲和嚴寒冬季的影響，玻璃纖維絕緣材料出現前所未有的市場美景。但是這個產業想要拉抬價格的能力，卻受到如纖維材料、石棉、泡棉塑料等替代品的抑制。同樣地，在玻璃纖維絕緣材料廠商增加產能滿足市場需求（與更多需求）時，這些替代品的需求一度也受到牽制。

在策略上特別值得注意替代品，是因爲：（1）這類產品很可能會改善價格／功能的表現，取代原產業的產品；或（2）這類產品是由獲利較高的產業生產。當替代品產業的競爭增強時，這類產品通常會迅速侵入新市場，導致產品降價或功能改善。

## 運用戰術取得有利地位

既有競爭者在地位上的競爭，應用的戰術大致不脫價格競爭、推出新產品、廣告大戰等技巧。密集的競爭與下列因素有關：

- 競爭者眾，而且實力大致相當。近年來，許多美國產業正湧入外商競爭者，這些競爭者也成爲競爭版圖的一部分。
- 產業成長趨緩，部分成員急於擴張市場占有率。
- 產品或服務缺乏差異性或轉換成本，只好拴牢客戶以免受其他業者的突擊。
- 固定成本高或容易腐壞的產品，會導致削價競爭。許多基礎原物料產業，像製紙與煉鋁業，當需求緩慢時，就飽嘗這類痛苦。
- 產能常態性地大量增加。如氯和乙烯基等行業，超額產能往往會破壞產業供需間的平衡，導致一段時期的產能過剩與削價競爭。
- 退出障礙太高。像專業資產或管理忠誠度等產業退出障礙，會讓企業即使在獲利低或只賠不賺的情況下，仍然苦戰不懈。產能過剩至少仍能維持企業運作；但體質健康的競爭者之獲利，會隨著營運欠佳業者退出市場而受到影響。[1]當整個產業都受產能過剩影響，尤其有外商加入競爭時，也許會尋求政府協助。
- 競爭者在策略、源起和「風格」上相當分歧。它們對如何競爭和在過程中領先其他業者上，擁有不同的想法。

當一個產業成熟時，它的成長速度會改變，導致利潤下降，以及（通常）業界的不景氣。在1970年代早期，休旅車產業蓬勃發展時，幾乎所有廠商都在賺錢；但是接下來成長率減緩，使得高獲利的情況不再。除了實力極強的業者之外，其他體質較差的廠商獲利均大幅衰退。這種獲利的故事在各類產業中反覆上演，雪地摩托車（snowmobile）、噴霧產品、運動器材等產業只是少數例子。

併購行動會爲產業引進許多不同的經營風格，就像百工企業（Black & Decker）接手生產鏈鋸的麥克羅公司（McCullough）。技術的創新也會提高生產過程的固定成本，就像1960年代，一貫作業的沖洗相片取代批量的沖洗法一樣。

企業必須與這些因素纏鬥，因爲產業經濟就是由這些因素構成的，但透過調整策略，企業多少能爭取到一些改善事物的空間。比方說，企業可以嘗試提高客戶的轉換成本或增加產品的差異性，鎖定產業快速成長的區隔，發揮集中行銷火力，瞄準固定成本最低的市場領域，或多或少能減少產業競爭的衝擊。處在退出障礙很高的產業裡，只要有可能，企業應該避免與競爭者正面衝突，如此才能避開慘烈的削價競爭。

## 策略規畫

一旦評估過這些會影響產業競爭，以及其基本成因的力量之後，企業的策略規畫人員就能看出公司的長短處。從策略的觀點來看，最重要的優勢和弱點是，企業有多少籌碼面對每股競爭作用力的成因？面對替代品時的處境如何？對抗進入障礙的條件又如何？

接下來，策略分析師可以規畫一項行動計畫，其中包含：（1）公司的定位，這樣公司就有能力對競爭力量做出最佳防禦；以及（或）（2）透過策略性行動，影響各股競爭作用力的平衡，進而改善企業的地位；以及（或）（3）在競爭對手尚未意識競爭的潛在因素即將改變之前，先能預期到這樣的變化，並著手計畫因應之道，希望針對未來即將面對新競爭的平衡狀態，選擇正確的策略。接下來我將一一思考以下的各項策略性方法。

### 企業定位

第一種方式是針對特定產業的結構，搭配公司的長處與短處。策略可以看成是企業對抗競爭的防禦措施，或找出產業競爭作用力最弱部分的指導原則。

了解自身能力與外部競爭作用力的來源，可以凸顯企業應該競爭的領域，以及最好避開的部分。好比低成本的製造商，只要它所銷售的產品是不容易受替代品威脅的產品，就無懼於面對有議價實力的客戶。

在飲料產業中，派柏汽水（Dr Pepper）的成功，顯示企業眞正了解自己的優點，加上扎實的產業分析，便能形成卓越的策略。可口可樂和百事可樂在派柏汽水所在的產業中是主導者，許多小廠會有零零星星的競爭動作，但派柏汽水選擇避開銷售量最大的飲料市場區隔，維持一條較小的調味飲料生產線，持續發展爭取裝罐網路，並強力促銷。派柏找出自己的定位，因此規模雖小，但卻最不受競爭的威脅。

在每年115億美元的飲料產業中，進入障礙來自於品牌識別、大規模的行銷動作，以及掌握裝罐網路。派柏汽水捨棄高成本又需要經濟規模的自有裝罐網路（也就是尾隨可口可樂、百事可樂和七喜汽水的腳步），利用這些大廠的裝罐廠想要達成產能滿載，而替派柏汽水各種不同口味的飲料提供裝罐服務。派柏汽水以特殊服務和其他的方式，以滿足客戶的需求，並使它和可口及百事之間有所區隔。

在飲料行業中，許多小公司也生產可樂，這導致與大廠之間爆發正面衝突。派柏汽水藉由維持少數幾種口味的另類產品，努力進行產品差異化的工作。

最後，派柏汽水以廣告大力強調本身獨特的口味，迎戰可口與百事可樂。這個廣告策略建立起強烈的品牌識別，以及很高的顧客忠誠度。派柏汽水能這麼做的原因是，它的飲料成分中原料成本很低，這使它與主要競爭對手遭遇時，享有絕對的成本優勢。

飲料因爲採集中生產，並沒有規模經濟的問題，因此派柏汽水雖然市場占有率不高（6%），仍有光明的前景。派柏汽水雖然在行銷上面對競爭，但避開在產品線和通路上的競爭。這個高明的定位加上良好的執行能力，促使派柏在股票市場和盈餘上，都有令人羨慕的成績。

## 四兩撥千金

在處理驅使產業競爭的作用力之時，企業可以設計主動出擊的策略。這種做法不只是爲了對抗競爭作用力，也試圖改變競爭作用力的成因。

在行銷方面的創新，能提高品牌識別或產品的差異化。在大規模生產設備或垂直整合上投資，可以影響進入障礙。產業競爭作用力的均勢，部分肇因於外部因素的作用，部分則受制於企業的掌控。

## 運用產業變遷

在策略上，產業發展非常重要，因爲產業演變會改變競爭的源頭。比方說，在大家所熟悉的產品生命週期模式中，成長率趨緩的時期，產品差異化會降低，整個產業變得更成熟，而企業則走向垂直整合。

—— 2015 ——

## 今日再問，策略是什麼？

## What Is Strategy, Again?

安翠兒・歐萬斯（Andrea Ovans）

現在回頭去讀彼得・杜拉克在1950年代晚期、1960年代早期怎麼談競爭，會發現他其實只談到一件事：價格上的競爭。杜拉克絕非特例：顯然當時多數經濟學者也是所見略同。

這項概念廣受認同，一直要到1979年，麥可・波特的〈競爭力如何形塑策略〉才提出質疑，並提出另外四項競爭力。波特在2008年對這篇經典之作提出新論的時候，我問他爲什麼會想出波特五力架構，他的解釋就是覺得「競爭實在不可能只有價格競爭一項。」

於是波特提出他著名的理論，認爲某個產業的競爭程度（也就是參與者能夠自由訂價的程度）除了會受到激烈的價格競爭影響之外，也會取決於買方與供應商的談判力量、以及新進公司造成的威脅程度。如果這些作用力很弱（像是在軟體與軟性飲料業），許多企業都能獲利。而如果這些作用力很強（像是在航空與旅館業），幾乎所有企業都無法取得誘人的投資報酬。在波特看來，所謂策略就是要找出自家企業最佳的定位，而且不僅考慮競爭對手的訂價壓力，還要考慮整個競爭環境的所有力量。

在許多人眼中，波特的論點似乎是對這項議題的最後定論。例如在2015年3月，瑞貝卡・霍克斯（Rebecca Homkes）、唐納・薩爾（Donald Sull）與查爾斯・薩爾（Charles Sull）在〈天下無難行的策略〉（*Why Strategy Execution Unravels—and What to Do About It*）當中就說：「自從1980年代，麥可・波特發表開創性的研究後，我們對策略有了普遍接受的清晰定義」。

但情況並非全然如此。

有趣的是，波特一直要到1996年11月才發表對「策略」的定義，也就是說，距離他提出原創的競爭五力文章而嶄露頭角的17年後，他還是覺得有必要明確談談這項問題。

在他的〈策略是什麼？〉（*What Is Strategy?*）中，波特駁斥許多這段時間內各方流傳的新舊論點，特別提到以下幾點並非策略：

- 希望在產業中找到單一、理想的競爭定位（當時夢想在網路風潮中一夕成功的人，顯然有這種想法）
- 進行標竿學習（benchmarking）並採用最佳實務（暗指所有人最愛攻擊的對象：《追求卓越》[*In Search of Excellence*]）

- 積極外包、尋求合作夥伴，以提升效率（可能是指波士頓顧問集團[Boston Consulting Group]創辦人布魯斯・亨德森[Bruce Henderson]發表於1989年的〈策略起源〉[The Origin of Strategy]）
- 聚焦在少數幾個關鍵成功因素、重要資源和核心能力（可能是指普哈拉[C.K. Prahalad]與蓋瑞・哈默爾[Gary Hamel]發表於1990年的〈企業核心能力〉[The Core Competence of the Corporation]）
- 快速因應不斷演變的競爭變化和市場變化（可能是指莉塔・麥奎斯[Rita McGrath]與伊安・麥克米蘭[Ian MacMillan]發表於1995年談論創新策略的〈發現導向的規畫〉[Discovery-Driven Planning]）

在波特看來，所有策略從根本而言可以分成兩大選項：做大家都在做的事（但錢花得比別人少），或是做別人都做不到的事。雖然這兩種都有可能成功，但對他來說，這兩種選項在經濟上（或者於我看來在道德上）並不相等。波特表示，如果是以「做大家都在做的事」來競爭，代表要打價格戰（也就是要學著比競爭對手更有效率）。但這麼做只會把餅做小，因爲大家拚命殺價，就影響整個產業的獲利能力。

另一種做法是把餅做大；這種方式是要根據你創造的

某種獨特優勢，取得某個可永續的地位，而要創造這種優勢，則需要有一套聰明、而且最好既複雜又環環相扣的活動（有些人稱爲價值鏈或商業模式）。這種做法在航空業非常明顯；正如波特所說，在大多數航空公司「一心想成爲最佳航空公司」的時候，就像是在搶一個很小的餅，但西南航空就屬於那少數別出心裁的航空公司，採用截然不同的做法，打造出獲利遠遠高出一截的業務模式，針對不同的顧客（例如本來打算自行開車的旅客），執行一套高效率、環環相扣的活動，於是擴大整個市場。

不論如何，〈策略是什麼？〉仍然是一篇傑作，所有運籌帷幄的人都應該詳讀。然而，這絕對還不是關於策略這項主題的最後定論。

（林俊宏譯，改編自2015年5月12日哈佛商業評論網站文章）

**安翠兒・歐萬斯**

曾擔任《哈佛商業評論》資深編輯。

這些趨勢本身並沒有特別意義，眞正重要的是，它們是否會影響到競爭的根源。以垂直整合爲例，在漸趨成熟的迷你電腦產業中，垂直整合遍及製造和軟體開發。這個非常重要的趨勢大大提高了規模經濟，並增加在該產業從事競爭所需的資金。之後隨著成長停滯，又會導致進入障礙升高，讓少數小規模競爭者退出戰場。

很明顯地，從策略的觀點來看，應該優先考量的趨勢，是那些會影響最重要的產業競爭來源，以及會提高競爭作用力者。例如在噴霧產品上，減少產品差異性是當前的主流趨勢。這種結果會增加客戶的力量，降低進入門檻，讓競爭加劇。

前面提到分析競爭的架構，也能用來預測一個產業的最終獲利能力。長期規畫的任務是檢驗每項競爭作用力，預測各基本成因的影響所及程度，然後建構出該產業獲利潛力的藍圖。

這種做法的結果，可能會與現有的產業結構大不相同。比方說，現今經營太陽能熱水器的企業少則數十家，多則數百家，但沒有一家能主導這個市場。進入這個產業很容易，競爭者只須努力將太陽能熱水器變成比傳統方式更卓越的替代品即可。

這個產業的潛力主要繫於未來進入障礙的形式、相對於替代品的產業地位改善、最終的競爭強度，以及客戶和供應商的力量等。而這些特質又將受到建立品牌識別、重要規模經濟，或技術變遷造成設備改善下的經驗曲線、競爭的資金成本，以及生產設備的總開支等因素的影響。

分析產業競爭的架構，對設計多角化策略具有直接的好處。它回答許多關於多角化決策中與生俱來的高難度問題：「這個行業的潛力如何？」將這個架構與實務上的判斷組合起來，企業也許可以在產業榮景反映在併購價格之前，比其他競爭對手先找到榮景可期的產業。

## 多面向的競爭

制定策略很重要的一步，是企業經理人必須花費心思好好界定企業所經營的業務。1960年，希奧多・李維特（Theodore Levitt）在《哈佛商業評論》發表一篇經典文章，大力討論避免罹患狹隘的、以產品導向來定義產業的近視病。[2]許多權威人士也強調，經營者在定義行業時，應該將眼界從產品拉高到功能性的思考，跨越國界的限制而邁向潛在的國際競爭，以及超越今天既有的競爭者而邁向明天可能的競爭者。這些呼籲的結果，企業對所在產業的適當定義，變成了一個無止境的辯證主題。

這個辯證背後的一個動機是，期待能探索出新的市場；另一個或許更重要的動機是，擔心企業界忽略未來可能會威脅這個產業、但現在卻還隱而未見的競爭來源。許多經理人一廂情願地將注意力集中在與自己競爭市場占有率的宿敵身上，結果忽略掉他們也在和客戶、供應商的議價能力競爭。同時，他們也忽略加入競爭的新面孔，或未能注意到替代品不知不覺中所造成的威脅。

企業成長，甚至是企業生存的關鍵，在於固守敵人迎面攻擊時弱點最少的地位，無論競爭對手是既有廠商或是新進廠商，它也要能抵禦客戶、供應商和替代品的侵蝕。建立這種地位的方式很多，例如鞏固與重要客戶的關係，透過行銷建立實質上或心理上的產品差異性、利用向前或向後整合等形式，以及建立技術上的領導地位。

## 註釋

1. 對於退出障礙和其對策略的暗示，請參考我的文章："Please Note Location of Nearest Exit," California Management Review, Winter 1976, p. 21.
2. Theodore Levitt, "Marketing Myopia," reprinted as an HBR Classic, September–October 1975, p. 26.

---

（李明軒譯，轉載自1979年3月至4月號《哈佛商業評論》）

---

**麥可・波特** Michael E. Porter

哈佛大學教授，常駐波士頓哈佛商學院，他是《當政治成爲一種產業》（*The Politics Industry*）的合著者。

2004

第五章

# 藍海策略

Blue Ocean Strategy

金偉燦（W. Chan Kim）與芮妮・莫伯尼（Renée Mauborgne）

蓋・拉里貝提（Guy Laliberté）拉過手風琴、踩過高蹺，也做過吞火魔術師，現在是加拿大文化輸出勁旅「太陽劇團」（Cirque du Soleil）執行長。這個在1984年由一群街頭藝人組成的馬戲團，已先後在全球各地90個城市演出，吸引大約4000萬觀眾。成立才20年，營收就達到全球馬戲團業霸主「玲玲馬戲團」（Ringling Bros. and Barnum & Bailey）經營一百多年才有的成績。

太陽劇團的快速成長，是在很不可能發生的情況下出現。因爲隨著體育活動、電視、電玩等其他形式的娛樂愈來愈風行，馬戲團這一行早已逐漸沒落。原本應該是馬戲團觀眾支柱的兒童，寧可玩PlayStation，也不願意去看馬戲表演。在動物保育團體的鼓動下，反對利用動物表演的聲浪也日益升高，而動物表演向來是馬戲團固有的一部分。在供給面上，玲玲和其他馬戲團賴以吸引觀眾的明星級演員，往往能予取予求。結果，馬戲團產業的觀眾不斷減少，成本卻不斷提高。更重要的是，這一行的新人都必須與上個世紀既有的強勁班子競爭。這些既有班子已為馬戲團業奠定標竿。

為什麼在這麼艱難的環境下，太陽劇團還能賺錢，而且在過去10年營收增加22倍？從「我們改造了馬戲團」這個太陽劇團製作的第一批節目中，充分顯露出它的精髓。太陽劇團不是在本行既有的局限內競爭，也不是向玲玲和其他馬戲團搶顧客。相反地，它創造出無人競爭的新市場空間，把競爭變得毫無意義。它吸引到原來不看馬戲表演的全新顧客群，也就是向來只看電影、歌劇，或是芭蕾舞演出的成年人和公司團體。這些人願意拿出比傳統馬戲團門票貴上好幾倍的金額，來體驗前所未有的娛樂表演。

要了解太陽劇團的成就，必須知道企業界是由兩種截然不同空間所組成：我們稱為紅海和藍海。紅海代表現有的所有企業，也就是已知的市場空間。在紅海，企業邊界很明確，而且這個邊界普遍獲得認同，也有一套共通的競爭法則。在這裡，所有公司都拚命想超越競爭對手，以掌握更大的市占率。隨著市場空間愈來愈擁擠，獲利和成長展望愈來愈小。產品淪為大宗商品，割喉競爭則把海水染成一片血腥。

藍海意指所有目前還**不**存在的產業，也就是尚未開發的市場空間，當然，也還未受到競爭汙染。在藍海，需求是創造出來的，而不是互相爭奪的目標。企業在這裡有充裕的成長機會，能獲利和快速擴展。創造藍海有兩種方法：在少數情況下，企業組織能開創全新的產業，就像eBay創造網路拍賣產業；但在大多數情況下，藍海是藉著推展現有產業的邊界，在紅海裡創造出來的。從以下的內容，可以看出太陽劇團就是這樣做的：它藉著打破傳統上劃分馬戲團和戲院的邊界，從馬戲團業的紅海裡，創造出帶來豐厚利潤的全新藍海。

我們利用近期超過100年來的資料，研究超過30種產業共150個以上的藍海，太陽劇團只是其中之一。我們分析創造出這些藍海的公司，以及陷在紅海裡的平凡對手。在研究這些資料的過程中，我們觀察到在創造新市場和新產業的背後，有一套一貫的策略思考形態，我們稱爲藍海策略。藍海策略背後的邏輯，與專注在現有市場空間競爭的傳統模式截然不同。其實，許多公司試圖突破競爭碰到的困難，可以歸因於經理人未能體認紅海和藍海策略的不同。

本文提出藍海策略的概念，並描述定義這種策略的特性。我們評估藍海帶來的利潤和成長，並討論開創藍海對未來的公司爲什麼愈來愈必要。我們相信，在企業界步調不斷加快和擴展之際，了解藍海策略，對努力想在這種環境下蓬勃發展的企業很有幫助。

## 藍海和紅海

「藍海」這個詞聽起來新鮮，其實一直存在我們左右。不妨回顧100年前，然後自問現在的許多產業，有哪些在當時還沒有人知道。答案是汽車、唱片、航空、石化、製藥、管理顧問這些很基本的產業，在當時不是聞所未聞，就是才剛萌芽。把時間拉回到30年前，然後詢問同樣的問題。現今許多市值幾十億美元的龐大企業立刻浮現，像是共同基金、手機、生物科技、折扣零售業、包裹快遞、滑雪板、咖啡吧、家庭影視，這還只是其中幾個產業。才不過30年前，這些產業還沒有一個成氣候。

現在，把時間撥到20年後，試想：到時候會出現多少現在還不知道的產業？如果歷史可以當做未來的指標，我們能斷定這樣的產業絕不在少數。企業對創造新產業與改造現有產業的能力是非常強大的。產業分類方式不得不徹底改變，就反映出這種事實。1997年，產業標準分類（Standard Industrial Classification, SIC）在施行半個世紀後，由北美產業分類標準（North American Industry Classification System, NAICS）取代。新制度把SIC編列的10個產業類別擴大到20個，以反映新產業領域，也就是藍海擴大的現實情況。例如，舊制度下的服務業，現在擴展爲7個類別，從資訊、醫療保健，一直到社會援助。由於這些分類制度的設計是爲了促進標準化和一貫性，因此，整個制度改變，顯示創造藍海對促進經濟成長發揮多大的力量。

展望未來，我們認爲，藍海仍會是推動經濟成長的動力來源。大多數已建立的市場，也就是紅海，它們的成長空間正不斷縮減。科技進展已經大幅提高企業的生產力，使供應商能提供種類空前多元的產品和服務。同時，隨著國家和地區之間的貿易壁壘瓦解，以及產品資訊和價格在全球各地即時可得，利基市場和地區壟斷不斷消失。但同時需求沒有增加的跡象，至少在已開發市場是這樣。聯合國最近的統計報告甚至指出已開發國家人口逐漸減少，結果就是愈來愈多產業必須面對供過於求的困境。

這種情況難免會加快產品和服務的商品化，並助長價格戰和獲利萎縮。根據最近的一些研究，各種產品和服務類別的美國大品牌，性質愈來愈相像。隨著品牌逐漸同質化，消費者變得愈來愈根據價格來做採購決定。他們不再像以前那樣，堅持非得用汰漬（Tide）洗衣服不可。如果佳潔士牙膏（Crest）降價促銷，他們也未必一定要用高露潔（Colgate），反過來說也是一樣。在過度擁擠的產業，不論經濟好轉或衰退，建立品牌的差異化都變得愈來愈不容易。

## 策略矛盾

不幸的是，大多數公司似乎安於身處紅海。我們對108家公司進行研究，發現它們的新業務中，有86%只是原有業務的延伸，也就是漸進式地改善現有產品和服務，只有14%致力於創造新市場或新產業。雖然延伸現有業務在公司整體營收占了62%，但它們在整體利潤只占39%。相形之下，投資在開創新市場和新產業的14%計畫爲公司帶來38%營收，卻占整體利潤的61%。

因此，企業爲什麼還如此偏重紅海？有部分原因是，公司策略這個詞是從軍事戰略而來，而且一直深受這個根源的影響。連策略用語都充滿軍事意味，像是「總部」（headquarter）的執行「長」（officer），「前線」（front line）的「部隊」（troop）等。用這種方式描述的策略，完全是針對紅海競爭，一心與對手正面對抗，企圖把對方趕出範圍有限的戰場。相形之下，藍海策略是企圖開展沒有競爭對手的業務，這是在創造新的領域，而不是瓜分現有疆土。因此，把眼光放在紅海，表示你必須接受戰爭的重要限制因素：領域有限，必須打敗敵人才能成功。這也意味著否定企業界的獨特力量：創造競爭尚不存在的新市場空間。

企業策略聚焦在打敗對手的趨勢，隨著日本公司在1970和1980年代快速崛起更形加劇。在企業史上，消費者首次成群捨棄西方公司。隨著全球市場的競爭愈來愈激烈，出現了許多紅海策略，強調競爭是企業成敗的核心。現在只要談到策略，幾乎都會用到競爭這個字。最能表現這種情況的詞就是「競爭優勢」。在強調競爭優勢的世界觀裡，公司經常強迫自己超越對手，希望在現有的市場空間裡，掌握住更大的比例。

競爭當然很重要，但太強調競爭，使得專家學者、公司、顧問，忽略兩個非常重要、而且我們認爲可以帶來更大利益的策略層面：一個就是尋找和開拓沒有什麼競爭、甚至毫無競爭的市場，就是藍海；另一個，就是好好利用和保護藍海。這些挑戰與策略專家重視的要點非常不同。

## 航向藍海

開創藍海，需要哪種策略邏輯來引導？爲了回答這個問題，我們檢討過去超過100年來各種開創藍海的資料，看看能搜尋出哪些形態。我們獲得的部分資料呈現在表5-1，概括顯示密切觸及民眾生活的三種產業曾開創的重要藍海：與如何上下班相關的「汽車業」、與工作時使用工具相關的「電腦」、與下班後到哪裡娛樂相關的「電影院」。我們發現下列要點：

### 藍海不等於科技創新

開創藍海有時涉及尖端科技，但科技並不是定義藍海最重要的特色，即使是科技密集產業經常也是如此。就像表5-1顯示的，在這三種代表性的產業，藍海極少是科技創新本身造成的；推動藍海的科技經常早已存在。連福特

表5-1

## 藍海類型簡史

這個表顯示，不同時代的三個不同產業，它們在開創藍海策略時有什麼共同點；但這個表無意涵蓋所有企業或提供詳盡內容。選擇用美國產業做例子，是因為在我們研究的整個時期中，這些產業擁有最大、也最不受管制的市場。而且這三種產業創造藍海的形態，與我們在其他產業觀察到的情況一致。

| 歷史上開創的重要藍海 | 藍海從新產品或舊產品開創出來？ | 藍海從科技創新或價值創新推動？ | 開創藍海時，這個產業誘不誘人？ |
|---|---|---|---|
| **汽車業** | | | |
| **福特T型車**<br>1908年推出的T型車，是第一種量產車，價格也讓許多美國人買得起。 | 新產品 | 價值創新*（大部分使用現有科技） | 不誘人 |
| **適合每一種財力和用途的通用汽車**<br>1924年，通用汽車為汽車注入樂趣和時尚，創造出藍海。 | 舊產品 | 價值創新（採用一些新科技） | 誘人 |
| **日本省油車**<br>1970年代中期，日本汽車廠商推出實用可靠的小型車，創造出藍海。 | 舊產品 | 價值創新（採用一些新科技） | 不誘人 |
| **克萊斯勒廂形車**<br>1984年，克萊斯勒推出廂形車，創造出像汽車一樣容易操作，但載客空間像廂形貨車一樣寬敞的全新類別車型。 | 舊產品 | 價值創新（大部分使用現有科技） | 不誘人 |

*由價值創新推動，並不表示與科技完全無關。這是指這種發展使用的最重要科技，大致上早就存在這個產業或其他地方。

表5-1（續）

| 歷史上開創的重要藍海 | 藍海從新產品或舊產品開創出來？ | 藍海從科技創新或價值創新推動？ | 開創藍海時，這個產業誘不誘人？ |
|---|---|---|---|
| **電腦業** | | | |
| **CTR公司製表機**<br>1914年，CTR公司藉著簡化、模組化和出租製表機，創造出商業機器行業。CTR後來改名IBM。 | 舊產品 | 價值創新（採用一些新科技） | 不誘人 |
| **IBM 650和System/360電腦**<br>1952年，IBM藉著簡化及降低電腦功能和價格，開創商業電腦業務。1964年，推出第一種現代化電腦系統System/360，使650創造的藍海呈現爆炸性的成長。 | 舊產品 | 價值創新（650大部分使用現有科技）<br>價值和科技創新（System/360結合新舊科技） | 尚未存在 |
| **蘋果個人電腦**<br>雖然蘋果二號並非第一種一體合成的家庭電腦，但使用簡便，在1978年推出後，創造出藍海。 | 新產品 | 價值創新（大部分使用現有科技） | 不誘人 |
| **康柏個人電腦伺服器**<br>1992年，康柏推出ProSignia伺服器，用迷你電腦三分之一的價格，提供多出一倍的分享檔案和列印能量。 | 舊產品 | 價值創新（大部分使用現有科技） | 不誘人 |
| **戴爾的接單客製電腦**<br>1990年代中期，戴爾為顧客提供新的購買和交貨體驗，在競爭極為激烈的電腦業創造出藍海。 | 新產品 | 價值創新（大部分使用現有科技） | 不誘人 |

（續）

表5-1（續）

| 歷史上開創的重要藍海 | 藍海從新產品或舊產品開創出來？ | 藍海從科技創新或價值創新推動？ | 開創藍海時，這個產業誘不誘人？ |
|---|---|---|---|
| **電影業** | | | |
| **五分錢戲院**<br>1905年，第一家門票五分錢的電影院開張，不停為勞工階層觀眾播放短片。 | 新產品 | 價值創新（大部分使用現有科技） | 尚未存在 |
| **皇宮電影院**<br>由羅薩斐爾（Roxy Rothapfel）在1914年創辦的電影院，用便宜的費用，提供類似歌劇院的看電影環境。 | 舊產品 | 價值創新（大部分使用現有科技） | 誘人 |
| **AMC多廳電影院**<br>1960年代，美國郊區購物商場的多廳電影院暴增，讓觀眾有更多選擇，同時降低業者成本。 | 舊產品 | 價值創新（大部分使用現有科技） | 不誘人 |
| **AMC超級多廳電影院**<br>1995年出現的超級多廳電影院，可同時放映市面上所有大片，並在像體育館一樣大的多個院廳，提供極致享受的觀賞經驗，業者成本卻降低。 | 舊產品 | 價值創新（大部分使用現有科技） | 不誘人 |

（Ford）革命式的汽車裝配線，都可追溯到美國的肉品包裝業。就像汽車業一樣，電腦業出現的藍海，並不完全來自科技創新，而是把科技與顧客重視的價值加以結合。就像IBM 650和康柏（Compaq）個人電腦伺服器一樣，這種情

況通常與簡化科技有關。

## 舊產品常能開創藍海，而且常在核心業務內推陳出新

通用汽車（GM）、日本汽車廠商和克萊斯勒（Chrysler）在汽車業開創藍海時，都已經是產業內很有分量的業者。電腦業的CTR，和它後來變成的IBM，以及康柏等，也是如此。電影業的皇宮電影院和AMC，也大致適用這種情況。在這裡列出的公司，只有福特、蘋果（Apple）、戴爾（Dell）和五分錢電影院（Nickelodeon）是這些行業的新進者；前面三個是新成立的公司，第四個是一家既有企業跨足全新的產業。這個狀況顯示，老企業對開創新市場空間未必處於劣勢。更重要的是，老企業開創的藍海，通常處於它們的核心業務範圍裡。其實，就像圖表顯示的那樣，大多數藍海是從現有產業形成的紅海裡開創的，而不是從外面開創的。這推翻以往大家認爲新市場處於遙遠水域的看法。藍海存在於每一個產業，可說是就在你的左右。

## 公司和產業並非正確的分析單位

公司和產業這兩種傳統的策略分析單位，對分析藍海是如何，以及爲何創造出來，很難提供適當的解釋。沒有任何公司能持續保持卓越；同一家公司可能有時表現非常傑

出，有時卻錯得離譜。每家公司長期下來都有起落。同樣地，沒有一個永遠卓越的產業；任何產業是否誘人，大部分由它們內部創造的藍海來推動。

對解釋藍海的形成，最適當的分析單位是策略行動，也就是開拓市場的重大企畫案，這個企畫案涉及整套經營措施和決定。例如，康柏被許多人視爲「不成功」的企業，因爲它在2001年被惠普（HP）收購，不再是獨立經營的公司。但康柏最後的下場，並不能抹煞它1990年代明智的策略行動，爲個人電腦伺服器開創價值幾十億美元的全新市場空間，並使康柏得以重振雄風的事實。

## 開創藍海建立品牌

藍海策略力量極爲強大，因此，這類策略行動可能創造出持續幾十年的品牌資產。表中舉出的公司，幾乎都因爲它們很久以前開創的藍海而名留青史。亨利．福特（Henry Ford）設立裝配線後，推出第一輛T型車的時間是1908年；當年已出生的人，現在仍在世的沒有幾個，但福特這個品牌至今仍從這項藍海行動受惠不少。大家往往視IBM爲「美國固有體制」，主要也是因爲它在電腦業開創的藍海：360系列在電腦業的地位，相當於汽車業的T型車。

一般認爲，開創新市場空間，對已建立穩固基礎的大公司很不利，我們的研究，則足以鼓勵這些大公司的主管。

因爲我們的研究顯示，龐大的研發預算並不是開創新市場空間的關鍵；眞正的關鍵在於採取正確的策略行動。更重要的是，眞正了解推動高明策略幕後力量的公司，更可能長期連續開創藍海，因此能長期維持高成長和高利潤。換句話說，開創藍海是一種策略產品，因此，也是企業管理活動的產品。

## 藍海特性

我們的研究顯示，各種開創藍海的策略行動都有幾個共同特性。我們發現開創藍海的企業，與凡事遵照傳統規則行事的公司形成尖銳的對比，它們從來不把競爭視爲標竿。相反地，它們爲顧客和公司本身創造價值躍進，把競爭變得毫無意義（見表5-2比較這兩種策略模式的主要特性）。

藍海策略最重要的特性，或許是拒絕傳統策略的根本信條，也就是價值與成本不可能兼顧。根據這種論點，公司只能用較高的成本，爲顧客創造更大的價值，或是用較低的成本，創造合理的價值。換句話說，基本上，經營策略是在差異化和低成本之間做選擇。但成功開創藍海的公司，卻能同時追求差異化和低成本。

要了解這是怎麼做到的，不妨回過頭來看太陽劇團的例子。太陽劇團成立時，其他馬戲團只顧著互別苗頭，企圖藉著稍微改變傳統馬戲表演，在日益縮小的市場擴大占有

表5-2

## 紅海策略與藍海策略比較

紅海策略與藍海策略的必要條件完全不同。

| 紅海策略 | 藍海策略 |
| --- | --- |
| • 在現有市場空間競爭 | • 創造沒有競爭的市場空間 |
| • 打敗競爭 | • 把競爭變得毫無意義 |
| • 利用現有需求 | • 創造和掌握新的需求 |
| • 在價值與成本中擇一 | • 打破價值—成本抵換 |
| • 整個公司的活動系統，配合公司對差異化或低成本的策略選擇 | • 整個公司的活動系統，配合同時追求差異化和低成本 |

率。它們努力爭取更多更出名的小丑和馴獸師，導致成本結構加重，卻未能實質改變觀眾的觀賞經驗。結果就是經營成本提高，營收卻沒有增加，市場對馬戲團的需求不斷下降。太陽劇團卻在這個時候進場，它沒有遵循傳統思維，試圖對現存問題提供更好的解決辦法，創造更刺激、更有趣的馬戲表演，希望能壓倒對手。相反地，它重新定義問題，不但提供刺激而又有趣的馬戲表演，**並**提供劇場表演的豐富藝術和心靈饗宴。

在設計兼具這兩種性質的表演時，太陽劇團必須重新評估傳統馬戲表演的組成，發現有許多公認是馬戲表演要刺激有趣而不可或缺成分，其實並沒有必要，而且經常還很花錢。例如，大部分馬戲團都有動物表演，而這是很沉重的經濟負擔，因爲除了購買和飼養動物，還得負擔牠們的訓練、醫療照顧、棲息場所、保險和運輸費用。但太陽劇團發現，觀眾對動物表演的興趣正迅速消退，因爲各方日益關切馬戲團對待動物的方式，以及讓牠們公開展示和表演是否道德。

同樣地，雖然傳統馬戲團拚命吹捧自己的明星演員，太陽劇團卻體認到，一般人已經不再把馬戲演員當成明星，至少不能與電影明星相比。太陽劇團也捨棄設三個場子，同時呈現不同表演的傳統做法。這種做法不只讓觀眾眼睛轉來轉去，看得眼花撩亂，也增加表演人數，加重成本負擔。此外，在觀眾席賣東西，雖然似乎是增加收入的好辦法，價格卻貴得令人不敢領教，顧客即使勉強掏腰包，也覺得自己當了冤大頭。

太陽劇團發現，傳統馬戲團歷久不衰的魅力只剩下三個重要成分：小丑、帳篷、傳統雜耍表演。因此，它保留小丑，但把他們的演出方式，從胡鬧耍寶，變得更細膩和引人入勝。在許多馬戲團放棄帳篷，改爲租用現成場地演出時，它卻採用更精美華麗的帳篷。它深知帳篷的獨特風格，早已成爲馬戲團魅力最重要的象徵，因此精心設計這種傳統象徵，外表鮮艷奪目，裡面布置得舒適宜人，看不到以前的木屑和硬板凳。特技雜耍和其他刺激的表演保留下來，但分量減少，並增加藝術氣息，演出更典雅。

太陽劇團排除傳統馬戲團的一些表演時，也從劇場引進新的元素。例如，傳統馬戲表演是由一連串毫無關聯的節目組成，太陽劇團的每一套演出卻像劇場表演一樣，有主題和故事。雖然刻意讓主題淡化，但仍在各幕戲之間取得協調，並增加知性的成分。太陽劇團也模仿百老匯的做法，例如，它不像傳統馬戲團，用一套節目走天下，而是製作好幾套不同主題和故事的節目。此外，就像百老匯演出一樣，太陽劇團的每一套節目都有原創音樂，用來推動視覺表演、燈光和動作，而不是由音樂配合演出。這些節目也借用劇場和芭蕾舞的特色，充滿抽象和活潑的舞蹈。由於有好幾套節目輪流上演，觀眾更有理由經常來觀賞演出，爲太陽劇團帶來更多收入。

太陽劇團結合馬戲團和劇場的優點，並淘汰傳統馬戲團許多最花錢的成分，大幅減輕成本結構，同時達到差異化和低成本（要了解藍海策略的經濟架構，見圖5-1）。

藉著降低成本，同時提高顧客獲得的價值，公司可爲本身和顧客達到價值躍進。由於顧客得到的價值，來自公司產品提供的效益和價格，公司得到的價值，是經由本身成本結構和產品價格製造出來，因此，公司的產品效益、價格、成本活動等整個系統都必須適當搭配，才能達成藍海策略。這種整個系統全面配合的做法，使開創藍海的策略得以持久發揮效用。藍海策略統合公司所有的功能和業務活動。

如果要屏棄只能從低成本與差異化中擇一的做法，意味著策略心態必須根本改變。這是極爲深遠的改變。紅海策略認定，產業的結構狀態是固定的，企業被迫在這種結

圖5-1

## 同時追求差異化和低成本

在公司行動對本身的成本結構，以及公司為顧客提供的價值主張，都發揮有利影響時，就能開創出藍海。撙節成本，是藉著消除和減少一個產業參與競爭的因素來達成。提高顧客獲得的價值，是藉著提升和創造這一行以前沒有提供的因素來達成。長期下來，隨著更卓越的價值帶來龐大銷售量，規模經濟因素會發揮效用，成本也會更低。

構裡競爭。這種想法，源自學術界所謂的「結構主義」觀點（structuralist view），或是「環境決定論」（environmental determinism）。根據這種觀點，公司和經理人大致受制於比他們強大的經濟力量。相形之下，藍海策略認爲市場邊界和產業，可經由業者的做法和信念來重建。我們稱爲「重建主義觀點」（reconstructionist view）。

太陽劇團的創辦人顯然不認爲他們只能局限在產業界限內發揮。其實，太陽劇團對演出的節目大幅消去、減少、提升和創造之後，還能算是馬戲團嗎？如果它算是劇團，那麼應該屬於哪一類，百老匯秀、歌劇，還是芭蕾？太陽劇團的魅力，在於吸收這些不同演出方式的元素加以重建。最後，它不屬於其中任何一類，又蘊含每一種演出的一些特質。太陽劇團在劇場和馬戲團的紅海裡，創造出沒有競爭市場空間的藍海，至今還無法加以歸類。

## 模仿障礙

開創藍海的公司，通常能獲得10到15年的利益，而不致遭遇強勁挑戰。太陽劇團、家得寶（Home Depot）、聯邦快遞（FedEx）、西南航空公司（Southwest Airlines）和CNN都是現成的例子。藍海策略因為能創造出相當大的經濟和認知障礙，讓對手很難模仿。

首先，想模仿開創藍海者的商業模式，沒有想像的那麼容易。由於開創藍海的企業會立即吸引大量顧客，能快速創造規模經濟，使有意模仿的對手立刻陷入成本劣勢。例如，沃爾瑪（Walmart）的採購量所形成的巨大規模經濟，就讓其他同業無法模仿它的商業模式。立即吸引大量顧客，也能形成網路外部性，這就是所謂的網路效應。例如，eBay的線上用戶愈多，網站對買賣雙方的吸引力就愈大，使用戶不想轉移到別的地方。

有意模仿藍海策略的競爭對手，常必須改變整個作業模式，這種情況很容易引發組織內部的政治角力，妨礙它轉型的能力。例如，西南航空公司用開車的花費和彈性，提供搭機旅行的速度。同業如想跟進，必須大幅調整航線、訓練、行銷、定價，甚至整個企業文化。基礎穩固的航空公司很難擁有必要的彈性，在一夜之間如此廣泛改變組織結構和作業方式。要模仿整個系統，全面配合一套明確策略的新做法，並沒有那麼容易。

認知障礙也可能發揮同樣大的效用。企業提供價值躍進時，它創造的品牌會迅速贏得廣泛迴響，在市場吸引大批忠實顧客。積極模仿的同業即使花再多錢大幅宣傳，都很難超越開創藍海的業者。例如，微軟花了十多年功夫，想搶奪財捷公司（Intuit）推出財務軟體Quicken創造的藍海霸主地位。但微軟想盡辦法，不知砸下多少本錢，財捷依然屹立不搖。

在其他情況下，企圖模仿開創藍海者的做法，會與公司現有品牌形象衝突。例如，美體小鋪（Body Shop）捨棄頂尖模特兒，也不提供青春和美貌永駐的保證。對雅詩蘭黛（Estée Lauder）和歐萊雅（L'Oréal）這些化妝品老品牌，要模仿這種做法很難，因爲這有如完全粉碎原來藉著永保青春美麗建立的形象。

## 一貫的形態

我們提出的企業形態概念雖然聽來很新鮮，其實不論企業是否領會，藍海策略一直存在。太陽劇團與傳統劇場和馬戲團的強烈對比，以及福特創造T型車，就是非常顯著的例子。

在19世紀末，汽車市場很小，又毫無吸引力。當時美國超過500家汽車廠商競相推出手工打造，售價大約1,500美元的豪華車。除了富豪階層之外，這些車輛非常不受歡迎。反車社運人士甚至破壞道路，用布滿尖刺的鐵絲網，把停在路邊的車輛圍起來，並號召杯葛開車的商人和政客。連威爾遜總統（Woodrow Wilson）都受到感召，在1906年宣稱：「汽車散播社會主義情緒的力量，少有事物堪與比擬……，汽車本身就是財富傲慢的象徵。」

福特沒有試圖壓倒競爭對手，向其他車廠搶奪部分現有的需求。相反地，它重建汽車和馬車的產業邊界，開創了藍海。當時，馬車還是美國各地主要的交通工具，而馬車對汽車擁有兩種明確優勢。當時美國各地的泥土路，路面凹凸不平，泥濘不堪，下雨和下雪時更是嚴重，車輛行駛困難，馬匹卻可以輕易繞過去。而且，當時養馬和維護馬車容易得多，不像豪華車動不動就故障，必須靠收費昂貴，又很難找的專家來修理。亨利．福特很清楚這些情況，也讓他想到如何擺脫競爭，引發尚待開啟的龐大需求。

福特號稱T型車是「用最好的材料，為廣大群眾製造的汽車」。就像太陽劇團一樣，福特汽車公司把競爭變得毫無意義。它不是製造僅供週末在鄉間兜風，奢侈到不合理的客製化時髦車輛。福特製造的汽車，是像馬車一樣供作日常使用。T型車只有黑色，也沒有什麼選擇性配備。它的性能可靠，堅固耐用，不論陰晴雨雪，都可以在泥土路上往來自如。T型車操作和修理簡便，一天就可以學會駕駛。福特也像太陽劇團一樣，在本行之外尋求價格點，用馬車做標準（400美元），而不是參照其他汽車的價位。1908年推出的第一輛T型車，售價850美元；1909年降到609美元，1924年更降到290美元。福特用這種方式，讓買馬車的人改買汽車，就像太陽劇團，讓看戲的人轉過來看馬戲表演一樣。T型車銷路非常好，福特的市場占有率從1908年的9%，到1921年激增至61%，而到了1923年時，大多數美國家庭都有汽車了。

就像後來的太陽劇團一樣，福特向無數顧客提供價值躍進時，也形成同業最低的成本結構。當時通行的製造體系是由一批熟練工匠圍著工作站，從頭到尾一片一片打造出完整的車輛。福特卻藉著使產品保持高度標準化，採用可互換的零組件，以及限制選擇，得以捨棄這種做法。福特革命性的裝配線，用沒有技術的工人取代熟練工匠，每個人只負責一個生產的小環節，因此作業速度更快、效率更高。當時一般車廠製造一輛車平均需要21天，製造一輛T型車卻只要4天，使生產成本大爲降低。

## 平衡兩種「海洋」策略

藍海和紅海向來並存，而且會永遠並存下去。因此，現實需求使企業不能不了解這兩種海洋的策略邏輯。目前，雖然企業對創造藍海的需求愈來愈強烈，紅海競爭仍把持著策略領域的理論和實務。現在，是加強平衡在這兩種海洋的作業方式，以糾正策略領域失衡的時候了，因為藍海策略雖然早就存在，企業卻大致沒有意識到。不過，一旦體認創造和掌握藍海的策略，與紅海策略的根本邏輯完全不同，企業未來就能開創出更多藍海。

---

（黃秀媛譯，轉載自2004年10月號《哈佛商業評論》）

---

**金偉燦**

歐洲工商管理學院（INSEAD）戰略與管理學教授，也是位於法國楓丹白露（Fontainebleau）的藍海策略組織（Blue Ocean Strategy Institute）共同創辦人，他與芮妮・莫伯尼合著《藍海策略》（*Blue Ocean Strategy, Expanded Edition*）。想要了解更多訊息，請上www.blueoceanstrategy.com網站。

**芮妮・莫伯尼**

歐洲工商管理學院戰略與管理學教授，也是位於法國楓丹白露的藍海策略組織共同創辦人，她與金偉燦合著《藍海策略》（*Blue Ocean Strategy, Expanded Edition*）。想要了解更多訊息，請上www.blueoceanstrategy.com網站。

1995

第六章

# 掌握破壞式技術浪潮

## Disruptive Technologies: Catching the Wave

約瑟夫・鮑爾（Joseph L. Bower）與
克雷頓・克里斯汀生（Clayton M. Christensen）

企業界最常見的模式之一，就是技術或市場變動時，原本領先的公司，無法持續在業界名列前茅：例如，固特異（Goodyear）與凡士通（Firestone）進入輻射層輪胎市場的時間就相當晚；全錄讓佳能（Canon）創造小型影印機市場；比塞洛斯－伊利（Bucyrus-Erie）讓開拓重工（Caterpillar）與迪爾（Deere）席捲機械式挖掘機市場；西爾斯（Sears）讓位給沃爾瑪。

在電腦產業，這種失敗的模式特別明顯。IBM獨霸大型主機電腦市場，但在技術上簡單得多的迷你電腦領域，卻錯失好幾年的時機。迪吉多（Digital Equipment）以VAX架構等創新，主導了迷你電腦市場，但幾乎完全錯過個人電腦市場。蘋果領導個人電腦的世界，並建立友善使用者的運算標準，但它推出的可攜式電腦落後領先廠商5年之久。

爲什麼這些公司積極地投資可留住現有顧客的技術，結果很成功，之後卻不去投資未來顧客會想要的其他技術？無疑地，官僚化、傲慢、主管倦怠、規畫不良、著眼短期的投資，都是可能的原因。但更根本的理由，其實藏在以下這個矛盾的核心中：這些領導業界的公司，遵循一項最普遍、最有價值的管理定律，就是接近自己的顧客。

雖然大多數經理人自認有掌控權，但在指引公司投資上，顧客發揮的影響力非比尋常。經理人在決定採用某項技術、開發產品、興建廠房，或是建立新的配銷通路之前，都必須先留意自己的顧客：他們有沒有這種需求？市場會有多大？投資是否可以獲利？經理人愈深入詢問與回答這些問題，他們的投資就愈能符合顧客需求。

管理良好的公司，不是本來就該以這種方式運作嗎？但如果顧客因爲某項新的技術、產品概念或營運方式，並不像公司目前提供的那麼切合自身需求，因而予以否定，結果會如何？全錄最初的核心顧客是大型影印中心，並不需要小型、速度慢的桌上型影印機。挖掘承包商以往借重的挖掘機，是比塞洛斯－伊利的大鏟斗蒸汽或柴油動力纜繩機型，對初期較小而且不夠力的水力式挖掘機不感興趣。IBM的商業、政府、產業大顧客，對迷你電腦並無立即需求。在以上案例中，公司傾聽顧客意見，也提供顧客期望的產品性能，但到頭來，卻是那些受顧客影響而忽略的技術，對公司造成傷害。

我們持續研究各類產業的領導公司如何面對技術變化，結果不斷看到這種模式出現。研究顯示，大多數管理良好、根基穩固的公司，只要技術是呼應顧客對下一代產品性能的需求，它們在新技術開發與商業化方面，從漸進式改善到截然不同的全新做法等各種新技術，就會持續領先業界。然而，同樣這些公司，卻很少率先開發一開始無法滿足主流顧客需求、只能嘗試吸引小型或新崛起市場的創新技術。

大多數管理良好的公司，都有一套理性分析的投資流程，而在這個流程下，幾乎不可能找到充分的理由，可將資源抽離既有市場的已知顧客，轉移到看似不重要或還不存在的市場。畢竟，要滿足現有顧客的需求，還要抵擋競爭對手，已經耗掉公司所有或大半的資源。在管理良好的公司，舉凡確認顧客需求、預測技術趨勢、評估獲利性、配置資源給彼此競爭資源的投資案、推出新產品上市，相關流程都會聚焦在現有顧客與市場上，這完全是合情合理的。這些流程的設計，就是爲了要排除**未能**因應顧客需求的產品與技術提案。

其實，用來聚焦主要顧客的流程與誘因都運作得很好，以致於遮蔽了公司注目新崛起市場裡重要新技術的視線。許多公司都已由痛苦的經驗中了解到，若是忽略原先並不符合主流顧客需求的新技術，會造成什麼傷害。例如，1980年代初期，個人電腦並不符合主流的迷你電腦顧客的要求，但桌上型電腦運算能力提升的速度，遠超過迷你電腦使用者對運算能力的**要求**。因此，個人電腦得以追趕上王安（Wang）、第一（Prime）、利多富（Nixdorf）、得吉（Data General）、迪吉多等公司不少顧客的需求。今天，它們在許多應用上的表現，足以和迷你電腦分庭抗禮。對迷你電腦廠商來說，貼近主流顧客，忽略一開始性能較差的桌上型技術，是理性的決定，畢竟，桌上型電腦的使用者，起初只有新崛起市場中看似不重要的顧客。結果，這個決定卻付出慘痛的代價。

對既有業者造成重創的技術變遷，從**技術**觀點來說，通常既非嶄新的技術，也並不困難。然而，它們具有兩項重要特色：首先，它們通常提供一組不同的性能特質，而至少在一開始時，這些特質並不受現有顧客青睞。其次，其中有些是現有顧客真正重視的性能特質，這些特質改進速度極快，因此新技術稍後就可以入侵那些既有市場。只有到了這個時點，主流顧客才會想要這項技術。可惜對既有供應者來說，往往為時已晚：新技術的先驅廠商已經主導市場了。

因此，決策者必須有能力偵測可能屬於這類型的技術。其次，若要開發新技術並商業化，經理人必須保護這些技術，不受服務既有顧客的流程與誘因干擾。而唯一的保護之道，就是設立完全獨立在主流事業之外的組織。

太貼近顧客帶來的危險，最明顯的案例就是硬碟機產業。1976到1992年之間，磁碟機性能改善的速度驚人：100

百萬位元（MB）系統的尺寸，由5,400立方吋縮小到8立方吋，而每MB成本由560美元降至5美元。當然，技術變化推動了這些驚人成就。幾乎有一半的改良是來自攸關磁碟機性能持續改善的躍進式提升，另一半則來自漸進式提升。

磁碟機產業的模式在許多產業也一再出現：既有的領導公司持續帶領業界開發、採用顧客要求的新技術，即使公司不具備這些技術需要的技術專業與製造能力。但就算在技術層面的態度這麼積極，卻沒有任何一家磁碟機製造商能主導產業超過數年之久。一家又一家公司進入這個產業，躍升爲要角，但隨即又被後起之秀扳倒，而那些後進公司一開始的技術無法滿足主流顧客的需求。結果，1976年的磁碟機公司目前無一倖存。

要解釋某些類型技術創新對某個產業的影響有何差異，「效能軌跡」（performance trajectory）是很有用的概念；效能軌跡是指，長期來看，產品效能過去改善的速度，以及未來預計改善的速度。幾乎每個產業都有一個關鍵的效能軌跡。以機械式挖掘機來說，關鍵的軌跡是每分鐘移動土石體積的年度改善率。以影印機來說，每分鐘影印頁數的改善情形是重要的效能軌跡。至於磁碟機，儲存容量是一項關鍵的效能指標，而過去每個尺寸的磁碟機，儲存容量都以平均每年50%的速度改進。

不同類型的技術創新，會以不同的方式影響效能軌跡。一方面，**延續性**技術（sustaining technology）往往可以保持某個改進速率；也就是針對顧客看重的特質，會做得更多或更好。例如，1982到1990年，磁碟機的薄膜零組件取代傳統的磁頭與氧化碟，可讓資訊更密集地記錄在磁碟上。雖然工程師一直盡力把磁頭與氧化碟的效能推展到極致，但使用這些技術的磁碟機似乎已經到達S曲線的自然極限。這時，新的薄膜技術出現，得以恢復或延續效能改進的歷史軌跡。

另一方面，**破壞式**技術（disruptive technology）引進的一組特質，與主流顧客向來重視的特質大不相同，而且，在這些顧客特別看重的一、兩個層面上，破壞式技術通常表現遜色得多。可想而知，主流顧客在本身知道與理解的應用上，自然不願採用破壞式產品。所以，破壞式技術獲得採用或肯定，一開始往往只在新市場或新應用上；其實，它們通常讓新市場得以出現。例如，索尼（Sony）早期的電晶體收音機犧牲聲音的眞實性，但透過「小型、輕量、可攜帶」這組不同的新特質，創造攜帶式收音機的市場。

回顧硬碟機產業的歷史，尺寸由最早的14吋陸續縮減到8吋、5.25吋，最後是3.5吋，而在每個破壞式技術變化的時刻，領導廠商都慘遭滑鐵盧。每種新架構最初問世時提供的儲存量，都遠低於既有市場中典型使用者的要求。例如，8吋磁碟機一開始的容量只有20MB，而當時磁碟機的主力市場是大型主機，要求的平均容量是200MB。可想而知，電腦製造業的領導廠商起初沒有採用8吋架構。因此，以容量200MB以上14吋磁碟機爲主力產品的供應商，也就不會積極研發這項破壞式產品。當5.25吋與3.5吋磁碟機出現，這個模式再度出現：既有電腦廠商認爲這些新磁碟機不合用，以致於磁碟機供應商也忽略它們。

然而，破壞式架構提供的儲存容量雖小，卻創造出其他重要特質：內建式電源與較小尺寸（8吋磁碟機）；更小的尺寸與低成本步進馬達（5.25吋磁碟機）；堅固、輕量、低耗能（3.5吋磁碟機）。自1970年代後期至1980年代中期，由於這三種尺寸磁碟機的出現，分別促成了迷你電腦、桌上型電腦，以及可攜式電腦的新市場發展成形。

雖然更小型的磁碟機，代表破壞式的技術變化，但技術面卻是理所當然的發展。其實，在許多居領導地位的公司裡，都有擁護這些新技術的工程師，他們在管理階層正式核可之前，就私下動用資源打造工作原型。不過，這些領導廠商還是無法讓這些產品通過組織的重重關卡，及時進入市場。每當破壞式技術出現，都會有半數到三分之二的既有廠商未能推出運用這個新架構的產品，與它們能及時採用關鍵的延續性技術呈現強烈的對比。等到這些公司最後終於有新產品問世時，通常已落後新進業者兩年；這對產品週期經常僅兩年的產業來說，等於就是一輩子。新進公司的三波行動，領導了這些革命：它們先攻占新市場，接著奪取主流市場上領導公司的地位。

原本效能較差、只適用於新市場的技術，最終如何能威脅既有市場中的領導公司？一旦破壞式架構在自己的新市場站穩腳步，延續性創新便可讓本身架構的效能，沿著陡峭的軌跡提升，因此，它提供的效能，很快就能滿足既有市場顧客的需求。例如，5.25吋磁碟機起初在1980年的容量僅有5MB，只達到迷你電腦市場所需的一小部分，但在1986年的迷你電腦市場、1991年的大型主機市場上，它的效能已具有完全競爭力（見圖6-1）。

公司在評估技術創新提案時，營收與成本結構扮演著關鍵的角色。一般來說，破壞式技術在財務上對既有業者並不具吸引力。可確認的市場可能提供的潛在營收有限，而且往往很難預測這項技術的長期市場有多大。因此，經理人的結論通常是，這項技術無法對公司的成長帶來有意義的貢獻，並不值得管理階層投入心力去開發。此外，既有業者對延續性技術設定的成本結構，經常超過破壞式技術需要的成本結構。因此，經理人在決定是否開發破壞式技術時，通常認為自己面臨兩種選擇。其一是往**市場下方**發展，接受破壞式技術一開始所服務的新崛起市場會有較低的利潤率。另一個選項，是以延續性技術往**市場上方**移動，進入利潤率高得誘人的市場區隔。（例如，目前IBM大型主機的利潤率仍高於個人電腦。）對服務既有市場的公司來說，任何理性的資源配置流程，都會選擇往市場上方移動，而不是向下發展。

但有些擁護新崛起市場破壞式技術的公司，它們的經理人看法截然不同。這些公司的成本結構不像既有業者那麼高，所以覺得新崛起市場有吸引力。一旦公司在這些市場站

圖6-1

## 磁碟機效能如何滿足市場需求

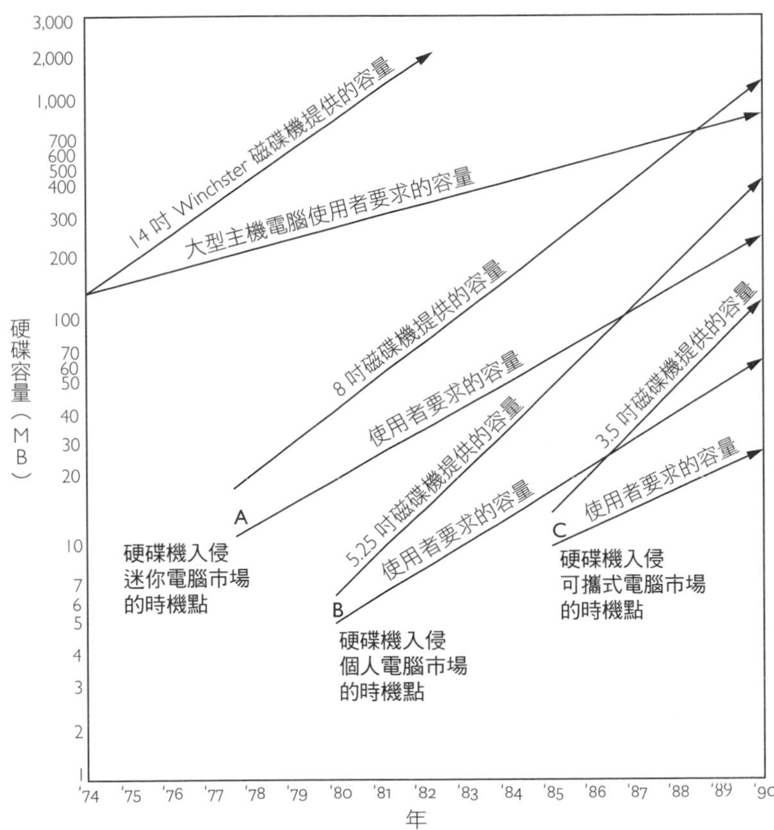


穩腳步，也改善本身技術的效能，原本在它們上方、由高成本供應商服務的既有市場，就顯得很吸引人。等到這些新進廠商眞的出擊時，才發現既有業者原來很好對付，也缺乏準

備，因爲它們一直關注上面的市場，輕忽來自市場下方的威脅。

或許我們可以就此打住，認爲已經學到寶貴的一課：經理人仔細關注雖**不能**滿足現有顧客需求、但有潛力的破壞式技術，就可避免錯失下一波趨勢。但認清模式與找出破解模式之道是兩回事。雖然在磁碟機產業中，新進廠商曾連續三回以新技術入侵既有市場，但似乎沒有一家領導廠商由前車之鑑吸取教訓。這些失敗並不能歸咎於管理階層的短視或缺乏遠見。問題在於，經理人只是一直延續以往行得通的做法：服務現有顧客快速成長的需求。在成功且管理良好的公司裡，配置資源給各項投資提案的流程，**無法**把資源導入現有顧客明顯不想要、而利潤率看起來又不吸引人的方案。

開發新技術的管理，與公司的投資流程密切相關。大多數的策略提案，像是增加產能、開發新產品或流程，都是在組織較下層的工程小組或專案團隊中成形。接著，公司利用分析規畫與預算系統，在爭取經費的提案中挑選。要在新崛起市場創立新事業的提案，評估起來特別有挑戰性，因爲那些提案根據的市場規模是很不可靠的估計值。公司考核評鑑經理人時，考量的是他們正確投資的能力，也難怪在管理良好的公司裡，中高階經理都會支持看來市場很確定的案子。經理人接受的訓練，就是要一直貼近主要顧客，因此他們會把資源集中在滿足那些有利可圖的穩定顧客身上。提供已知顧客想要的東西，可以降低風險，也可以確保自己的職位。

希捷科技（Seagate Technology）的經驗可以說明依賴這種資源配置流程來評估破壞式技術的後果。總部位於美國加州的希捷科技，幾乎從任何指標來看，都堪稱微電子產業有史以來管理最成功、也最積極的公司之一：公司在1980年成立，1986年的營收就已經成長到超過7億美元。這家公司是5.25吋硬碟機的先驅，也是IBM及IBM相容個人電腦廠商的主力供應商。3.5吋磁碟機這種破壞式技術在1980年代中期出現時，公司正是5.25吋磁碟機製造業的領導廠商。

希捷是業界開發出3.5吋磁碟機工作原型的第二家公司。1985年初，他們就用少量的公司資金，製造出80個以上的這類模型。工程師把新模型交給重要的行銷主管，而財經媒體也報導希捷積極開發3.5吋磁碟機的消息。但希捷的主要顧客，就是IBM及其他的AT個人電腦製造商，對新磁碟機並不感興趣。它們想要把40MB與60MB磁碟機納入下一代產品，而希捷早期的3.5吋磁碟機原型只能容納10MB。針對這點，希捷的行銷主管調降新磁碟機的銷售預估。

希捷的製造與財務主管還指出3.5吋磁碟機的另一個缺點。根據他們的分析，希捷的顧客用以評估磁碟機的重要指標是「每MB成本」（cost-per-megabyte），以這個指標來說，新磁碟機永遠不會是5.25吋架構的對手。因此，以希捷的成本結構來看，容量較大的5.25吋磁碟機創造的利潤率，會遠高於較小型產品。

高階經理人相當理性地判定，3.5吋磁碟機能創造的銷售量與利潤率，無法達到希捷對新產品的要求。一位前行銷主管回憶，「我們需要的新機型，要能成爲下一個ST412（這款5.25吋磁碟機的年銷售額超過3億美元，但生命週期已接近終點）。當時，整個3.5吋磁碟機的市場還不到5,000萬美元。所以，不管是銷售或獲利，3.5吋磁碟機就是不符要求。」

擱置3.5吋磁碟機，並不代表希捷對創新感到自滿。之後希捷加速推出新款5.25吋磁碟機，並因此引進一系列令人稱道的延續性技術改良，即使這麼做讓相當一部分製造產能變得過時。

當希捷的注意力專注在個人電腦市場，離職員工與其他5.25吋磁碟機製造商因不滿該公司遲遲不推出3.5吋磁碟機，於是聯手成立康諾（Conner Peripherals），專注出售3.5吋磁碟機，供應新崛起市場中生產可攜式電腦、以及占用空間較少的小體積桌上型電腦的公司。康諾的主要顧客是康柏電腦（Compaq Computer），希捷從未與康柏有業務往來。由於希捷本身業務興旺，加上康諾的目標顧客重視的磁碟機特性與希捷的顧客重視的不同（前者重視堅固性、體積大小、重量），以致於希捷大幅低估康諾及它3.5吋磁碟機的威脅。

然而，當康諾成功搶灘新興的可攜式電腦市場後，就以每年50%的速度提升磁碟機儲存容量。到了1987年底，3.5吋磁碟機容量已經可以滿足主流個人電腦市場的需求。在這個時點，希捷的主管才從倉庫搬出公司的3.5吋磁碟機問世，作爲**防禦性**回應，對抗康諾和另一家3.5吋磁碟機先驅昆騰（Quantum Corporation）等新進業者的攻勢，可惜爲時已晚。

到了這個時候，希捷面對強大的競爭。有一段時間，公司還能保住既有市場，靠的是出售3.5吋磁碟機給既有顧客群：全尺寸個人電腦製造商與分銷商。其實，它有很大一部分的3.5吋磁碟機出貨時，附有框架，方便顧客安裝到設計用來容納5.25吋磁碟機的電腦上。但到最後，在新的可攜式電腦市場中，希捷還是只能勉強成爲二線供應商。

相反地，康諾與昆騰在新的可攜式電腦市場中取得主導地位，接著就運用本身在設計與製造3.5吋產品的規模與經驗，把希捷趕出個人電腦市場。在1994會計年度，康諾與昆騰的營收合計超過50億美元。

希捷對時機的掌握不佳，其實是許多既有業者面對破壞式技術出現的典型反應。希捷一直等到3.5吋磁碟機市場已大到可滿足公司財務要求，也就是現有顧客想要這項新技術之後，才願意進入。靠著1990年高明地收購控制資料公司（Control Data Corporation, CDC）磁碟機事業，希捷才得以存活。憑藉CDC的技術基礎，以及希捷大量生產的專業，該公司在供應高階電腦大容量磁碟機的業務上，成爲主力業者。然而在個人電腦市場上，希捷已遠不及當年全盛時期的表現。

面對破壞式技術時，很少有公司能克服規模或成功的障礙，這其實並不令人意外。但這是可以做到的。以下是偵測並培養破壞式技術的方法。

## 判定是破壞式技術或延續性技術

第一步，是面對眾多新萌芽的技術，判定哪些是破壞式，而其中又有哪些構成眞正的威脅。大多數公司都有完備的流程，以確認有潛力的延續性技術，並追蹤它的進展，因爲這對服務並保護現有顧客來說是很重要的。但極少公司擁有系統化流程，可找出並追蹤有潛力的破壞式技術。

找出破壞式技術的一種方法，是檢視內部對於開發新產品或技術出現的意見分歧。哪些人支持該方案？哪些人反對？行銷與財務經理人出於本身的管理和財務誘因，很少會支持破壞式技術。另一方面，以往績效傑出的技術人員，往往堅持主張技術的新市場將會出現，就算面對關鍵顧客及行銷與財務人員的反對也一樣。兩方人馬的分歧經常是一種訊號，顯示有值得最高階主管探究的破壞式技術。

## 定義破壞式技術的策略重要性

下一步，是針對破壞式技術在策略上的重要性，向對的人問對的問題。往往早在策略檢討階段時，破壞式技術就會遭到擱置，因爲經理人問錯問題，或者是向錯的人問對的問題。例如，公司都有一套例行程序，會詢問主流顧客對創新產品的評價；尤其是公司會在他們那裡實地進行新構想測試的重要顧客。一般來說，這些顧客會被選中，是由於它們最努力提升本身的產品效能，以持續領先競爭對手。正因爲這樣，這些顧客最可能向供應商要求最高效能。基於這個理由，要評估延續性技術的潛力時，這些領導廠商顧客的正確性值得信賴，但若是評估破壞式技術的潛力，他們的正確性就**不**值得信賴了。問他們就是問錯了人。

繪製簡單的圖形，以主流市場定義的產品效能爲縱軸，時間爲橫軸，就能協助經理人找出對的問題與對的詢問對象。首先，畫出一條線代表效能水準，以及顧客過去曾擁有、且可能期待未來也能擁有的效能改善軌跡。接下來，找出新技術預估最初的效能水準。如果這項技術具破壞性，這個點會遠低於當前顧客要求的效能（見圖6-2）。

相較於現有市場要求效能改善的斜率，破壞式技術的斜率如何？如果技術專家相信，新技術進步的速度，可能超過市場要求的效能改善，那麼，即使這項技術目前無法滿足顧客需求，很可能明天就做得到了。也因此，這項新技術具有

圖6-2

## 如何評估破壞式技術

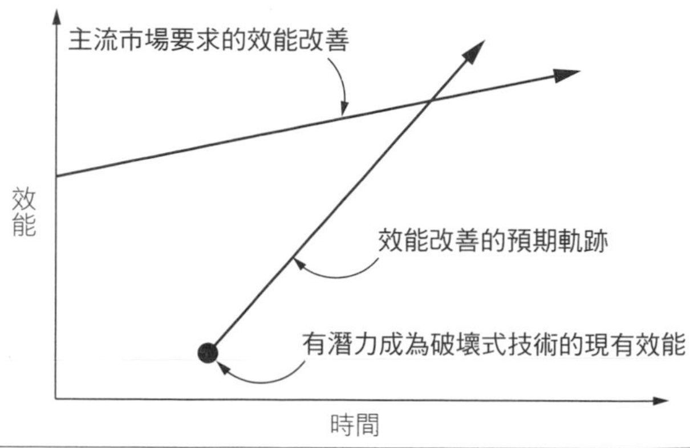


策略重要性。

然而，大多數經理人並未採行這種做法，而是提出錯誤的問題。他們把新技術的效能改善速率，拿來和既有技術比較，並認定如果新技術具有超越既有技術的潛力，就值得花功夫開發。

聽來很簡單。但這樣的比較固然適用於延續性技術，用來評估有潛力的破壞式技術時，卻無法觸及核心的策略議題。我們研究過的許多破壞式技術，根本**無法**超越舊有技術的能力。真正重要的是把破壞式技術的改善軌跡，與**市場**要求的改善軌跡做比較。例如，大型主機市場萎縮，原因並不在於效能被個人電腦超越，而是與檔案伺服器連結的個人電腦，就可以有效滿足許多組織運算與資料儲存的需求。大型主機電腦製造商節節敗退，並不是個人電腦運算**技術**的效能超越大型電腦，而是它與既有**市場**要求的效能產生交叉。

再來看這張圖。如果技術專家認為，新技術進步的速度，與市場要求效能改善的速度相同，破壞式技術入侵既有市場就會較緩慢。以希捷來說，它鎖定的個人電腦市場要求每部電腦硬碟容量每年成長30%。3.5吋磁碟機的容量改善速度遠高於此，因此3.5吋磁碟機的領導廠商得以把希捷趕出市場。然而，另外兩家5.25吋磁碟機廠商邁拓（Maxtor）與Micropolis，瞄準的是工程工作站市場。那個市場對硬碟容量的需求難以滿足，因此，市場要求的改善軌跡，大致與3.5吋架構能提供的容量改善軌跡平行。因此，對這兩家公司來說，進入3.5吋磁碟機市場，在策略上不像對希捷那麼重要。

## 找到破壞式技術最初的市場位置

一旦經理人判定某項新技術有破壞性，也具備策略重要性，下一步就是找出最初的市場在何處。經理人傳統上借重的市場研究很少有幫助：因為公司要在策略上投入開發某項破壞式技術時，具體的市場還不存在。艾德溫．蘭德（Edwin Land）要求寶麗來的市場研究人員評估他的新相機潛在銷售量時，他們的結論是，這個產品整個生命週期的總銷量只有10萬部；他們訪談的對象，幾乎都無法想像使用

## —— 2009 ——

# 「逆向創新」與「破壞式創新」是否類似？

## Is Reverse Innovation Like Disruptive Innovation?

維傑．高文達拉簡（Vijay Govindarajan）與
克里斯．特林博（Chris Trimble）

在2009年10月號的《哈佛商業評論》，我們與時任奇異公司董事長的傑夫．伊梅特（Jeff Immelt）共同發表〈奇異顛覆自己〉（How GE Is Disrupting Itself），介紹逆向創新的現象。之後就有人問過我們，「逆向」創新與克里斯汀生所定義的「破壞式」創新是什麼關係？

雖然兩個概念有重疊，但並非完全相同。換言之，有些（但並非全部）逆向創新的例子，也可能屬於破壞式創新。

簡單來說，**逆向創新**指的是比較容易先由開發中國家所採用的創新。之所以說「逆向」，是因爲幾乎所有創新都是先由富裕國家所採用，而我們當時的文章就認爲，逆向創新將會日趨普遍，對於將總部設在富裕國家的現有跨國企業構成巨大的組織挑戰。此外，我們也說明有一種組織形式能夠克服這項挑戰。

至於**破壞式創新**，指的則是能另闢蹊徑對現有企業形成威脅。假設現有企業的產品優點主要分成A和B兩個面向（例如A是品質，而B是交貨速度），主流顧客多半重視的

是A面向，但也有少數顧客覺得B面向比A面向更重要。所謂的破壞式創新，就會提出A弱B強的設計，一開始只能吸引到少數顧客。因爲主流顧客並不想要這個產品，現有企業也就常常忽略這個新的競爭者與這項新的產品。但隨著時間過去，科技慢慢進步，而且創新使產品變得更好，A面向的表現也逐漸提升，終於也能符合主流顧客對A面向的需求；而且因爲新產品在B面向也能提供一定以上的價值，於是讓顧客開始選擇新產品。由於現有企業一直忽略這個面向，此時也就突然遭到破壞顚覆。

在克里斯汀生著名的硬碟產業研究當中，A面向是硬碟的容量，B面向則是硬碟的尺寸。他指出，新對手一再對現有企業形成破壞的方式，就是推出容量較少、但尺寸也較小的硬碟。主流顧客一開始對這種新產品並不感興趣，當時他們需要的是擁有更多容量的產品，而非容量更少的產品。但隨著時間慢慢過去，小尺寸硬碟容量逐漸增加，也終於引起主流顧客的興趣。

所以，逆向創新和破壞式創新之間究竟是什麼關係？

逆向創新主要會出現在三種情境，而其中只有第一種也可能屬於破壞式創新。

第一種情境，是富裕國家與開發中國家之間有**收入落差**（income gap）。由於開發中世界的平均每人所得太低，也就特別適合「以超低價格提供尚可品質」的創新；例如以5%的價格、提供效能50%的解決方案。一開始，效能只有50%的解決方案在富裕國家並沒有吸引力，但之後效能逐漸提升，總有一天變得很有吸引力。而這顯然也可以是個破壞式創新的故事，A面向是效能或品質、B面向則是價格。

第二種情境，是富裕國家與開發中國家之間有**基礎設施落差**（infrastructure gap）。開發中國家的大部分基礎設施（能源、運輸、電信等）都尚未建成，因此對於新的相關科技需求會遠高於富裕國家；至於富裕國家對於基礎設施的需求，則主要在於替換現有的基礎設施。而這種情境就不屬於破壞式創新。

第三種情境，則是富裕國家與開發中國家有**永續性落差**（sustainability gap）。許多開發中國家爲了經濟發展，比富裕國家更早面臨環境的限制。例如需要更快取得海水淡化技術的可能是北非地區，而不是美國西南沙漠。而這種情境也不屬於破壞式創新。

立即顯像的技術。

破壞式技術往往是一種訊號，顯示有新的市場或新的市場區隔出現，因此經理人必須**創造**這類市場的相關資訊：哪些人會是顧客、產品效能的哪些層面最受顧客重視、適當的但無論是逆向創新、破壞式創新、或是兩者兼而有之，對老牌企業來說都非易事。想做到逆向創新，得讓總部願意交出權力與控制權，而且也必須願意改變國內團隊的組織模型與期許。想做到破壞式創新，得要優先投資一些主流顧客不會感興趣的計畫，也必須克服對於新產業可能蠶食鯨吞現有業務的恐懼。

（林俊宏譯，改編自2009年9月30日哈佛商業評論網站文章）

**維傑・高文達拉簡**

達特茅斯大學塔克商學院（Dartmouth College's Tuck School of Business）考克斯傑出管理學教授。他是十多本書的作者與合著者，包括《三盒解決方案》（*The Three Box Solution*）與《逆向創新》（*Reverse Innovation*）。

**克里斯・特林博**

任職於達特茅斯大學塔克商學院與達特茅斯大學衛生政策與臨床實務研究所（Dartmouth Institute for Health Policy and Clinical Practice）著有《醫師如何解決醫療照護問題》（*How Physicians Can Fix Health Care*）。

價格點爲何。經理人要創造這類資訊，只能針對產品與市場進行快速、反覆、省錢的實驗。

但既有業者很難從事這類實驗，因爲攸關獲利性與競爭力的資源配置流程，不會、也不應將資源導入銷售額過小的市場。那麼，既有業者該如何探索破壞式技術的市場？讓新創企業來進行實驗；這類新創企業可能是公司出資設立的，也可能和公司沒關聯。資源匱乏的小型組織擅長以小搏大、從容應對，並回應首波市場攻勢的回饋意見，靈活調整產品與市場策略。

以創業初期的蘋果電腦爲例，該公司最初的產品Apple I在1977年推出時並不成功，但蘋果並未對這項產品投注太大，而且至少很快就把某件東西交到早期使用者手中。該公司從Apple I學到很多，不單是在新技術方面，還包括顧客想要和不想要的東西。同樣重要的是，有一群**顧客**從中得知自己對個人電腦想要或不想要的是什麼。有了這些資訊，蘋果再推出的Apple II就相當成功了。

如果密切觀察蘋果公司，許多公司應該也可以學到同樣寶貴的經驗。其實，有的公司擺明採取的策略，就是「發明跑第二」：讓小型先鋒帶頭進入不明的市場領域。例如，IBM讓蘋果、康莫多（Commodore）、泰迪（Tandy）去定義個人電腦，然後才積極進入市場，建立相當可觀的個人電腦事業。

IBM較晚進入市場，但結果相當成功，不過這只是例外，並非通則。這是因爲成功的公司常拿本身的財務標準來衡量小型市場先鋒的績效。爲確保好好運用本身的資源，公司對有意進入的市場會設定相當高的規模門檻。採取這種方式，它們就注定會等到市場已充斥強大對手時，才會遲遲加入。

例如，當3.5吋磁碟機萌芽，希捷需要的是一項年營收3億美元的產品，來取代已成熟的5.25吋旗艦機型ST412，但這時3.5吋磁碟機市場還不夠大。接下來的兩年，每當財經媒體詢問希捷何時會推出3.5吋磁碟機，公司主管一貫的回答是，市場還不存在。其實，那時的確**有**一個市場，而且成長快速。希捷接收到的市場訊號有偏差，因爲它徵詢的那些顧客並不需要3.5吋磁碟機。當希捷最終在1987年推出3.5吋磁碟機，市場總銷售金額已經超過7.5億美元。當時有關市場規模的資訊，在業界很多地方都可取得。不過，這些資訊還不足以打動希捷的經理人，讓他們轉移注意力。他們是透過現有顧客的眼睛來看新市場，而且以自身現有的財務結構爲架構。

目前，磁碟機領導廠商對待最新破壞式技術（1.8吋磁碟機）的態度看來也相當眼熟。每家業界領導廠商都設計一款或更多小型磁碟機，卻束之高閣。1.8吋磁碟機容量太小，不能用在筆記型電腦裡，沒有人知道它最初的市場會在哪裡。傳眞機、印表機、汽車儀表板地圖系統都是可能的對象。一位業界高階主管抱怨：「根本沒有市場。我們已經有產品，業務人員也可以接單。但沒有訂單，因爲沒人需要，東西就擺在那裡沒人買。」這位主管並沒有想到，他的業務人員在缺乏誘因下，自然不會放棄銷售高利潤產品給需求量較大的顧客，改爲推銷1.8吋磁碟機。雖然1.8吋磁碟機一直閒置在該公司與別家業者的架上，但去年（1994年）這類產品的銷售金額已經達5,000萬美元，幾乎全由新創公司售出，今年預估的市場規模是1.5億美元。

爲避免小型先驅者企業稱霸新市場，主管必須每月與技術專家、學術界、創投業者，以及其他非傳統資訊來源會面，親自追蹤有關新興業者進展的情報。他們**無法**仰賴公司的傳統管道來推估市場，因爲那些管道並不是爲了這個目的而設計。

## 由獨立組織負責建立破壞式技術業務

在獨立運作的特別專案中成立小型團隊，以避開主流組織的僵化要求，這種策略雖然廣爲人知，卻乏人了解。一個典型的誤用例子，就是只因爲某項延續性新技術與原先的技術截然不同，就獨立出一組工程師負責開發。另外一些不尋常的案例中，由於破壞式技術創造的財務報酬優於現有產品，體制外的管理也就沒有必要。以英特爾（Intel）由DRAM晶片業務轉型爲微處理器業務爲例，微處理器事業早期的毛利率就高於DRAM事業；換句話說，正常的資源配置流程，自然就會提供新事業必要的資源。[1]

只有破壞式技術的利潤率低於主流事業，而且必須滿足一組新顧客的獨特需求時，成立獨立組織才有必要。例如，CDC就成功設立一個偏遠的組織，將5.25吋磁碟機商業化。整個1980年，CDC都是主導市場的獨立磁碟機供應商，因爲它擁有爲大型主機廠商製造14吋磁碟機的專業技術。當8吋磁碟機出現時，CDC較晚才投入開發，而且負責專案的工程師一再被抽離，去解決14吋專案的問題，因爲後者鎖定的是公司最重要的顧客，利潤與優先順序都較高。結果，CDC推出第一個8吋產品足足晚了3年，此後的市占率也從未超過5%。

當5.25吋世代到來，CDC記取教訓，決定更有策略地面對新挑戰。公司把具競爭力的5.25吋產品開發與商業化任務，指派給一組工程師與行銷人員，他們身處與主流組織顧客距離遙遠的奧克拉荷馬市。一位高階主管回憶說：「我們推出這項專案需要的環境，是大概5萬美元的訂單，就能讓每個人興奮不已的地方。在明尼亞波利斯，你需要100萬美元的訂單，才能引起大家注意。」雖然CDC一直無法恢復獨占大型主機用的磁碟機70%市場的盛況，但至少奧克拉荷馬市的運作，爲它保住20%有利可圖的高效能5.25吋市場。

如果蘋果也成立類似的組織來開發牛頓（Newton）個人數位助理（PDA），可能就不會是大家口中的失敗產品，反而會被視爲是成功之作。推出這項產品時，蘋果犯的錯誤，就是把那個市場當成既有市場來處理。蘋果經理人對待PDA專案的態度，是假設它會對公司成長發揮可觀的貢獻。因此，他們徹底研究顧客需求，然後投注龐大的資金，推出牛頓PDA。假使蘋果在技術與財務面的投入沒那麼多，而且把任務交付給規模與它當年推出Apple I時差不多的較小型組織，結果可能就不同了。應該會有更多人認同牛頓是往前邁出穩健的一步，有助於發現顧客眞正想要的東西。其實，比起Apple I，牛頓上市後第一年賣出的數量還比較多。

## 保持破壞式組織的獨立性

既有業者只有像CDC那樣在奧克拉荷馬市設立小型組織，才可能主導新崛起市場。不過，當新崛起市場規模變大而且穩定後，又該怎麼做？

大多數經理人認爲，一旦分出去的衍生事業在商業面可以在新市場存活，就該把它整合到主流組織之中。他們的理由是，與工程、製造、銷售、配銷等活動相關的成本，可由更廣泛的顧客群與產品群分攤。

對延續性技術來說，這種方式或許行得通；然而，對破壞式技術來說，把衍生事業納入主流組織可能帶來嚴重的後果。把獨立與主流組織結合起來，以分享資源時，關於哪些團體該得到什麼資源，以及是否應該或何時要取代既有產品，難免會產生負面的爭論。回顧磁碟機產業的歷史，嘗試把主流事業與破壞式事業納入單一組織的公司，全都以失敗收場。

不論是哪一種產業，公司都由生命期有限的事業單位組成：任何事業的技術與市場基礎，最終都會消失。破壞式技術也是這種循環的一部分。了解這種過程的公司才能創造新事業，以取代終將死亡的事業。公司要這樣做，就得放手給破壞式創新的經理人，充分發揮技術的潛力；即使這代表最終得扼殺主流事業。爲了公司的存續，就得願意看到事業單位死亡。如果公司無法自行了斷，競爭者可不會手軟。

身處破壞式變革之際，成功的關鍵並非單純地承擔更多風險、進行長期投資，或是打擊官僚體制。關鍵在於管理具策略價值的破壞式技術時，組織架構要有以下特性：小訂單就足以鼓舞士氣；能快速以低成本突襲未完全成形的市場；經常性費用較低，即使在新崛起市場也可獲利。

既有業者的經理人可能會非常成功地主導破壞式技術。不過，如果他們想在主流事業財務要求的架構下，開發並推出被重要顧客否決的破壞式技術，就難免會失敗；這並不是因爲他們做出錯誤決定，而是他們做出正確決定所針對的情況，即將成爲明日黃花。

## 註釋

1. Robert A. Burgelman, “Fading Memories: A Process Theory of Strategic Business Exit in Dynamic Environments,” *Administrative Science Quarterly* 39 (1994), pp.24-56.

（李明譯，轉載自1995年1月至2月號《哈佛商業評論》）

## 約瑟夫・鮑爾

哈佛商學院榮譽講座教授，也是《哈佛商業評論》文章〈全球資本主義大風險〉（Global Capitalism at Risk: What Are You Doing About It）的合著者，以及《資本主義大風險：重新思考企業的角色》（*Capitalism at Risk: Rethinking the Role of Business*）的合著者。

## 克雷頓・克里斯汀生

哈佛商學院工商管理講座教授，經常爲《哈佛商業評論》撰文。

1995

第七章

# 領導變革：為何轉型未竟其功？

## Leading Change: Why Transformation Efforts Fail

約翰・科特（John P. Kotter）

過去10年間，我觀察超過100家嘗試透過自我改造，以求大幅提升本身競爭力的公司，這其中包括一些大企業（如福特汽車），也包括一些小公司（如標竿通訊公司〔Landmark Communications〕）；包括以美國爲總部的公司（如通用汽車），也包括總部在美國以外的公司（如英國航空）；包括幾乎撐不下去的公司（如東方航空），也包括財源廣進的公司（如必治妥施貴寶〔Bristol Myers Squibb〕）。他們進行改革大業時，高舉各式旗幟名號，包括全面品質管理（total quality management）、再造（reengineering）、規模最適化（rightsizing）、結構重整（restructuring）、文化變革（cultural change）以及大翻轉（turnaround）。但幾乎所有案例的基本目標都相同：針對企業經營的方式進行根本變革，以幫助公司因應一個更新、挑戰性更大的市場環境。

其中某些公司的改革十分成功，也有些公司的改革徹底失敗。但大多數公司是介於這兩者之間，而且明顯聚集在偏向徹底失敗那端。從中可習得的啟示相當有趣，而且在未來10年間，隨著企業環境日趨競爭，這些啟示極可能會與愈來愈多企業組織發生切身關係。

從比較成功的案例中能學到的、最普遍的啟示是：變革的過程往往涉及好幾個階段，各階段加在一起，通常歷時漫長。跳過某些步驟，只會創造出進展快速的假象，卻永遠產生不出滿意的成果。另一項非常普遍的啟示是：任何階段所犯的關鍵錯誤，都會造成毀滅性影響，不僅削減加速的動能，並且抵消先前的進展。或許因為我們都欠缺更新組織的經驗，所以就連極其能幹的經理人，通常也至少會犯下一件大錯。

## 第一號錯誤：未能建立足夠的急迫感

大多數成功變革的開端，皆起於某些個人或團體開始認真檢視公司的競爭態勢、市場地位、技術趨勢與財務表現。他們關注某項重要專利到期可能產生的營收下跌；某個核心事業利潤連續5年下滑的趨勢；或某個似乎人人都漠視的新興市場。然後，他們找尋方法，廣泛而戲劇化地傳播這些資訊；尤其會強調這是個危機（或潛在危機），是個千載難逢的大好機會。這是必要的第一步驟，因為轉型計畫的發動有賴許多個人積極合作。如果欠缺動機，眾人就不會共襄盛舉，改革大業也難以推展。

與其他變革過程相比，第一階段看起來似乎相當容易。但事實並非如此。我所觀察的公司，失敗在第一階段的遠超過50%。失敗的原因是什麼？有些時候，高層經理人低估驅使人們離開「舒適地帶」這項工作的困難程度。有些時候，他們卻又大大高估在提升急迫感方面的成功程度。有時，他們因爲缺乏耐心，所以會說：「準備工作已經夠了；前進吧！」在許多案例中，高階經理人對於各種負面的可能性，變得愈來愈麻痺。他們擔心資深員工會產生防衛心態，擔心士氣會滑落、情況會失控、短期營運績效會受到危害、股價會下跌，因而使自己背負創造危機的罪名。

高層經營團隊會麻痺，通常是由於經理人太多，而領導人卻不夠。經營團隊被委付的責任是要將風險減至最小，同時使既有制度維持運行。顧名思義，「變革」必須創造一套新的制度，而這項工作往往需要「領導力」（leadership）。除非有夠多的眞正領導人才獲得擢升，或是晉用擔負高層工作，否則第一階段的更新改造過程，八成不會有什麼進展。

如果企業組織來了個新主管，而這個人不但是個好的領導人，而且洞悉變革的必要，這種情形下組織往往就會開始轉型，而且會有好的開始。假如是以全公司爲更新目標，執行長是關鍵；假如某個事業部門需要變革，那麼部門的總經理就是關鍵。如果這些人偏偏既不是新領導人，也不是偉大的領導人或倡導變革的人，第一階段也許就會是個大挑戰。

在變革的第一階段，營業績效不佳既是福也是禍。正面而言，虧損的確可以引來注意。可是，這卻也會使策略操作的空間受到壓縮。反之，如果營業績效良好，則情況剛好倒過來：會更難勸服其他人相信變革有其必要，可是卻會享有更多有助實施變革的資源。

但是，不論起跑那一刻的績效良窳，在我觀察到比較成功的案例中，通常有幾個特定的個人或團體會促成大家針對一些可能令人不愉快的事實，進行坦率的討論。像是與新競爭有關的事情、利潤縮減、市場占有率下降、收益不佳、營收沒有成長，或其他呈現競爭地位滑落的指標。由於人類往往會怒視帶來壞消息的人，尤其在企業組織主管不支持變革的情況下，因此，這些公司的經理人往往會靠外人帶來不受歡迎的訊息。例如華爾街的分析師、客戶或諮詢顧問，在這方面都幫得上忙。至於這類活動的目的何在？套用歐洲某大公司一位前總裁的話，無非是要「讓維持現狀看起來似乎比闖入未知世界更危險」。

在好幾個最成功的案例中，都有一個專門製造危機的團體。有一位執行長精心設計公司史上最嚴重的會計損失，促使華爾街在變革過程中對公司施加強大壓力。有位事業部門總經理明知顧客滿意度調查的結果必然慘不忍睹，卻執意進行公司有史以來第一次顧客滿意度調查。然後，他又將結果公諸於世。表面上，這些舉動似乎創造不當的風險。但

## 創造重大變革的八階段流程

1. 建立危機意識
    - 考察市場和競爭情勢
    - 找出並討論危機、潛在危機或重要機會

2. 成立領導團隊
    - 組成一個實力足夠堅強的工作小組負責領導變革
    - 促使小組成員團隊合作

3. 提出願景
    - 創造願景協助引導變革行動
    - 擬定達成願景的相關策略

4. 溝通願景
    - 運用各種可能的管道，持續傳播新願景及相關策略
    - 領導團隊以身作則改變員工行為

5. 授權其他人參與這個願景
    - 排除改變的阻礙
    - 修改破壞變革願景的體制或結構
    - 鼓勵冒險和非傳統的想法、活動、行動

6. 規畫與創造短期斬獲
    - 規畫明顯的績效改善
    - 創造上述的改善成果
    - 公開表揚、獎勵有功人員

7. 鞏固改善成果並創造更多變革
    - 使用增加的公信力，改變所有不符合轉型願景的系統、結構和政策
    - 聘雇、拔擢或培養能夠達成變革願景的員工
    - 以新方法、新主題和變革代理人為變革流程注入新活力

8. 讓新做法深植企業文化
    - 明確指出新作為和組織成功間的關聯
    - 訂定辦法，確保領導人的培養和接班

是，若把情況弄得太安全，一樣有風險：如果不激發出足夠的急迫感，轉型就不會成功，公司的長期前景反而堪虞。

急迫感要普遍到什麼程度才算足夠？據我自己觀察，答案應該是：在公司經營團隊當中，大約有75%的成員誠心相信絕對不可因循舊章。如果急迫感的普遍性達不到這種程度，在接下來的變革過程中，勢必會發生嚴重問題。

## 第二號錯誤：未能創造實力堅強的引導團隊

重大更新計畫展開之初，通常只有一、兩個人參與。在成功的轉型案例中，我們看到領導團隊隨時間而擴充。但是，凡是未能在轉型初期即建立最低限度規模的團隊，就做不了太有價值的事。

照通常的說法，除非企業組織的領導人本身積極支持，否則不可能進行重大變革。但我所說的事要遠超過這個層次。在成功的轉型案例中，包括董事長、執行長或事業部門總經理，再加上5、15或50人不等，大家共同參與，並培養出共識：要透過改革更新而創造出卓越的表現。依我的經驗，這個團隊永遠不可能將最高階層的經理人統統納入，因爲其中總有些人就是不吃這一套，至少不會一開始就接受。但在最成功的案例中，這樣一個團隊無論在頭銜、資訊、專業、名聲或關係等方面，往往都相當強而有力。

無論是大企業或小公司，在推動更新計畫的頭一年，成功的「引導團隊」（guiding coalition）也許只有3到5名成員。但在大公司，這個團隊必須成長到20人至50人的規模，否則到了第三階段以後，就難以有重大進展。團隊的核心通常由高階經理人構成。但有些時候，董事會成員、關鍵客戶的代表、乃至有實力的工會成員，也會是團隊的一份子。

由於引導團隊的成員包括高階經營團隊以外的成員，因此團隊的運作，往往會在所謂的「正常階層體制」之外。如此一來，行動也許較遲緩，卻顯然有其必要。因爲假如既存的階層體制運作無礙，就沒有必要進行重大轉型。但現有的制度既然行不通，對其加以改革時所須採取的行動，就會超出正常的界限、期望與條規之外。

高層管理人員之間若能產生一種高度的急迫感，會頗有助於凝聚「引導團隊」。但所需要的不止於此。必須有人把這些人結合在一起，協助他們對公司的問題與機會產生共識，並創造最起碼程度的信任與溝通。許多公司爲了完成這項任務，所普遍採取的方法是：離開公司，到鄉野僻靜地點聚個兩三天。我就曾看過許多介於5到35人的高階經理人團隊，連續好幾個月參加一系列這類遠離人群的活動。

在第二階段失敗的公司，通常低估推動變革的困難，從而也低估建立實力堅強的引導團隊的重要性。有些時候，由於公司高層過去沒有團隊運作的經驗，因而低估建立這種類型團體的價值。有時，他們期待由來自人力資源、品質或策略規畫等部門的高階經理人（而非由關鍵位置的直屬主管）來領導這個團隊。然而，無論這位來自幕僚部門的領導人再怎麼能幹或投入，若缺乏強而有力的直屬領導，這個團隊永遠發揮不了必須擁有的實力。

實力不夠堅強的引導團隊，所做的努力可以在一時之間創造明顯的進步。但反對力量遲早會集結，而阻止變革繼續。

## 第三號錯誤：缺乏願景

在我所觀察的每個成功轉型嘗試中，引導團隊皆能勾勒出一幅相當容易對顧客、股東與員工溝通、且易於打動他們的未來圖像。願景往往超越5年計畫中可以找到的那些典型數字。願景所說出的某些東西，有助於澄清組織所需要移動的方向。有時，願景的初稿主要來自單一個人。通常有點含混，至少一開始如此。但在引導團隊運作3到5個月，乃至12個月之後，透過團隊成員扎實的解析式思考，再加上若干想像力，就會出現某些比原來好很多的東西。最後，也會發展出一套實現那份願景的策略。

歐洲一家中型公司最初提出的願景草稿中，有三分之二的基本觀念出現在最後定案的願景中。從最早的版本開始，這家公司就存在建立全球觸角的觀念。同樣的，成爲特定事業的佼佼者，也是這家公司自始至終都存在的理念。

但最後版本裡的其中一個核心概念（走出低附加價值的活動），卻是歷時好幾個月，經過一系列討論才產生。

如果缺乏有意義的願景，整個轉型工作就很容易淪爲一串混淆而互不相容的計畫，也因而可能把組織帶往錯誤的方向，或者根本就沒有進展。如果沒有健全的願景，那麼無論是會計部門的改造計畫，人力資源部門新推出的360度績效評估，工廠的品質計畫或推銷人員的文化變革計畫，都不會以有意義的方式進行。

在失敗的轉型案例中，我們常常會發現大量的計畫、指令與專案，可是就是看不到願景。有一個案例中，某家公司分發給員工四吋厚的筆記本，上面描述公司的變革計畫。這本簿子以枯燥的細節說明程序、目標、方法以及最後期限。然而，從頭到尾都看不出，有哪個地方能清楚而有說服力的陳述會把公司帶往何方？也就難怪我所訪談的員工，絕大多數不是覺得困惑，就是有疏離感。這些厚厚的冊子無法把他們凝聚在一起，也未能激勵變革。事實上，很可能效果是適得其反。

在我看過幾家不是很成功的公司裡，管理階層固然有方向感，但不是太過複雜，就是太過模糊不清，難以發揮作用。最近，我要求一位中型企業的高階經理人描述他的願景，結果他對我做了一場「內容廣泛」的30分鐘演講。他把一份健全的願景所應有的基本要素，埋藏在他冗長的答覆中。但是，實在埋得太深了。

這裡提供一個有用的經驗法則：假如沒有辦法在5分鐘內說明願景，而且讓對方理解並感興趣的話，那麼就表示，你還沒有完成這個階段的轉型過程。

## 第四號錯誤：對願景的溝通嚴重不足

我見過三種有關溝通的模式，統統都很普遍。第一種模式是由一個小組發展出相當好的轉型願景，然後藉由舉行一場會議，或是發送一份溝通刊物，來進行溝通。這些大約是公司年度內所有溝通工作的0.0001%，而在溝通之後，小組成員驚訝地發現，似乎很少人了解他們所提出的新方法；第二種模式，是由組織的領導人花相當多的時間向不同的員工群組演講，但員工仍然搞不清楚（這也不足爲奇，因爲願景的溝通只占全年溝通工作的0.0005%）；第三種模式，他們花了許多力氣在內部通訊刊物及演講上，但某些動見觀瞻的高階經理人，行爲表現卻仍然與公司的願景背道而馳。其結果是，團體內冷嘲熱諷的言詞愈來愈多，但對所溝通事項的信心卻愈來愈低。

除非有成百上千的人願意協助，而且願意做出短程犧牲，否則轉型殆無可能。除非員工相信有可能進行有用的變革，否則，即使他們對現狀不滿意，也不會願意爲轉型而犧牲奉獻。如果不進行大量令人覺得可以信賴的溝通努力，永遠也抓不住大夥的心。

假如所謂的短期犧牲包括讓某些人丟掉工作，那麼這個第四階段就會格外具有挑戰。假如縮小規模也是願景的一部分，要取得諒解與支持就更艱巨了。基於這個原因，成功的願景通常要包括新的成長可能性，以及承諾公平對待每個遭到資遣的人。

擅長溝通的經理人能夠把溝通訊息整合到自己從早到晚的活動中。在針對某項業務問題做例行討論時，他們會探討提出的解決計畫與較大願景全貌間搭配的程度。在進行日常的績效評估時，他們會探討員工的行爲，對願景的助益或傷害程度。在檢視某個事業部門某季的績效時，他們不只討論數字，也討論該部門的高階經理人如何對轉型做出貢獻。在公司場所進行與員工的例行對話問答時，他們會把員工的答案帶回去，納爲更新目標的一部分。

在比較成功的轉型案例中，高階經理人都會利用所有現存的溝通管道，讓願景廣爲周知。他們把枯燥乏味且無人閱讀的內部通訊刊物轉化爲有關願景的生動文章。他們參加拘泥儀式且單調乏味的管理高層季會報，再將它化爲精彩的轉型討論。他們揚棄泛泛的公司管理教育，取而代之的是，聚焦於企業實際問題與新願景的課程。這裡的指導原則很簡單：運用每個可能的管道，尤其是被浪費在非必要資訊上的管道。

或許更重要的是，在我知道進行重大變革成功的案例中，高階經理人多半都懂得身體力行。他們刻意嘗試成爲公司新文化的「活象徵」。這通常並不容易。一位60高齡的工廠廠長，超過40年來在思考顧客問題方面所花的時間極少，我們沒有辦法期待這種人在一夕之間突然採行以顧客爲導向的行爲模式。但我親眼目睹有這樣的人改變，而且改變極大。在那個案例中，一方面高度急迫感產生助益；另一方面，這位先生身爲引導團隊及願景創造團隊的一員，這項事實也有助益。此外，一切的溝通工作也發揮作用；藉由溝通，得以不斷提醒他記得所期盼的行爲是什麼。還有，來自同儕與下屬的回饋反應也幫上忙；幫助他看清自己在什麼時候沒有從事那樣的行爲。

溝通包括「言語」與「行爲」，而後者通常力量比較強大。對變革工作傷害最大的，莫過於某些舉足輕重的個人言行不一。

## 第五號錯誤：未清除新願景的阻礙

成功的轉型過程繼續向前推進時，就開始牽涉到大量人員。公司會鼓勵員工勇於嘗試新的做法，發展新的觀念，以及提供新的領導。唯一的限制是，所有的行動都要在整體願景所涵蓋的範圍之內。涉及愈多人，成果就愈好。

在一定的程度上，引導團隊僅藉著成功溝通新的方向，就能夠驅動其他人採取行動。但只靠溝通，永遠有不足之處。更新計畫的推展還須清除阻礙。常常某位員工雖然了解新的願景，也想協助促使願景實現，可是卻出現一隻擋路的大象。有些情況下，所謂「大象」就在某人的腦子裡。此時，改革者的挑戰，在於必須讓這個人相信，任何外界阻礙都不存在。但在絕大多數情況下，擋路者卻是有形有體，實實在在橫在眼前。

有時，組織架構正是阻礙所在：職務分類過細，會對致力提升生產力所做的努力造成嚴重的潛在傷害，或者使得生產部門的人員連考慮到顧客都很困難。有時，薪酬或績效評估制度從中作梗，迫使人們在新願景與個人自身利益之間只能擇一。最糟的情形也許是老闆本身拒絕變革，而且提出的要求與整體變革計畫相互矛盾。

有家公司在開始轉型時大肆宣揚，而且一直到第四階段都進展得很好。接下來變革計畫突然擱置，原因是公司縱容最大事業部門主管破壞大多數新方案。這個人嘴巴上支持變革，實際上不改變自己的行爲，也不鼓勵屬下的經理人進行變革。對於實現願景所需要的非傳統觀念，更不給予獎勵。縱然原來的人力資源制度明顯與新的理想扞格不入，他卻容許整套制度繼續施行。我認爲這位高階主管的動機相當複雜。某種程度上，他不相信公司需要大幅變革。某種程度上，一切的變革都讓他覺得受到威脅。而某種程度上，他害怕自己在變革的同時，無法兼顧創造出期望的營業利潤。但是，其他的高階經理人雖然支持實施更新計畫，實際上卻坐視此人阻擋變革。他們的動機同樣也很複雜。也許公司過去從來沒有遇過類似問題。也許某些人畏懼這位高階主管。執行長也許擔心流失一位優秀的經理人才。結果是帶來大災禍。較低層的經理人斷定，最高經營層謊稱有決心改革更新，其實是騙局一場；冷嘲熱諷的言語逐漸出現，而整套改革大業也歸於瓦解。

在轉型過程的前半段，任何組織都不會有足夠的動能、權力或時間去消除全部的阻礙。但大的阻礙卻必須加以正視並移除。假如阻礙是某個人，固然必須以吻合新願景的方式，公平對待他，不過，還是必須有所行動；一方面爲了鼓舞其他人，一方面也爲了維持整體變革計畫的威信。

## 第六號錯誤：未對創造短期斬獲做系統性規畫

眞正的轉型要花時間，假如更新改革的工作沒有達成短期目標，並加以慶祝，恐怕有失去動力的危險。對大多數人來說，除非能在12個月到24個月之間看到有力的證據，支撐他們相信改革歷程已經產生預期成效，否則他們不會願意繼續這段漫長的旅程。如果沒有短期斬獲，許多人會放棄，甚至會加入抗拒變革的行列。

成功推動轉型工作一到二年之後，我們會發現，在某些指標上，品質已經開始提升；或發現淨收入下滑的現象已經停止。我們會發現某些新產品成功推出，或者市場占有率提高。我們也會發現生產力顯著提升，或者顧客滿意度的統計數字增加。但無論是哪種情況，這種成果都是明確而不含混的。由於這樣的成果不是主觀判定，所以反對變革的人沒有辦法對它打折扣。

創造短期斬獲與期待短期斬獲不同，期待是消極的，創造卻是積極的。在成功的轉型案例中，經理人會主動找尋方法，以獲得明顯的績效提升、確立年度規畫體系中各種標的、達成各項目標；並且藉由表揚、升遷乃至金錢等手段，來獎勵參與這些工作的人。例如，有一家美國製造業公司裡的「引導團隊」在展開更新大業大約20個月之後，推出一種高能見度且相當成功的產品。這項產品是在改革進行6個月左右的時候挑選出來的，原因是它符合幾項標準：可以在相當短的時間內設計出來並推出；可以由一個致力實現願景的小團隊來處理；有發展潛力；此外，新的產品開發團隊可以在既有的部門架構之外運作，而不會遭遇實質問題。在僥倖成分很少的情況下，這項斬獲提升整套更新改革計畫的可信度。

經理人經常抱怨被迫創造短期斬獲，但我卻發現，在變革過程中，壓力可能是個有用的元素。當人們清楚看到重大變革會花很長的時間，急迫感的水準就會下降。而致力創造短期斬獲的決心，既有助於維持急迫感的水準，使其不致下降，同時也可迫使人們進行詳細的解析式思考，而有助於釐清或修正願景。

## 第七號錯誤：太早宣布勝利

經過多年努力之後，經理人看到第一次明顯的績效改善時，也許忍不住要宣布勝利。慶祝有所斬獲當然是件好事，然而，宣布打贏這場戰爭卻可能導致大災難。除非改革已經深深滲入公司的文化（過程可能歷時5至10年），否則新的做法仍然很脆弱，隨時有倒退的可能。

最近一段時間，我觀察十幾件標榜「再造」名義的企業變革案例。在這些案例之中，除了兩個案例之外，其他都是在變革只進行2到3年的第一個主要變革計畫完成之後，隨即宣布勝利，並支付巨額顧問費用，且對顧問道謝。但在這之後，兩年不到，先前引進的各項有益變革卻慢慢消失。十個案例當中有兩個，如今幾乎很難找到改造大業的任何痕跡。

二十多年來，我曾目睹同類情形發生在各種大型的品質計畫、組織發展計畫等等。通常，問題在改革過程初期即已出現，包括急迫程度不夠，引導團隊不夠強，而願景也不夠清楚。但眞正減損改革動能的因素，卻是由於他們提前慶祝勝利。隨後，與舊傳統關係密切的各股強大力量，重新取得主導地位。

諷刺的是，變革發起人往往與變革抗拒者相結合，共同促成提早慶祝勝利。變革發起人由於熱切期待明確的進展信號，以致做過了頭。而迅速找尋任何停止改革機會的變革抗拒者馬上予以響應。慶祝活動一結束，抗拒者就指稱，宣告勝利表示已經贏得這場戰爭，應該要讓部隊解甲歸田。疲憊不堪的作戰部隊十分願意相信自己已經贏了。戰士一旦返鄉，就不情願再重返戰艦。不久之後，變革即告中止，老傳統悄悄復辟。

推動改造成功的企業領導人不會急著去宣告勝利，而會藉助一連串短期斬獲所提供的可信度，去處理更大的問題。針對一些與轉型願景相矛盾、但從來未曾被提出來解決的制度與結構，他們一探究竟，謀求解決之道。他們高度重視誰獲得升遷？誰被雇用？以及人力資源如何被開發？他們將一些比最初的變革計畫範圍更大的新「再造計畫」也囊括進來。他們了解到，更新大業不是幾個月就可完成，而是要花上好幾年。事實上，我看過最成功的轉型，在前後7年之間，每年都會以量化的方式評量變革的多寡。在1分（最低）至10分（最高）的量表上，第一年得2分，第二年得4分，第三年得3分，第四年得7分，第五年得8分，第六年得4分，第七年得2分。第五年達到變革巔峰，此時距離第一次有明顯斬獲，已經整整36個月。

## 第八號錯誤：沒有讓變革深植於公司文化

最後要分析，變革如果成爲「我們這裡的做事方式」，滲入公司這個軀體的血脈之中，它就會根深柢固。除非新的行爲已經在社會規範與共享價值裡生根，否則，一旦變革的的壓力去除，這些行爲立刻就會退化。

欲使變革成爲公司文化的一部分，有兩項因素格外重要。首先，要刻意讓人們知道，新的做法、行爲、態度對於改善績效所產生的助益。如果放手讓人們自行發現其間的關聯，有時候做出的連結會非常不正確。例如，由於績效改善的那段時間，正逢具有領袖魅力的哈瑞先生當家，所以參與改革的人馬就將績效改善與哈瑞先生的獨特風格串聯在一起，而忽略自己在顧客服務與生產力方面的改善其實亦有貢獻。協助人們看清正確關聯，必須靠溝通。事實上，就有一家公司因爲持續不斷努力而獲得豐碩的回報。在每場重要的管理高層會議上，他們都花時間討論爲什麼績效持續提升。公司內部的報紙刊登一篇又一篇文章，說明公司的收益如何因變革而提升。

第二項因素是，要花足夠的時間確保下一代的最高經營團隊成員會確實奉行新做法。假如升遷的要求條件不改變，更新計畫很少能夠持久。組織高層做出一次錯誤的接班決定，可能會毀損10年的辛勤成果。在董事會不必然參與更新計畫的情形下，的確有可能做出糟糕的接班繼位決定。我至少看過三個例子，倡導改革的人是個即將退休的高層主管，而他的繼任者雖然不抗拒變革，卻也不熱心擁護變革。因爲董事會並不了解變革的細節，所以他們不知道所做的選擇並不妥當。在其中一個案例，那位即將退休的高層主管試圖說服董事會接受一個條件稍差、但較能落實轉型的人選，但說服失敗。另外兩個案例中，執行長並未抗拒董事會所做的決定，因爲他們覺得繼任者不可能廢除轉型計畫。不過他們錯了。短短兩年之內，兩家公司的更新改造徵象都開始消失。

---

人們所犯的錯誤還不止這些，以上不過介紹最嚴重的八項。我知道，在這篇簡短的論文中，每件事情似乎都講得太過簡略。其實，即使成功的變革也是亂七八糟、驚奇四起。只不過就如導引人們進行重大變革時，需要有套相當簡單的願景一樣，一套有關變革過程的願景可以降低錯誤率。而錯誤率減少，可能是成功與失敗的差異所在。

---

（吳國卿譯，轉載自1995年3月至4月號《哈佛商業評論》）

---

**約翰．科特**

暢銷書作家、屢屢得獎的商業與管理思想領袖、商業企業家，以及哈佛商學院領導學名譽教授。他的想法、書籍和顧問公司科特國際（Kotter）幫助人們在瞬息萬變的時代中領導組織。他與其他作者合著的《變革》（*Change*），詳細介紹領導人如何利用挑戰和機運，在快速改變的世界中實現可持續的工作場所變革。

1968

第八章

# 重任之下有勇夫

One More Time: How Do You Motivate Employees?

菲德烈・赫茲伯格（Frederick Herzberg）

無數的文章、書籍、演講和研討會都拚命在問：「怎樣才能激勵員工照我的意思辦事？」

動機心理學極爲複雜，目前市面上充斥的許多偏方說法，不乏受到學術界大力推薦。但憑空杜撰的多，足以採信的仍然很少。本文的質疑，並不會減損這些偏方受到的熱愛，但文中闡述的理念，確實已經在許多企業和機構試驗過，（但願）有助於導正前述偏方凌駕知識的現象。

## 「激勵」震撼教育

我針對這個問題演講時發現，產業界往往急於找到可以快速解決問題的務實解答，所以我要直接切入正題，說明激勵人心的實際做法。

有什麼最簡單、最保險、最直接的辦法可以叫別人做事？是對他直接提出要求嗎？如果對方說他不想做，你是要透過心理諮詢，了解他爲何如此頑固，還是直接交代對方去做？如果對方的反應顯示他根本聽不懂你在說什麼，你可能要請溝通專家來解圍。還是該提供金錢上的獎勵，以激勵對方照辦呢？我想大家都很清楚，設立和管理獎勵制度有多複雜跟困難。如果要用示範來說服對方，那表示你得花大錢提供訓練。事實上，上述那些做法似乎都不恰當，我們需要找出更簡單的方法。

讀者之中如果有行動派的經理人，一定會大喊：「踹這傢伙一腳！」這類經理人說得沒錯。要叫人去做事情，最穩當、最直接的辦法，就是「踢他一腳」，也就是所謂的KITA（kick in the pants）。

KITA有很多種形態，以下列出幾項：

## 身體上的負面KITA

這種做法過去很常見，就是眞的踢員工一腳。不過這麼做有三大缺點：第一，不夠優雅；第二，大多數企業很重視塑造和善的形象，這樣做無異自打嘴巴；第三，這是人身攻擊，會直接刺激自律神經系統，往往會造成負面反應，員工可能反過來踢你一腳。因此，公司應避免施行身體上的負面KITA。

心理學家發現，造成心理脆弱的因素實在太多了，同時也發現可以如何操弄這些心理因素。那些不能再採用身體上負面KITA的主管正好可以拿來應用，結果造成員工自尊受傷，說出「他扯我後腿」、「她說這話是什麼意思？」、「老闆總是找我麻煩」之類的話。這些主管用的就是下面這種手法：

## 心理上的負面KITA

跟身體上的負面KITA比起來，心理上的負面KITA有幾點好處。第一，這種殘酷是無形的；受傷的部位在內心，往往很久以後才出現後遺症。第二，這種做法會影響員工高層大腦皮質區域的抑制力量，降低他被踢之後回踢一腳的可能性。第三，人類感受得到的心理痛苦實在太多了，因此運用這種KITA的方式和著力點就增加了好幾倍。第四，運用心理傷害做法的人，可以不必親自出面做這件齷齪事，透過制度就可以達到目的。第五，做這種事的人不喜歡弄得滿手血腥，卻可以感到很滿足（自認高人一等）。最後一點，如果員工眞的提出申訴，只要說那些員工太神經質就好了，反正也沒有任何實際攻擊的證據。

那麼，負面KITA究竟能達成什麼效果？如果我踢你屁股一腳（不論是身體還是心理上），誰會受到激勵？答案是**我**，而**你**會行動！負面KITA不會激勵對方，而是會讓對方行動。所以接下來要談的是正面的KITA：

## 正面KITA

讓我們考慮一下激勵這件事。如果我跟你說：「幫我或幫公司把這件事辦好，我會給你報酬、獎勵、地位，幫你升官，只要是企業界有的獎賞，我都可以給你！」我有沒有激勵到你？我問過許多擔任主管的人士，得到的答案幾乎都是，「沒錯，這就是激勵。」

我有一隻一歲大的雪納瑞，牠還很小的時候，如果要牠動，只要踢牠屁股一下就可以了。但在牠完成服從訓練後，我如果要牠做什麼動作，就要拿塊狗餅乾在牠面前晃一晃。在這個例子裡，受到激勵的是我還是狗？狗要的是那塊狗餅乾，可是要牠行動的卻是我。我才是受到激勵的那一方，而狗是做出動作的那一方。我採取正面KITA，是一種拉的力量，而不是推。如果企業界想要利用這種正面KITA讓員工動起來，可以運用的「狗餅乾」數量和種類實在不計其數。

## 這些「激勵」有效？

KITA爲什麼不等於激勵？如果我踢我的狗一腳（不管是踢正面，還是踢屁股），牠都會動。我如果要牠再動一下，要怎麼辦？答案是再踢牠一腳。同樣的，我可以幫員工充電，然後一再補充電力。可是員工必須能夠自己產生力量，才代表激勵產生效果。激勵是要讓他們自動自發地願意去做事，不需要外在的刺激。

釐清這個觀念後，我們來檢視幾個試圖「激勵」員工的正面KITA。

## 迷思1：減少工作時數

讓員工不必上班，這號稱是激勵員工的神奇方法！過去50、60年來，我們（正式和非正式地）不斷減少上班時數，彷彿是以「週末長達6天」爲目標。一個有趣的變通辦法是，推行非上班時間的休閒活動，以爲這麼一來，大家一起玩樂，工作時也可以合作愉快。但其實，衝勁十足的人會想要增加工作時數，而不是減少工作時數。

## 迷思2：不斷加薪

這會激勵員工嗎？會，會激勵他們繼續爭取加薪。有些守舊的人至今仍然主張，員工要得到教訓，才會奮發努力。他們覺得如果加薪沒用的話，減薪說不定會有效。

## 迷思3：額外福利

產業界致力提供終身照顧的福利，就算是最注重福利的福利國家也無法望其項背。我知道有家公司長期以來幾乎每個月都非正式地提供一些額外福利。美國花在額外福利支出的成本，大約已經占薪資成本的25%，卻還在呼籲要多多激勵士氣。

減少工時、加薪、提升工作保障已經是大勢所趨，這些福利不再是獎勵，而成爲既有權利。一週工作六天是不人道的待遇，一天工作10小時則是剝削勞工；廣泛的醫療保障是基本權益，股票選擇權則是美國企業界激勵員工的最後手段。除非公司不斷提高福利，否則員工會覺得公司在開倒車。

產業界直到體認永遠滿足不了員工對金錢和減少工作的要求之後，才開始聽取一些行爲科學家的意見。這些學者批評管理階層不知道怎樣對待員工，不過他們的出發點比較偏向尊重人性的傳統角度，而非科學研究的觀點。因此，企業界很容易就開始採用下面那種KITA。

## 迷思4：訓練人際關係

過去三十多年來，有許多課程傳授由心理層面管理人事的方法，企業界採納後，結果只是冒出許多所費不貲的人際關係訓練課程。到頭來，員工需求依然一再提高，而人們還是爲同樣的問題所苦：「到底要怎麼激勵員工？」30年前，公司要求員工不要隨地吐痰時，必須加上一個「請」字。如今同樣的要求，卻必須加上三個「請」字，員工才會覺得上司態度合宜。

由於人際關係的訓練無法激勵人心，人們於是認爲，上司或管理階層在運用人際關係準則時的心態並不正確。因此企業界展開更高一層的KITA人際關係訓練，也就是敏感度訓練。

## 迷思5：敏感度訓練

你眞的、眞的了解自己嗎？你眞的、眞的、眞的信賴別人嗎？你眞的、眞的、眞的、眞的會合作嗎？濫用這種敏感度訓練的機會主義者，總是把這類訓練的失敗歸咎於未能確實（共五個「確實」）進行適合的相關課程。

人事主管體認到，不論是從經濟或人際關係出發的KITA，都只能帶來短暫的滿足和收穫，於是認定問題並非出在自己的做法，而是在於員工無法體會那些做法的用意；因此他們又轉向「溝通」的領域，也就是有「科學」依據的KITA新領域。

## 迷思6：溝通

溝通學教授受邀講授管理訓練課程，並協助員工了解管理階層為他們做了些什麼。公司的內部期刊、簡報、主管指示等，在在都強調溝通的重要性，並且用各種方式來宣傳，甚至出現國際性的產業編輯協會。但這些做法都未如預期般產生激勵效果。人們認為，主管顯然沒有仔細傾聽員工的意見，於是又出現下面那一種KITA。

## 迷思7：雙向溝通

管理階層要求調查員工士氣如何、鼓勵員工提出建議，並成立小組參與推動。結果主管和員工比過去更積極地溝通、傾聽，可是激勵士氣的效果依然有限。

行為科學家開始檢討他們的概念和數據資料，並進一步強調人際關係的重要性。有些心理學家的報告中提到所謂的「更高階需求」(higher order need)似乎有些道理。他們指出，大家都希望自我實現。可惜這些心理學家把「實現」與人際關係混為一談，產生另一種新的KITA。

## 迷思8：工作參與

「工作參與」的做法通常就是「賦予員工宏觀全貌」，

只不過原本的目的並非如此。譬如，如果在生產線上有個人每天用扳手拴緊1萬個螺帽，公司就跟他說他是在製造雪佛蘭汽車（Chevrolet）。另外一個辦法則是讓員工「覺得」擁有工作自主權。這是爲了營造成就感，而非工作上的實質成就。當然，要完成任務才會有眞正的成就。

但「工作參與」還是無法激勵士氣。這下子公司認定員工一定是病了，於是產生下面那種KITA。

## 迷思9：員工諮商

最早有系統地運用這種KITA的是西方電氣公司（Western Electric Company）。1930年代初期，西方電氣進行「霍桑研究」（Hawthorne experiment），結果發現，員工會暫時擱置不理性的感受，以免妨礙工廠正常運作。透過諮商，員工總算說出困擾自己的問題，卸下心中重擔。當時的諮商技巧還很粗略，但那個計畫已具有相當規模。

第二次世界大戰期間，諮商的做法出了問題，因爲諮商人員忘了本身應該扮演善意傾聽者的角色，反而試圖解決員工在諮商時提出的問題，結果干預到公司運作。不過，心理諮商終究安然度過這段期間的負面衝擊，目前又開始風行，而且技巧更爲精進。可惜的是，這類計畫就跟其他計畫一樣，似乎還是無法眞正發揮激勵員工的功效。

各種KITA似乎只能產生短期效果，所以可以肯定這類計畫的成本必定會逐漸增加，而且舊有正面的KITA成效令人滿意的同時，新形態的KITA也會陸續出現。

## 滿意的反面不是不滿

讓我換個方式提出這個一問再問的問題：要怎樣做，才能讓員工自動自發？首先，我要說明有關工作態度的「激勵保健理論」（motivation-hygiene theory），才能提出理論和實務上的建議。當初我研究工程師和會計師的生活與工作，結果創造激勵保健理論。在那之後，學界至少又進行16項類似的研究，研究對象各不相同（其中有些甚至是研究共產國家的人），使激勵保健理論逐漸成為工作態度領域最常被研究的理論之一。

從這些研究和其他許多不同方法的調查都可以看出，讓員工對工作感到滿意（受到激勵）的要素，和讓員工不滿的要素完全不同（見圖8-1）。既然兩者考量的因素不同，就表示這兩種感受不是正反兩面：對工作滿意的相反，並非對工作不滿，而是「並未」對工作滿意；同樣的道理，對工作不滿的相反也不是對工作滿意，而是「並未」對工作不滿。

在陳述這個概念時，會產生語意上的問題，因為我們通常以為「滿意」和「不滿」是相反的：沒有感到滿意就是不滿，反之亦然。不過，談到人們在職場上的行為時，不該只是玩弄文字遊戲。

這裡牽涉到人類兩種不同的需求。第一種源於人類的動物本能，也就是規避環境帶來痛苦的內在驅動力，以及受基本生物需求制約、後天學到的所有驅動力。譬如飢餓就是一種基本的生物驅動力，促使人們努力賺錢；因此，金錢也成爲一種驅動力。另外一組需求則和人類一項獨有的特性有關：創造成就的能力。有了成就，更可以促成心理上的成長。因此，有助於促進成長的工作（一般指工作的內容），可以刺激人們對成長的需求。相對的，工作環境中的一些因素也會引發人們規避痛苦的行爲。

工作中的成長或**激勵**因素，包括成就、隨成就而來的肯定、工作本身、責任，以及成長或晉升。規避不滿意或保健（KITA）因素則多半與工作本身無關，而與工作環境有關，包括公司政策和管理、督導、人際關係、工作條件、薪水、地位和安全感。

圖8-1顯示員工對工作滿意和不滿的要素，這是以1,685位員工的樣本研究得到的結果。這項研究結果顯示，激勵因素是讓員工對工作滿意的主要原因，保健因素則是讓他們對工作不滿的主要原因。這12項調查研究的對象，包括低階主管、女性專業人員、農業官員、即將從管理職位上退休的男性、醫院維修人員、製造部門主管、護士、教師、技術人員、生產線上的女性員工、會計師、芬蘭的工廠領班與匈牙利工程師。

研究人員詢問受訪者，職場上有哪些事件讓他們對本身工作極度滿意或極度不滿；然後將他們的回覆分爲「正面」及「負面」事件，並列出所占的百分比（「保健」及「激勵」兩類事件的總和都超過百分之百，因爲單一事件往往可以歸類爲至少兩個因素，例如，晉升後責任往往就會加重）。

舉例來說，屬於「成就」要素的事件當中，有一些會對員工滿意度造成負面影響，典型的反應就是「我不快樂，因爲我沒有把工作做好」。在「公司政策及管理」要素裡，有助於提高員工滿意度的事件不多，典型的反應就是「我很開心，因爲這個單位改組之後，我就不必再向那個跟我處不來的傢伙報告了。」

如圖8-1右下角所示，工作滿意因素中有81%是激勵因素。而造成員工對工作不滿的所有因素中，有69%和保健因素有關。

## 人事管理鐵三角

人事管理的理念大致有三類：第一類以組織理論爲基礎，第二類和第三類分別以工業工程、行爲科學爲基礎。

組織理論學者相信，人類的需求不是極不理性，就是差異很大，而且會隨情況調整，所以人事管理的主要功能在於，盡量配合情況而務實管理。如果工作安排妥善，就會產生最有效率的工作結構，員工也會有最理想的工作態度。

工業工程專家則主張，人類是機械性的，而且會受到經

圖8-1

## 工作態度影響要素大調查

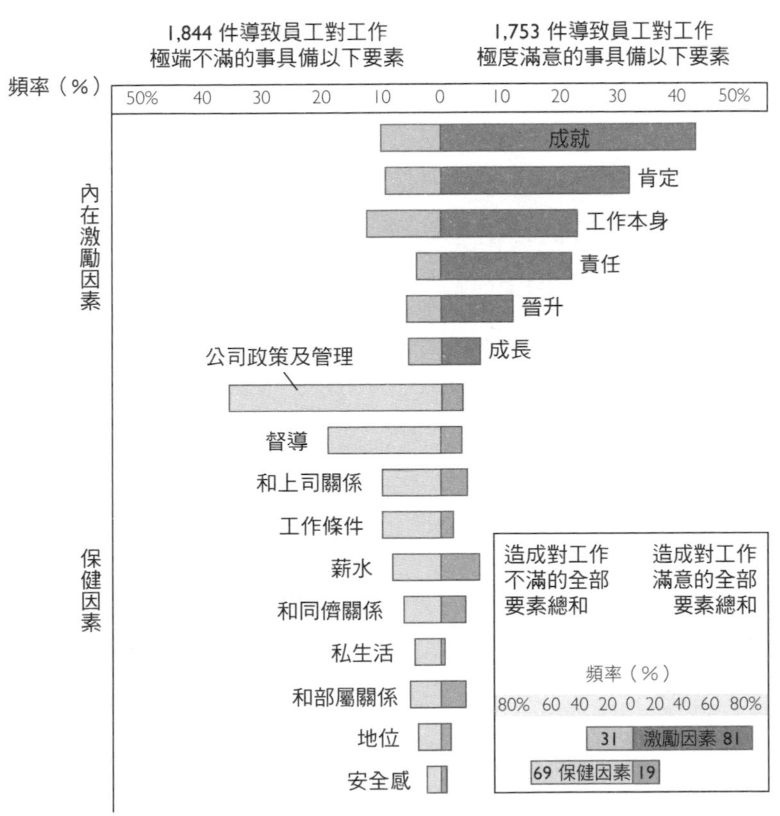


濟因素的激勵；此外，最有效率的工作流程最能滿足人類的需求。因此，人事管理的目標應該是，設計最適當的獎勵制度，以及特別爲員工打造工作環境，好讓員工發揮最大的效率。藉由工作的安排來讓作業最有效率，工業工程專家認爲就會產生最理想的工作組織，和合宜的工作態度。

行為理論學者的重點則在於團體的情緒、個別員工的態度，以及組織的社會和心理氣氛。這派說法強調至少需要一種保健和激勵因素。這派主張的人事管理方式，通常強調某種形態的人際關係教育，希望灌輸員工健全的態度，以及合乎人類價值觀的組織風氣。他們深信合宜的工作態度，必能創造有效率的工作和組織結構。

組織理論學者和工業工程專家主張的方式會產生多大的整體效益，常引起熱烈辯論。兩派顯然都有相當的成果，可是，行為理論學者揮之不去的問題是：公司終究會因為人的問題付出什麼代價，例如，人員流動、曠職、犯錯、違反安全規則、罷工、產出受限、加薪、更優渥的福利？另一方面，行為理論學者發現，使用他們的方法效果不彰，並沒有很明確地改善人事管理。

激勵保健理論主張，工作變得更**豐富**，可以讓員工好好發揮能力。這種運用激勵因素有系統地激勵員工的做法方興未艾，我們可以用「工作豐富化」（job enrichment）這個詞來形容這個新興的潮流。現在，應該避免用工作擴大化（job enlargement）這個舊詞，以往人們就是因為這個舊詞而誤解問題根源，導致失敗。工作豐富化，讓員工有機會獲得心理成長，而工作擴大化只是讓工作結構擴大而已。由於科學化的工作豐富化還非常新穎，本文只根據產業界近期幾個試驗成功的案例，探討其中的原則和實際步驟。

## 工作只是負荷？

管理階層試圖讓某些工作變得更豐富，卻往往會減少員工個人的貢獻，而不是讓員工有機會在自己熟悉的工作中成長。我稱這種做法是「水平工作負荷」（另外一種做法是「垂直工作負荷」，也就是提供激勵因素）；先前工作擴大計畫的問題就在於，採取「水平工作負荷」的做法只會使工作更加無意義。

以下就是一些相關案例：

- 要求員工提高預定的產量。如果每人原本一天可扭緊1萬個螺栓，那就看看可否提高到一天2萬個螺栓。若要用算式來說明這種做法，就是零乘以零還是零。
- 在現有工作之外，增加一項無意義的工作，通常是例行事務。若要用算式來說明這種做法，就是零加零等於零。
- 輪流指派員工擔任一些需要豐富化的工作，例如有時洗盤子，有時洗銀器。若要用算式來說明這種做法，就是用一個零取代另一個零。
- 除去任務中最困難的部分，讓員工有餘力完成更多挑戰性較低的任務。這項傳統的工業工程方法原本是想提高工作成效，結果卻降低成效。

表8-1

## 垂直工作負荷的原則

| 原則 | 相關激勵因素 |
| --- | --- |
| A.減少一些管制，但維持其責任 | 責任與個人成就 |
| B.增加個人對本身工作的責任 | 責任與肯定 |
| C.賦予個人完整的工作單位（小組、部門、領域等） | 責任、成就及肯定 |
| D.額外給予員工在工作上的自主性；工作自由 | 責任、成就及肯定 |
| E.將定期工作報告直接提供給員工本人，而不是上司 | 內部的肯定 |
| F.交辦以前未曾處理、更困難的新任務 | 成長與學習 |
| G.指派個人負責特定或專門的任務，讓他們成為專家 | 責任、成長及晉升 |

在工作豐富化的初步腦力激盪會議中，經常有人提出上述那些水平負荷的做法。目前，垂直工作負荷的原則尚未完全確立，仍然非常籠統，我在表8-1提供七項實用的基本原則供大家參考。

## 豐富化提升工作效能

有個工作豐富化的實驗進行得十分成功，這項案例可以說明水平和垂直工作負荷的區別。這項研究的對象是某大企業聘用的股東聯絡人。他們都經過公司精挑細選，並受過嚴格訓練，負責的工作很複雜、很有挑戰性。可是他們在績效和工作態度的各項指標上，分數幾乎都很低，而且根據員工在離職面談時的說法，這份工作的挑戰性只是表面文章而已。

於是公司決定進行實驗，選出一個小組作爲實驗達成組（achieving unit），根據表8-1所列的原則來豐富他們的工作內容。有一個對照組（control group）持續用原來的方式工作。（公司另外組成兩個「自由」組〔uncommitted group〕，衡量所謂的「霍桑效應」〔Hawthorne effect〕，也就是想知道，員工在從事某些新工作或不同的工作時，會不會只因覺得公司比較注意他們，生產力和工作態度就有所改變。這兩個自由組的實驗結果和對照組的實驗結果雷同，爲了簡單起見，我先不談這個部分。）除了本來就會改變的保健因素外（例如正常的加薪），任何一組的保健因素都沒有變化。

在實驗的頭兩個月當中，我們在達成組裡導入一些變化，表8-1所列的七項激勵因素中，平均每星期出現一項。經過六個月之後，達成組成員的表現超越對照組的同儕，而且對本身工作的喜愛也大幅提升。此外，達成組的曠職率較低，因此晉升率也高得多。

圖8-2顯示績效變化的情形。記錄實驗開始之前在2、3月份的績效，以及實驗期間每月月底的績效。股東服務指數，代表的是信函的品質，包括資訊正確性，以及回應股東詢問信的速度。當月指數會和先前兩個月的平均值進行平均，所以如果先前兩個月的平均值偏低，就比較不容易看

圖8-2

## 在公司實驗中的員工表現（三個月的累積平均數）

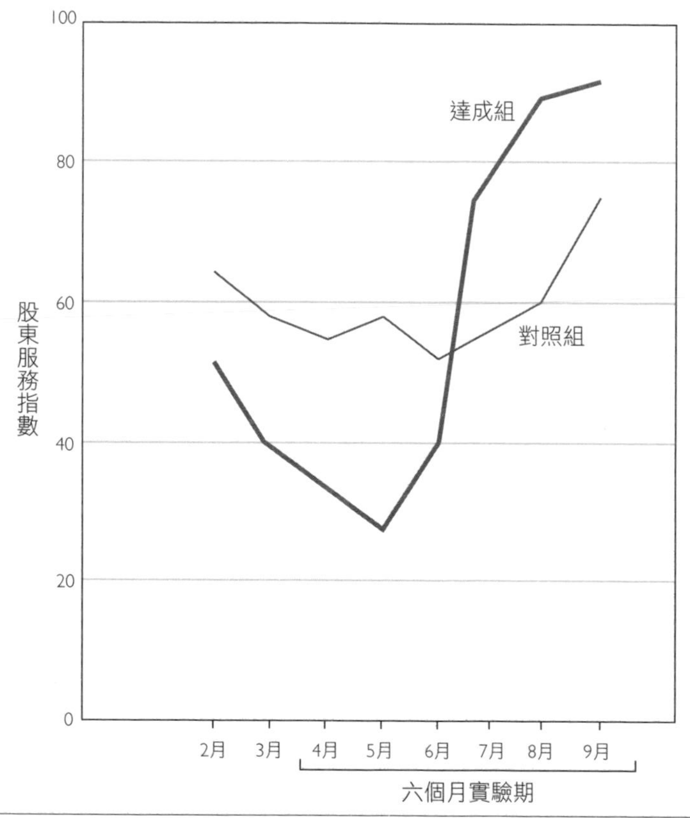


出改善情形。在這六個月實驗期展開前，「達成組」成員的表現比較差，在我們導入激勵因素之後，他們的績效服務指數仍持續下滑，顯然是因為他們對新職務的責任有不確定感。不過到了第三個月，績效開始揚升，不久後，達成組成員就表現優異。

圖8-3顯示這兩組人對工作的態度，在3月底評量時，尚未推出第一項激勵因素，9月底又再進行一次評量。股東聯絡人要回答16個問題，全都跟激勵有關。例如，「在你看來，這份工作讓你可以眞正有所貢獻的機會有多少？」他們必須選擇1到5分作答，總分最高爲80分。達成組的工作態度變得比較正面，對照組成員的工作態度則大致維持不變（下降情形在統計上並不明顯）。

圖8-3

**公司實驗對工作態度的改變**
**（六個月實驗期在開始和結束時的平均分數）**

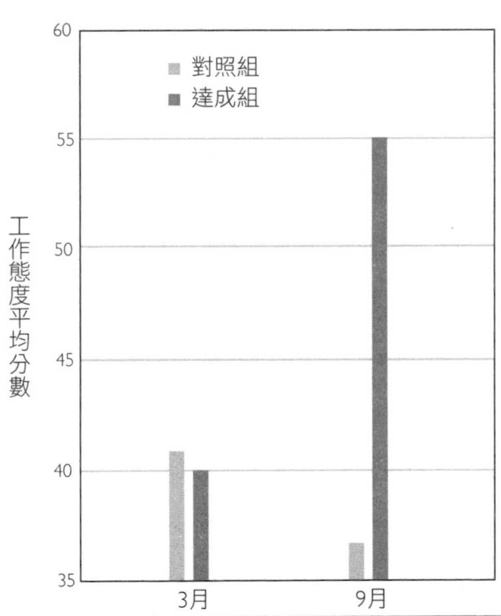

怎樣調整這些股東聯絡人的工作？表8-2列出屬於水平負荷的建議，以及達成組在工作上實際出現的垂直負荷變化。在「垂直負荷」後面、「原則」那一欄的大寫字母，可以對應到表8-1所列的字母。讀者應會發現，遭排除的水平負荷做法，與我先前提到那些只會使工作更加無意義的做法很相近。

## 主管十大步驟

談過實際的激勵因素後，現在看看主管對員工運用這些原則時，應該採取什麼步驟：

1. 選擇具備下列條件的工作：不會因爲工業工程的投資太大，造成改變的代價太高；員工態度不佳；保健因素耗費的成本愈來愈高；激勵做法可以改善員工績效。
2. 相信這些工作可以改變。許多主管拘泥於多年來的傳統，以爲工作內容絕不能改，他們唯一能做的就是好好督促員工。
3. 運用腦力激盪，想出一份可以讓工作豐富化的清單，不要在乎是否實用。
4. 過濾清單，把涉及保健因素的建議刪除，只保留眞正能激勵員工的做法。

表8-2

## 公司實驗中，聯絡人工作擴大與工作豐富性的比較

**遭排除的水平負荷建議**

- 公司可以規定每天要回覆多少信件，設定一個很難達成的回覆率。
- 祕書可以自己擬稿、繕打這些信件，或處理其他庶務性的工作。
- 所有困難或複雜的詢問信件都交給少數幾位祕書處理，好讓其他祕書達成高績效，而且這些工作偶爾會輪調。
- 祕書可以在各單位間輪調，服務不同的顧客，然後再回到原單位。

| 獲採納的垂直負荷建議 | 原則 |
| --- | --- |
| • 各單位可先指派內部成員擔任各個主題的專家，對其他成員提供建議，之後再尋求主管協助（過去一直是由主管負責回覆所有專業和困難的問題）。 | G |
| • 股東聯絡人在信件上簽署自己的姓名（過去都是由主管簽署所有的信件）。 | B |
| • 有經驗的股東聯絡人比較不需要主管審核他們發出的信件，他們可以自行處理完畢，需要主管核可的信件從100%降到10%（以往聯絡人發出的所有信件都需要主管核可）。 | A |
| • 會討論生產力，但只會說「預期全天的工作量有多少」之類的話。經過一段時間之後，不會再有人提起這種事。（以往不斷有人提醒這個小組，有多少信件要回覆）。 | D |
| • 要寄出的信件直接送到郵件室，無須經過主管辦公桌（以往這些信件一定會經過主管之手）。 | A |
| • 公司鼓勵股東聯絡人以比較私人的口吻回覆信件（以往的標準做法是採用固定格式回信）。 | C |
| • 每個聯絡人都要負責信件的品質和正確性（以往是由主管和查核人員負責）。 | B, E |

5. 過濾清單，刪除籠統的陳述，例如「賦予他們更多責任」，這種建議很少落實。雖然這一點似乎理所當然，但產業界還是很盛行激勵性的話語，卻忽略實質的內涵。責任、成長、成就和挑戰之類的詞，幾乎成為各家企業的「國歌」歌詞，這就好像是說，對國旗效忠比對國家做出實質貢獻還重要，也就是一味講求形式，而不重實質。
6. 過濾清單，刪除所有**水平**工作負荷的建議。
7. 避免讓工作即將被豐富化的員工直接參與。他們先前表達的想法可以當做寶貴的改革建議，但是如果讓他們直接參與工作豐富化的過程，會引進一些人際關係的「保健」因素，結果破壞這個過程。而且，他們若是直接參與，只不過是讓他們「覺得」自己有貢獻而已，但其實並沒有實質的貢獻。工作必須改變，但眞正會產生激勵作用的是工作內容的變化，而不是訂定新工作內容過程中的挑戰和參與感。這個過程很快就會結束，結束之後員工如何進行新工作，才是決定是否有激勵作用的關鍵。參與感只會產生短期效果。
8. 在進行工作豐富化的初期階段，要進行有對照組的實驗。選出至少兩個規模相當的小組，其中一個是實驗組，必須在一段期間內有系統地導入激勵因素；另一個是不導入任何變化的對照組。在整個實驗期間，兩個小組中的保健因素都應該順其自然。在實施工作豐富化計畫之前和之後，都應該評估員工的績效和工作態度，才能了解這項計畫的效果。在評估工作態度時，僅限於評估激勵項目，以便將員工對本身工作的看法，和他們對周遭保健因素的感受做區隔。

9. 實驗組在前幾週的績效會下滑，對此要有心理準備。因爲工作改變可能導致員工績效暫時滑落。

10. 對於你所做出的改變，第一線主管可能會感到焦慮和出現敵意。感到焦慮，是因爲他們擔心這些變化會造成小組績效變差。至於敵意，則是因爲部屬開始分攤主管的責任，主管擔心一旦交出查核的責任，自己就可能被架空。

不過在實驗成功後，主管通常會注意到，他們過去忽略督導或管理的工作，或者是因爲他們以往全心查核部屬，所以從未負起過管理的工作。例如就我所知，在某大化學公司研發部門實驗室助理的主管，照理說應該負責助理的訓練和績效評量，可是這些工作卻淪爲虛應故事的例行公事。在工作豐富化計畫進行期間，主管不只消極地觀察助理的表現，更要實際花時間評估他們的表現，並提供他們詳盡的訓練。

光是教育主管改變他們工作方式，並無法落實以員工爲中心的督導方式，而是應該要去改變主管的工作內容。

## 善用員工

工作豐富化不是一次性的活動，而是需要持之以恆的管理工作。初期做出的改變應該要維持很長的時間，原因如下：

- 經過改變後，工作的挑戰性應該提升，以符合員工具備的技能。
- 如果改變後，員工能力仍高於工作需求，他就會有更好的表現，並能獲得晉升。
- 與保健因素相較，激勵因素更會對員工的態度造成長期影響。就算經過一段時間之後，可能又有需要進行工作豐富化，但激勵因素的效期的確較長。

並非所有的工作都可以豐富化，也不是所有的工作都需要豐富化。不過，如果公司能把目前投入保健因素的時間和金錢，挪用一小部分來進行工作豐富化計畫，就能在員工滿意度和經濟利益方面獲得很大的回收，這是企業界和整個社會在改善人事管理上的一大收穫。

總結來說，工作豐富化的道理很簡單：如果某個工作需要由員工來執行，就善用他們；如果無法善用員工來執行那個工作，就別再用他們，你可以改採自動化，或者雇用能力較差的人來執行。如果既無法善用他們，也無法擺脫他們，那你就有激勵方面的麻煩了。

（胡瑋珊譯，轉載自2003年1月號《哈佛商業評論》，最初在1968年1月至2月號發表）

## 菲德烈・赫茲伯格

曾任鹽湖城猶他大學的知名管理學教授，以及凱斯西儲大學（Case Western Reserve University）心理學系系主任。他的著作包括《工作與人的本質》（*Work and the Nature of Man*）。

2011

第九章

# 小進展大力量

## The Power of Small Wins

泰瑞莎・艾默伯（Teresa M. Amabile）與
史帝文・克瑞默（Steven J. Kramer）

在組織內激發創意工作，最好的方法是什麼？重要的線索就藏在世界知名創新者的故事裡。一般的科學家、行銷人員、程式設計師，以及其他不爲人知的知識工作者，每天都需要創意生產力；而事實證明，他們與知名創新者的共通處，比大部分經理人理解的要多。那些能點燃情感、誘發動機、激發觀感的職場事件基本上是一樣的。

詹姆斯・華生（James Watson）在1968年出版回憶錄《雙螺旋》（*The Double Helix*），敘述發現DNA結構的經過。他與法蘭西斯・克立可（Francis Crick）一同走過研究過程中的進展與挫折，經歷如雲霄飛車般劇烈起伏的情緒，而最後，這項研究爲他們贏得諾貝爾獎。當華生和克立可首度嘗試建立一種DNA模式後，興奮極了，但接著就發現某些嚴重缺失。據華生表示，「模式建立之初……我們並不開心。」那天晚上稍後，「某種形狀開始浮現，我們再度士氣大振。」但當他們把這項「突破」告訴同事時，發現這個模式行不通。接下來，又是一連串的黑暗日子，以及灰心喪氣。當這對搭檔終於有了眞正的突破，同事再也找不出他們的破綻時，華生寫道：「我的士氣如火箭般衝上天，因爲我猜我們已經解開謎團。」華生與克立可深爲這次的成功而振奮，那陣子乾脆就住在實驗室裡，努力完成他們的研究。

在這一連串的事件裡，華生和克立可的研究進展（或缺少進展），左右了他們的反應。最近，我們針對企業內創意工作所做的研究，也發現極爲相似的現象。經由詳盡分析知識工作者的職場日記，我們發現「進展法則」：在上班日當中，最能激勵情緒、動機，以及觀感的事情，就是能在有意義的工作中取得進展。長期而言，員工愈常體驗到這種進展，就愈有可能長期具備創意生產力。無論他們是想解開一個重大的科學謎團，或只是想製造一項高品質的產品或服務，每一天都有進展，即使只是一點小勝利，都會對他們的感受和表現造成影響。

向前邁進的力量，對人性來說是很重要的，但鮮少經理人了解這一點，或是懂得藉由進步來鼓舞員工士氣。其實，「工作動力」一直是備受爭論的議題。在一項調查中，我們詢問經理人，什麼是激勵員工最關鍵的因素，有人將「認可良好的工作表現」列爲首要，其他則強調有形的獎勵。有些經理人注重人際之間的相互支持，其他則認爲目標清晰才是正確答案。有趣的是，接受調查的經理人當中，極少將「進展」列爲頭號因素（見〈經理人沒想到的事〉）。

如果你是經理人，若了解「進展法則」，就會知道該把力氣投注在哪裡。你對員工福祉、動力，以及創意產出的影響力之大，超出你的想像。了解什麼會催化和鼓勵進步，以及什麼會適得其反，正是有效管理員工與業務的關鍵。

我們將在本文分享對「進展力量」的了解，以及經理人可以如何運用這種力量。我們會詳述主管對進展的重視，可以如何落實爲具體的管理動作；也會提供一份清單，有助於將這些行爲轉化成習慣。但要解釋這些動作爲什麼這麼有效，必須先說明這項研究計畫，以及這群知識工作者的職場日記，透露哪些「內在工作狀態」（inner work life）。

## 內在工作狀態牽動績效

將近15年來，我們一直在探討，在組織內從事複雜工作的人，他們的心路歷程與工作績效。稍早我們理解到，一個人有多少具創意與生產力的工作表現，要看他內在工作狀態的品質，就是上班日裡情緒、動機與觀感的結合，包括：專業人員感到多麼快樂；內心對工作有多大的興趣；對組織、管理階層、合作團隊、業務和自己，有多麼正面的觀感。所有這些因素加起來，可能讓他們更上一層樓，也可能拖累他們往下墜落。

## 經理人沒想到的事

《哈佛商業評論》1968年曾刊出菲德烈・赫茲伯格所撰、如今已成經典的一篇文章〈重任之下有勇夫〉(見第八章)。我們的研究結果與他的觀點一致：當人們體會到成就感時，對自己的工作最滿意(也最具有動力)。

本文敘述的職場日記研究，就是即時且詳盡檢視上千個工作日發生的事，揭露成就感背後的機制：取得持續的、有意義的進步。

但經理人似乎沒有把赫茲伯格的訓勉放在心上。爲評估當代經理人對日常工作進展的重視程度，我們最近針對世界各地許多企業、不同階層的669位經理人進行調查。我們詢問受訪者，哪些管理工具能影響員工的動機與情緒，並要求他們將以下五種工具依重要性排列：支持員工在工作中取得

---

爲了更了解這種內在動態運作，在研究計畫執行期間，我們要求受訪的專案團隊成員在每個上班日結束時，要個別答覆一份電子郵件問卷，平均爲期四個月（想進一步了解這項研究計畫，請見我們在《哈佛商業評論》英文版2007年5月號的文章〈好心情衝出好績效〉〔Inner Work Life: Understanding the Subtext of Business Performance；全球繁體中文版於同年8月號刊出〕）。這些受訪者的工作，全都與

進展、認可良好的績效表現、獎勵措施、人際互助與清楚的目標。

95%受訪的經理人可能會很訝異地得知，支持員工進展是提振工作動機最重要的方法；因爲正是有這麼高比例的受訪者沒有將這個選項列爲首要。其實，只有35位經理人認爲，支持員工進展是頭號激勵要素，這只占受訪者的5%。大多數受訪者把支持員工進展列爲激勵要素的最後一名，影響員工情緒原因的第三名。他們認爲（公開或私下）「認可良好的工作表現」，才是激勵員工，以及讓他們快樂的最重要因素。我們分析職場日記發現，這種認可確實會提振員工的內在工作狀態，但不像進展因素那麼顯著。此外，如果沒有工作成績，也沒有什麼值得認可的了。

---

創意有關，例如，設計廚房小器具、管理清潔用具的生產線、解決旅館集團裡複雜的資訊科技問題等。我們在每天的問卷調查中，詢問成員當天情緒和心情的好壞、動機的強弱，以及對工作環境的觀感如何；也詢問他們做了哪些工作，以及哪些事讓他們最在意。

來自7家公司的26個專案團隊參與這項研究計畫，共有238名專業人員，撰寫將近1萬2000篇職場日記。當然，每位受訪者在工作場所都經歷高低起伏，我們的目的是找出與高水準創意工作產出有關的內在工作狀態和職場事件。

一般人認爲，高壓和恐懼會激發成就，我們在研究後卻發現強烈的反證，至少在知識工作的領域，當員工具有正向的職場心理，也就是當他們感到愉悅、對工作本身抱持興趣、對同事和組織懷有正面觀感，創意和生產力都會提升。而且，在這些正向狀態中，他們對工作更投入、更能與同事和諧相處。我們觀察到，員工的工作情緒每天可能會有大幅變化，有時甚至會瘋狂失控，而他們的工作表現也隨之起伏。一個人的內在工作狀態，牽動他當天的績效表現，影響力甚至延續到**第二天**。

既然「內在工作狀態效應」已獲得證實，我們進一步要探究的是，管理行爲是否能、以及該如何啟動這種效應。哪些事會引發員工正向或負向的情緒、動機與觀感？答案就藏在受訪者的職場日記裡。有一些因素可以預期會激勵或打擊員工的工作心理，即使有個人差異，這些因素仍幾乎對所有人都成立。

## 進展的力量

我們尋找內在工作狀態的促進因素，結果得出「進展法則」。我們比較受訪者在最優與最劣上班日的整體心情、特定情緒和動機程度，結果發現最優上班日最常源於個人或團隊在業務中有進步，最劣上班日則最常來自於工作上的挫敗。

舉例來說，工作進展與否，與內在工作狀態的「整體心情評分」息息相關。我們發現，在受訪者心情最美好的工作日裡，有76%的時候業務有進展，只有13%的時候，業務出現倒退現象（見圖「好日子與壞日子會發生什麼事？」中的好日子）。

另外兩種內在工作狀態的促進因素，也經常出現於最優上班日：「催化劑」（catalyst），也就是提供給員工直接的支援，包括來自個人或團體的協助，以及「滋養劑」（nourisher），比如表達尊重和言語鼓勵。這兩種促進因素都有一個相對元素：「抑制劑」（inhibitor），無法提供支持，甚至故意掣肘員工的行爲；「毒化劑」（toxin），打擊士氣，或是具破壞性的舉止。不過，催化劑和抑制劑主要是針對工作，滋養劑和毒化劑則是針對員工本身。在工作狀態良好的日子裡，很少出現業績倒退的現象，

抑制劑和毒化劑也一樣很少見。心情最惡劣上班日的情況，與心情最美好上班日幾乎完全相反（見圖「好日子與壞日子會發生什麼事？」中的壞日子）。在這些壞日子裡，失敗挫折非常嚴重，67%的壞日子都發生了挫折；而只有25%的壞日子有進步的現象。抑制劑和毒化劑也在許多心情最惡劣的工作日出現，催化劑和滋養劑則很少見。

這就是進展法則的作用：如果員工上班一天後感到振奮

## 好日子與壞日子會發生什麼事？

進展（即使只是向前踏出一小步）出現在許多心情好的日子；在壞日子發生的事，就是挫敗與阻礙，與好日子發生的事幾乎完全相反。

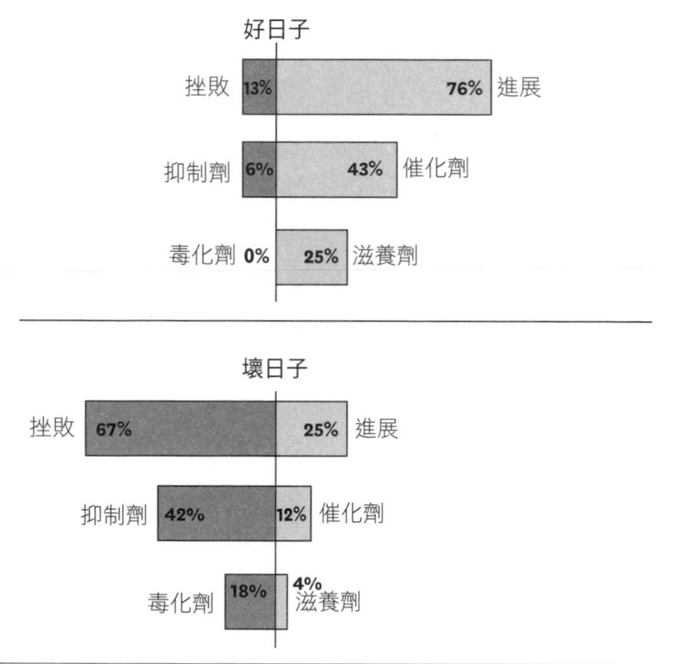


且快樂，他八成當天業績有所斬獲。如果員工頹喪而不開心地離開辦公室，極可能是因爲工作上碰到了挫敗。

我們分析受訪者撰寫的1萬2000篇職場日記，發現「進展」與「挫敗」對工作心理產生三方面的影響。績效進步的日子裡，受訪者表示他們擁有較正面的**情緒**，不只普遍來說心情比較高昂，也流露出比較多的歡喜、溫暖和自豪。相對地，當遭受失敗，會感受到較強烈的挫折感、恐懼和悲傷。

員工的**動機**也會受到影響：在業績進步的日子裡，他們較容易因爲對工作本身的興趣和愉悅而感到內在激勵。相反地，在失敗的日子裡，員工不只較少這種內在動機，也較少受到外在肯定的鼓舞。顯然，挫敗會讓一個人的熱情冷卻，根本不想工作。

受訪者的**觀感**也有各種變化。在業績推展的日子裡，員工認爲自己的職務具有較正向的挑戰，團隊成員較能互助合作，同事和主管之間也有較正向的互動。從好幾個層面來看，當人們遭逢挫敗時，觀感也會變差。他們會覺得自己的工作較缺乏正向挑戰，較不能自由發揮，也沒有足夠的資源可供運用。在失敗的日子裡，受訪者認爲團隊與主管都沒那麼支持他。

當然，我們的研究分析只有建立兩者的相關性（correlation），並未證實因果關係（causality）。這些內在工作狀態的變化是進展或挫敗造成的結果嗎？或是兩者的因果關係剛好相反？數據本身無法回答這個問題，但經由檢視上萬筆職場日記後，我們確實知道，較正面的職場觀感、成就感、滿足感、快樂，甚至意氣昂揚，往往是在工作有所進展之後出現的。這裡有一篇典型的進展日記，出自一位程式設計師之手：「我終於解決困擾我將近一個星期的程式瑕疵。這對別人可能根本不算什麼，但在我無聊單調的生活裡，這件事讓我興奮極了。」

我們同樣觀察到，惡化的觀感、挫折、悲傷、甚至嫌惡，則是發生在職場上的挫敗之後。正如一位產品行銷人員寫的：「我們花大把時間調整削減營運成本的清單，但清點所有數據之後，發現依然達不到目標。費了那麼多時間和苦功還是無法達到目標，眞是令人心灰意冷。」

幾乎可以確定的是，兩者互爲因果。經理人大可運用「進展」與「內在工作狀態」之間的良性循環，來促進兩者進步。

## 小型里程碑

當我們談到「進展」，想到的情況往往是在達成某項長期目標，或是締造某種重大突破時，會感到多美好。像這樣的重大勝利當然很棒，但相對而言不常發生。幸好，即使是小小的勝利，也能大大鼓舞員工的工作心理。受訪者舉出的進展事件中，許多其實只是小小向前推進一步，卻引發極大的正面效應。以下這位高科技公司程式設計師的職場日記，就給自己的情緒、動機和觀感很高的評價：「我找出事情不對的原因了。我鬆了一口氣，非常開心，因爲這是我一個小型的里程碑。」

即使是平凡的、漸漸累積的進展，也能讓員工更加投入、得到更多喜悅。受訪者列舉的各種事件中，有相當的比例（28%）對業務只有小幅影響，對員工本人的感覺卻影響很大。對組織的整體表現而言，這些經常被忽視的進展事件其實極爲重要。因爲，內在工作狀態攸關專業人員的創造力和生產力，同時，眾人小幅但持續的進展，也能累積成爲卓越績效。

不幸的是，事情也有另一面。小幅損失或失敗，也可能對專業人員的工作情緒造成極嚴重的負面效應。其實，我們的其他研究顯示，負面事件可能比正面事件影響更大。因此，尤其是經理人，應盡量減少工作場所每天的麻煩事。

## 取得有意義工作的進展

研究顯示，可以朝目標推展會讓員工多麼歡喜滿意。但回到前文所說，如果想激勵工作人員的成績表現，關鍵在於有進展的必須是**有意義的**工作。前進固然會提振你的職場心理，但只有當你在乎這項工作時才有效。

回想一下自己做過最乏味的工作。許多人會舉出十幾歲時找到的第一份差事；譬如，在餐廳廚房裡洗碗盤，或是在博物館衣帽間幫人掛大衣。這種差事實在談不上進步的力量，無論你多努力，永遠有更多碗盤要洗、有更多的大衣要掛；只有當一天結束打卡下班，或是一個星期結束領到薪水時，才會有些許成就感。

至於充滿挑戰和創意空間的工作，比如本文受訪對象從事的專業職務，只靠著「有所進展」、把工作做好這個因素，是不足以保證內在工作狀態良好。你可能也經歷過這樣無情的現實，某些時候、某些案子，即使你很努力，也完成了任務，依然覺得心情低落、沒有價值、充滿挫折感。這可能是因爲你認爲那些業務太過於邊緣、無關緊要。「進展法則」要能生效，工作本身對員工必須是有意義的。

1983年，史帝夫・賈伯斯（Steve Jobs）成功遊說約翰・史考利（John Sculley）離開當時在百事可樂公司（PepsiCo）做得有聲有色的職務，到蘋果電腦擔任執行長。據說賈伯斯問史考利：「你希望將餘生用來賣糖水，還是希望有機會改變世界？」這一番說辭，賈伯斯運用有力的心理戰術：人類的內心深處，都渴望做有意義的工作。

幸好，所謂「有意義的工作」，未必是要爲市井小民推出第一部個人電腦，或是消除貧窮、治療癌症。一份工作，即使對社會沒那麼重要，如果對員工本人有價值，就是有意義的。所謂的「意義」，可以簡單到只是爲某位顧客製造一項實用且優質的產品，或是爲某個社區提供眞誠的服務；也可能是對某個同事伸出援手，或是協助某個組織改善製造流程，以提高獲利。無論目標崇高或謙卑，只要對工作者本身有意義，而且他很清楚自己的付出有所貢獻，這種進步就會鼓舞工作心理。

原則上，經理人不需要特別費事去爲員工的業務添加意義。現代組織中，大部分業務對工作人員都可以是有意義的。但經理人可以做的是，讓員工確實了解他們的工作有哪些貢獻。最重要的是，要避免會否定價值感的舉措（見〈工作是如何喪失意義的〉）。所有受訪者從事的工作應該都是有意義的職務，沒有人在洗碗盤或幫人掛大衣，但讓我們震驚的是，理當很重要、具有挑戰性的工作，往往失去激發員工的力量。

## 催化劑和滋養劑：促成進展

經理人要如何幫助部屬提振士氣、努力投入，並樂在工作？要如何促成部屬每日的進度？關於這點，可以運用我們常在最優上班日觀察到的「催化劑」和「滋養劑」。

「催化劑」是可以支持員工業務的措施，包括設定清楚的目標、容許自主性、提供充裕的資源和時間、協助業務、以開放的心胸從問題和成功中學習經驗，以及允許自由地交流想法。「催化劑」的對立面是「抑制劑」，包括不能提供支持，以及刻意干擾員工業務。催化劑和抑制劑對工作進展會產生正面或負面的影響，因此最終會影響員工的內在工作狀態。但它們也有一種更直接的衝擊：當人們意識到自己擁有清楚而有意義的目標、充足的資源、攜手合作的同事等，工作情緒會立即提振，更想好好表現，對業務和組織的觀感也會改善。

「滋養劑」是人與人之間相互支持的行爲，比如尊重、認可、鼓勵、情感慰藉與合作聯盟的機會。相對地，「毒化

## 工作是如何喪失意義的

238位創意團隊知識工作者的日記顯示，經理人會以四種方式，不知不覺讓工作喪失了意義。

- **經理人可能會否定部屬業務或想法的重要性**。以李察（Richard）爲例，他是一家化學公司的資深實驗室技師，幫新產品研發團隊解決棘手的技術問題，對他是一件很有意義的事情。但爲期三週的工作時程裡，李察在內部會議中發現，團隊領導人不重視他和同事提出的建議。他覺得付出沒有意義，因而士氣低落。但最後他相信自己再度爲案子做出了實質貢獻，這又讓他心情大好：

  「今天的內部會議上，我心情好多了。我覺得自己提供的意見和資訊對整個案子很重要，而且我們獲得了一些進展。」

- **經理人可能會摧毀員工對工作的責任感**。頻繁且唐突地改派工作，經常會造成這種結果。這個現象屢次發生在一家大型消費品公司的產品開發團隊身上，正如布魯斯（Bruce）所述：

「我已經讓出了好幾個案子，我眞不希望放棄它們，尤其我從一開始就參與，現在已經快到終點了。這會讓人失去對工作的責任感。這種事發生得太過頻繁了。」

- **經理人可能會發出一種訊息，認為部屬正在做的事永遠不可能撥雲見日**。他們可能會因爲變更業務的優先順序，或是對事情該如何處理改變主意，而不經意流露出這種心態。一家網路科技公司就出現上述第二種現象，當時負責開發用户介面的博特（Burt）已花了好幾個星期爲非英語系用户設計無縫轉換（seamless transitions）。博特記錄發生這件事情的那一天，不用說，他心情壞透了：

「在一次內部會議中，關於如何處理國際介面的問題，主管交辦了其他方式，這會讓我目前正在做的努力付諸流水。」

- **經理人可能會忘了告知部屬，客戶突然改變需求的優先順序**。會發生這種現象，通常是因爲客服品質低落，或是公司內部溝通不良。舉例來說，某家資訊科技公司的資料轉換專家史都華（Stuart）發現，他與同事打拚了好幾個星期，到頭來卻可能白忙一場。那天，他在日記中流露深深的挫折感和消沉的意志：

「我們的案子很有可能無法繼續推動，因爲客户的計畫改變。我們投入的所有時間和努力，非常可能都是一場空。」

劑」包括不尊重、打擊士氣、忽視他人的感受，以及人與人之間的衝突。不管是好是壞，滋養劑和毒化劑都直接且立即影響職場心理。

催化劑與滋養劑，以及與它們相反的抑制劑和毒化劑，能改變人們對工作甚至自己的觀感，進而轉變工作的意義。舉例來說，如果經理人確保員工獲得推展業務所需的資源，就意謂著他們正在做的是重要且有價值的事情。如果經理人肯定員工的表現，就代表他們對組織是很重要的。就這點而言，催化劑和滋養劑能賦予工作更高的意義，也擴大進展法則的效應。

能形成催化劑和滋養劑的管理行爲其實沒有那麼神祕，就像「管理學入門」教的那樣，並不深奧，甚至只是一般的常識或情理。但我們蒐集到的職場日記顯示，這些道理多麼容易被人忽視或遺忘。在我們檢視的企業中，即使是一些非常用心的經理人，也沒能持續提供員工催化劑和滋養劑。例如，一位名叫麥可（Michael）的供應鏈專家，原本是位很優秀的小組經理人，但有時他壓力過大，反而會變成部屬的毒化劑。某次，一位供應商未能準時完成一筆緊急訂單，導致麥可的小組必須用空運，才能將產品如期送交客戶，他知道這筆交易已經沒有利潤可言了。盛怒之下，麥可對部屬發飆，否定他們曾付出的努力，忘了他們其實也被供應商害慘了。麥可在職場日記中坦承：

> 以星期五爲例，我們耗費2萬8000美元，空運1,500個單價30美元的噴水式拖把給我們的第二大客户。這筆訂單還有2,800個產品尚未交貨，看來很有可能還是要搭飛機。我已經從和藹可親的供應鏈經理，變臉成爲戴著黑面罩的劊子手。再也沒有任何客氣的餘地，我們被逼得走投無路，只能放手一搏。

即使經理人還沒被逼到這樣的絕境，在他們心中，發展長期策略與推出新方案的重要性（或吸引人的程度），還是勝於提供部屬穩定進步所需的資源，以及讓他們感受到人性化支持。但正如我們在研究計畫中一再發現的，如果經理人忽視第一線執行任務的人員，就算是最高明的策略，終究也會失敗。

## 效法模範經理人的工具

我們可說出許多幫助員工進步，並助長士氣的對策，但大部分都尋常無奇，更實用的，應該是以實例說明經理人如何持續採行這些對策，並提供一種簡單可行的工具。

本文舉出的模範經理人是葛拉翰（Graham），在一家我們姑且稱爲「克拉傑朋」的歐洲跨國企業任職，領導一個化學工程師小組。這個小組的「新聚合物專案」（NewPoly）任務十分明確，也很有意義，那就是發展一種安全、能生物分解的聚合物，取代現有化妝品中的石化製品，最終將廣泛運用到許多消費產品上。然而，如同許多大公司發生的例子，這個專案陷入了混亂，甚至險惡的情勢，管理高層頻頻更改政策重點，各種訊息相互矛盾，成員的忠誠度也很不穩定。他們分配到的資源極爲拮据，不確定的陰影籠罩在這項專案，以及每個成員的前途上。更糟的是，案子剛推出時，有個重要客戶憤怒地對某項樣品表達不滿，把小組轟得暈頭轉向。不過，葛拉翰不斷且明確的爲部屬排除障礙，實質支持他們的進步，並給予情感支援，維護小組成員的工作心理。

葛拉翰的管理方法在四個層面上表現優異。首先，他營造一種正向的氛圍，一次一件事，爲團隊設定行爲準則。比方說，當客戶的抱怨導致案子觸礁，他並沒有反擊，立刻帶領小組分析問題，進而規畫如何修復雙方的關係。他藉此示範如何因應職場危機：不要慌張或指摘他人，而是要找出問題和病因，同時建立協調的行動計畫。所有複雜的案子，都可能發生錯誤和失敗，即使如此，葛拉翰展現實用的對策，也帶給部屬一種向前邁進的觀感。

第二個層面，葛拉翰清楚掌握小組每天的活動與進度。其實，他營造不帶偏見的氛圍，讓這一切發生得很自然。小組成員經常不需要他追問，就向他報告最新狀況，而且不管是挫折、進步或計畫，都毫無隱瞞。團隊中最努力的成員之一布萊迪（Brady），一度必須放棄試用某種新材料，因爲他在儀器上找不到正確的參數。這是個壞消息，因爲「新聚合物」小組一週只有一天能使用這部儀器，但布萊迪立刻知會葛拉翰。布萊迪在當天的職場日記中寫道：「他不喜歡看到這個星期沒進度，但似乎可以體諒。」就是這一份對部屬的理解，讓葛拉翰可以一直接收到各種訊息，進而提供業務進展所需要的協助。

第三個層面，葛拉翰會根據團隊與專案的最新情勢，決定他的著力點。每天他都可以預期自己該用哪些方式介入，提供催化劑或排除某項抑制劑，提供滋養劑或解除某項毒化劑，對成員的工作心理和業務進度，才會產生最大的效益。如果他無法判斷，就會主動詢問。大部分的情況都不難判斷，比如某天葛拉翰得知老闆對這個專案很支持，這是令人振奮的消息。他明白同事正爲了公司可能改組的傳聞而緊張不安，剛好可以藉這件事來鼓勵大家。儘管他聽到消息的這一天正逢假日，但還是立即拿起電話，請同事用接力的方式，傳達這個好消息。

最後一個層面，葛拉翰成爲團隊成員的資源，而不是事必躬親的微觀經理人（micromanager）；他會大致了解部屬的工作狀況（check in），但絕不會鉅細靡遺盯著他們（check up）。check in與check up表面上看來很相似，但微觀經理人可能會犯下四種錯誤。第一，推動業務時，不能放手給部屬自主權。這類經理人的做法與葛拉翰不同，葛拉翰會給新聚合物小組很清晰的策略目標，至於如何達成，他尊重同事的想法。微觀經理人卻是每個動作都要管。第二，微觀經理人經常盤問部屬的業務，卻未能提供實質協助。相反地，當葛拉翰的組員通報問題時，他會幫助組員分析狀況，但還是對不同的解讀保留開放態度，而且通常都會讓事情回到正軌。第三，當問題發生時，微觀經理人會立刻指責某些個人，這使得部屬寧願隱瞞問題，而不願像葛拉翰與布萊迪之間那般，坦誠討論如何克服難關。第四，微觀經理人喜歡把資訊私藏起來當作祕密武器。很少人明白這對員工的心理會有多大的殺傷力。當部屬發現主管隱瞞可能有用的資訊，會感覺自己被當作小孩，工作動機削弱，業務也會受到阻礙。葛拉翰則不然，無論是高層主管對該案的態度、客戶的意見和需求，或是公司內外可能有的助力或阻力，都會迅速傳達給同事。

經由以上各個層面，葛拉翰維持專案團隊的正向工作情緒、內在動機、以及有利的觀感。這是一種有力的現身說法，告訴各階層的經理人，如何做到每天都協助員工推展工作。

我們明白，雖然這一切葛拉翰做來非常自然，但無論是多麼善意的經理人，往往都會發現，要將這些內化成習慣實在很困難。當然，「覺察」是第一步。不過，縱使覺察到內在工作狀態的重要，要轉化成例行動作還是需要紀律。針對這個目標，我們設計一份清單，可供經理人每日清點核對（見〈每日進度核對清單〉），希望能促成每天的工作有意義地進展。

## 進步循環

內在工作狀態會驅動員工的績效表現；相對地，持續進展而累積的優秀成果，也會強化內在工作狀態。我們稱爲「進步循環」，顯示人們具有自我強化利益的潛能。

因此，進展法則最重要的意義在於：經由支持員工在有意義工作上逐日推進，經理人不僅改善他們的職場心理，也提升組織的長期業績，而這又會反過來，進一步增強員工的職場心理。當然，事情也有陰暗面，也可能產生負面的回饋

## 每日進度核對清單

每天快下班時，用這份清單來回顧這一天，並規畫隔天的管理行動。幾天後，你只需瞄一眼表格中的粗體字，就可看出有哪些問題浮現。第一步，聚焦在進展和挫敗，同時想想是哪些特定事件（催化劑、滋養劑、抑制劑與毒化劑）造成這些結果。接下來，檢視明確的內在工作狀態線索，以及它們提供哪些關於進展和其他事件的進一步訊息。最後，將管理行動列出優先順序。至於隔天的行動計畫，則是每日回顧最重要的一環：你可以做哪件事，來促成員工最大的進步？

**進展**

今天有哪一件或兩件事，代表某種小勝利或可能的突破？（請簡單描述。）

______________________

______________________

______________________

**挫敗**

今天有哪一件或兩件事，代表某種小挫敗或可能的危機？（請簡單描述。）

______________________

______________________

______________________

**催化劑**

- ☐ 這個團隊對有意義的工作設有清晰的短程與長程**目標**嗎？
- ☐ 他們有充裕的**時間**，可以專注在有意義的工作嗎？

**抑制劑**

- ☐ 對有意義工作的長期或短期**目標**，成員是否有任何困惑？
- ☐ 員工是否欠缺充裕的**時間**，可專注在有意義的工作上？

- □ 團隊成員有足夠的**自主權**來解決問題，並對案子負有成敗責任嗎？
- □ 當員工有需要或提出要求時，我是否給予或**協助**他們取得所需？我是否鼓勵成員之間互助合作？
- □ 他們擁有提升效率所需的一切**資源**嗎？
- □ 我是否針對今天的成功和問題，與團隊討論**心得**？
- □ 我是否促進團隊中的**意見**自由交流？

- □ 關於解決問題的能力，以及對業務的責任感，團隊成員是否受到**壓制**？
- □ 我或其他人是否未能提供員工需要或要求的**協助**？
- □ 成員是否欠缺任何有效向前邁進所需的**資源**？
- □ 我是否「懲罰」員工的失敗，或是忘了在問題與成功中，尋求教訓與／或機會？
- □ 我或其他人是否過早打斷員工的**意見**表達或辯論？

**滋養劑**

- □ 我是否表彰團隊成員對進展的貢獻、重視他們的意見，並將他們視為可信任的專業人士，以表達對他們的**尊重**？
- □ 團隊成員遭遇個人或專業問題時，我是否提供**支持**？
- □ 團隊成員面對艱難挑戰時，我是否給予**鼓勵**？
- □ 於公於私，團隊成員之間是否有一種團結合作的革命**情感**？

**毒化劑**

- □ 我是否未能表彰團隊成員對進展的貢獻、未重視他們的意見，也沒能將他們視為可信任的專業人士，以致對他們**不夠尊重**？
- □ 當團隊成員遭遇個人或專業問題時，我是否**忽視**他？
- □ 我是否以任何方式**打擊**成員的士氣？
- □ 成員之間或成員與我之間，是否存在著緊張或對立關係？

## 內在工作狀態

我今天注意到有任何跡象，顯示部屬內在工作狀態的品質嗎？__________

對工作、團隊、管理階層、公司的觀感__________

情緒__________

動機__________

今天有哪些特定事件，可能影響了員工的內在工作狀態？__________

## 行動計畫

明天我能做些什麼，來強化現有的催化劑和滋養劑，並補強目前缺乏的東西？

明天我能做些什麼，來排除現有的抑制劑和毒化劑？

循環。倘若經理人未能支持部屬的進步，他們的工作心態就會受傷，業績也會受挫；倒退的業績又會回過頭來，再挫部屬的工作心態。

進展法則的第二個涵義在於，經理人不需要爲了讓員工樂於工作，而處心積慮探究他們的心理，或是操弄複雜的獎勵手法。他們只要展現基本的尊重與體諒，就可以將力氣投注於工作上。

如果想成爲有效能的經理人，你必須學著啟動這正向的回饋循環。這可能需要做某種大幅調整。商學院、企管書籍與經理人本身，經常將注意力放在管理組織或人員上，但如果你將焦點集中在管理「進展」，不管是管理人員，甚至整個企業組織，就會變得容易許多。毋需想辦法透視部屬的內在心理；如果能促成他們在有意義的工作上有穩定的進展，讓他們清楚感受到正在往前邁進，並善待他們，員工自然就會滋長優異業績所需的情緒、動機和觀感。這些優異業績，也將進一步造就組織的成功。最美好的一點則是：他們會熱愛自己的工作。

---

（林蔭庭譯，轉載自2011年5月號《哈佛商業評論》）

---

**泰瑞莎・艾默伯**

哈佛大學商學院貝克基金會教授，以及《進展法則》（*The Progress Principle*）合著者。她目前的研究是調查組織內部的生活如何影響員工和他們的績效，以及員工如何接近或朝退休發展。

## 史帝文・克瑞默

獨立研究員和作家，並在美國麻塞諸塞州擔任顧問工作。他是《哈佛商業評論》文章〈槍口下的創意〉（Creativity Under the Gun）和〈好心情衝出好績效〉（Inner Work Life）的作者，以及《進展法則》的合著者。

2017

第十章

# 為什麼你至少要有兩份職業

Why You Should Have (at Least) Two Careers

卡比爾・賽加爾（Kabir Sehgal）

我們不難碰到想在再生能源（renewable energy）領域工作的律師，或是想要寫小說的應用程式開發人員，或是夢想成爲景觀設計師的編輯。或許，你也夢想要換到跟目前工作截然不同的職業。但根據我的經驗，這些人很少眞的會轉換職業。轉換成本好像太高，而成功的可能性好像太微小。

但答案並不是在你目前的工作上繼續努力，畢竟目前這份工作毫無成就感、逐漸耗損你的活力。我認爲，答案應該是**同時做兩份職業**。兩份職業比一份職業更好。投入兩份職業，你會爲這兩個專業都帶來好處。

像我個人就有四份職業：我是一家《財星》雜誌（*Fortune*）五百大公司的企業策略人員、美國海軍儲備軍官、幾本書的作者，以及唱片製作人。大家最常問我的兩個問題是「你每天睡多少？」和「你如何找到時間做這些事情？」（我的答案是「睡很多」和「我會找出時間」）。不過，這些有關「流程」的問題，沒有談到我這麼做的理由與動機的核心。相反地，一個更能揭露事實的問題會這麼問：「爲什麼你有好幾份職業？」答案很簡單，投入多份工作讓我更快樂、更有成就感，也讓我在每份工作上都表現得更好。以下就是我的做法。

## 資助你去培養技能

我在企業工作的薪資，補貼我的唱片製作職業。我之前沒有任何唱片製作人的經驗，所以沒有人會付錢給我爲他們製作音樂。我最初想要成爲製作人的動機也不是錢，而是我熱愛爵士樂和古典樂。因此，我先當無薪志工，以便獲得這個新行業的經驗。白天的工作，不僅讓我有資本可以製作專輯，也教導我成爲成功製作人的技能。優秀的製作人應該要知道如何創造願景、招募人員、設定時間表、籌募資金，然後做出產品。在製作十幾張專輯、贏得幾座葛萊美獎之後，唱片公司和音樂家開始接觸我，想知道是否可以雇用我來當製作人。我仍拒絕收錢，因爲製作可以永久流傳的音樂，對我來說已是夠大的獎勵。

同時，我通常會邀請我的公司客戶去參觀錄音。對一整天都待在辦公室裡工作的人來說，能到「幕後」跟歌手、音樂家和其他創意專業人士互動，會讓他們非常興奮。我在古巴製作專輯時，某位客戶觀察舞蹈音樂家，然後表示，「我身邊從來沒有人在工作中得到這麼多樂趣。」讓客戶獲得印象深刻的體驗，總是能協助我在工作上創造更高的營收，所以，我的企業工作和唱片工作彼此互惠。

## 交到不同圈子的朋友

在華爾街工作時，我的專業圈一開始只局限在金融服務業的其他人，像是銀行業人員、交易員、分析師和經濟學家。綜合起來，我們所有人都建立對市場的「共識」觀點。而我大多數的資產管理人客戶，都在尋找不一樣的東西，他們會說：「給我相反的觀點。」換句話說，他們不想聽到團體迷思（groupthink）。我把這句話當成工作指令：從名片架上尋找能爲客戶提供不同觀點的人。

舉例來說，我的某位客戶想了解中國公民彼此之間談論哪些事。因爲我是作家，也認識其他作家，所以聯絡一位在監看中國網路談話期刊裡擔任記者的朋友。他不受銀行法規遵循部門限制，因此能提供我的客戶未受控制的觀點，客戶對此非常感謝。我的客戶獲得一個新想法、我達成一項交易，而我的朋友則增加一位新訂戶。透過參與不同的圈子，你可以選擇性地介紹通常根本不會碰面的人見面，爲每個人展現出價值。

## —— 2021 ——

# 你會不會喜歡那種未來的自己？

## Flirt with Your Future Self

亞曼莎・伊貝（Amantha Imber）

人難免會有衝動想換個工作、或是換個職涯。但可別匆匆忙忙決定跳槽、或是貿然花兩、三年去拿個學位；全球創新思維專家史考特・安東尼（Scott D. Anthony）是創見公司（Innosight）資深合夥人，並著有《創新，習慣成自然》（*Eat, Sleep, Innovate*），他很喜歡倫敦商學院教授荷蜜妮亞・伊巴拉（Herminia Ibarra）的建議：先看看你喜不喜歡那種未來的自己。[1]安東尼在我的Podcast節目《我如何工作》（*How I Work*）中指出：「這個概念是要特意去試探，『試用』各種不同身分、不同的領導風格，才能了解什麼最適合自己。比方說，我覺得自己將來可能會去當老師，但我真的會喜歡教書嗎？我可以在還沒換工作的時候就先做些小試驗，包括像是找到有類似轉職經驗的人談一談，看看哪些事情是他們事先沒想到的。」

試著讓自己拋開「工作模式」、進入「玩樂模式」來看這件事。就像安東尼的建議，先來點小試探。想換工作嗎？先列一份名單，找出五個可以提供意見的人。舉例來說，如果你想當個旅遊部落客，就先問問同事，覺得哪些人可以當作參考指標，再透過LinkedIn或其他社群媒體管道找他們聊一聊。發揮你的好奇心，列出想知道的事情、想問的問題，像是他們怎麼賺錢、怎麼開始這份工作、每週工作多少時間等等。

想轉換工作或職涯的時候，不要盲目冒險。先問問有相關經驗的人，了解他們的做法、聽聽他們的意見，這對接下來的行動必然很有幫助。

注1：Amantha Imber, "Global Innovation Thought Leader Scott D. Anthony on His Daily Creativity Ritual," October 21, 2020, in *How I Work* (Podcast), produced by Amantha Imber, https://www.amantha.com/Podcasts/global-innovation-thought-leader-scott-d- anthony-on-his-daily-creativity-ritual; and Herminia Ibarra, "The Most Productive Way to Develop as a Leader," hbr.org, March 27, 2015, https://hbr.org/2015/03/the-mostproductive-way-to-develop-as-a-leader.

（林俊宏譯，改編自2021年6月30日哈佛商業評論網站Ascend欄目的文章〈來自超級成功人士的職場建議〉〔Career Advice from Wildly Successful People〕）

**亞曼莎・伊貝**

行爲科學顧問公司Inventium創辦人，Podcast節目《我如何工作》主持人，這是一個探討世界上最成功人士的習慣與規矩的Podcast節目。

## 發現真正的創新

投入不同的工作時，你可以看出各種想法在哪裡相互作用，更重要的是，各種想法「應該」會在哪裡相互作用。具體展現跨領域思考的史帝夫．賈伯斯表示，「是科技與文理社會學科的結合，科技與人文的結合，所創造的成果讓我們心靈歡唱。」

卡崔娜（Katrina）颶風重創紐奧良（New Orleans），因此許多音樂家離開那個城市。為了創造資金來協助留在那裡的音樂家，我原本可以創辦一個典型的非營利組織，向大眾募款。但我沒有這麼做，而是幫忙打造一項更能持續下去的解決方案：音樂家經紀業務，我形容這個業務是「華爾街遇見波本街」（Wall Street meets Bourbon Street）。若有人想預訂音樂家到紐約的派對上表演，可以在我的組織網站上找到樂團，然後網站會要求預約者多付一筆「小費」，之後這筆金額會分配給紐奧良的慈善機構。這位預約者（有些是我的公司客戶）很容易就爲派對找到表演的樂團，紐約市的音樂家獲得表演工作，而紐奧良的慈善機構獲得一小筆捐款。我在銀行工作，因此能夠創辦一個不同類型的組織，後來這個組織跟另一個更大的慈善組織合併。

當你跟隨自己的好奇心，便會把你的熱情導向你的新職業，讓你更有成就感。從事不只一份工作，最後你可能把所有工作都做得更好。

（蘇偉信譯，改編自2017年4月25日哈佛商業評論網站文章）

## 卡比爾・賽加爾

《紐約時報》（*New York Times*）和《華爾街日報》（*Wall Street Journal*）七本暢銷書作家，作品包括：《錢的歷史：貨幣如何改變我們的生活及未來》（*Coined: The Rich Life of Money And How Its History Has Shaped Us*）。他在一家《財星》雜誌五百大公司的企業策略部門任職，之前則是摩根大通集團（J.P. Morgan）副總裁。他也是美國海軍儲備軍官，曾多次獲得葛萊美獎和拉丁葛萊美獎最佳製作人。你可以追蹤他的Twitter帳號：@kabirsehgal，或在Facebook上找到他。

2007

第十一章

# 管理緒論：長官入學考試

Becoming the Boss

琳達・希爾（Linda A. Hill）

不管再怎麼聰明過人、才智出眾，在躋身成爲領導人的過程中，都必須持續不斷地學習和發展；而且雖然困難重重，卻也收穫良多。其中面臨的第一道關卡，就是「擔任管理職的初體驗」。這項看來稀鬆平常的考驗，卻是不容忽視的：因爲這等於是轉型的頭一關試煉，不論對個人或組織而言，都是件大事。

第一次擔任管理職的經驗，對高階主管的養成具有決定性的影響。每一位經驗豐富的管理者，在數十年後回想當年初擔重任頭幾個月的情形，應該都會發現，那段蛻變的經驗形塑自己的領導哲學與風格，並在日後的職場生涯中不斷出現。並不是每個人都能順利挺過「新手領導人」這道關卡。因爲優異表現與條件而受到拔擢的員工，如果在角色轉換的調適過程中舉步維艱，以致於無法勝任管理職，這對組織的人力或財務來說，都是很大的損失。

其實轉型爲管理者的難度頗高，無法勝任的大有人在。你可以問問新手經理人剛成爲主管的滋味，或是請高階主管回憶當年還是新手經理人時的經歷，只要對方據實以答，你就會聽到他們敘述自己如何不知所措，甚至完全陷入一團混亂的心情故事。他們會說，扮演管理者這個新角色，和原本想像的完全不一樣，而且事情多到根本不可能由一個人獨力承擔。此外，無論權責範圍有多大，似乎都與領導完全沾不上邊。

套句某位證券公司新手經理的話：「如果自己完全無法掌控整個情勢，這樣的『長官』你知道有多難當嗎？箇中的辛苦程度，言語難以形容。這就跟初爲人父母的感覺一樣，前一天你可能覺得自己還是個小孩，隔天就成爲某人的父親或母親，好像在一夕之間，你就得懂得所有的父母經了。」

最讓人訝異的是，儘管這個「領導能力的首度考驗」非常重要且艱鉅，卻很少有人關注新手經理人經歷過哪些事，面臨哪些挑戰。坊間討論領導人效能或成就的書籍汗牛充棟；特別爲新任管理者而寫，探討他們應該如何學習領導的著作，卻幾乎付之闕如。

我過去15年來的研究對象，都是些經歷職涯重大轉型而擔任管理職的人，特別是晉升爲經理人的「明星球員」。我原本的構想，就是提供機會讓新手經理人現身說法，描述自己如何學習管理。一開始，我追蹤研究19位新手經理人，了解他們擔任管理職頭一年的個人體驗。這些體驗包括他們認為最困難的是什麼？需要學習的地方有哪些？如何學習？為了順利轉型並勝任新職，他們借重哪些資源？

我在1992年出版的《成為經理人》（*Becoming a Manager*）第一版中，記錄早期的研究結果。之後，我仍持續關注晉身管理者時個人的轉型問題，並撰寫關於新手經理人的個案研究，範圍涵蓋各行各業與各類部門；同時，也為一些公司與非營利組織規畫並執行新手經理人的領導力培訓方案。隨著公司組織日趨精簡，日益多變，新手經理人認為個人的轉型也愈來愈困難，因為他們必須面對許多挑戰，像是公司內部不同部門必須合作提供整合的產品與服務，以及公司得透過一系列策略聯盟，與供應商、顧客，甚至競爭者加強合作。

我必須強調，這些新手經理人遭遇的難題是普遍的現象，並非特例。他們並不是能力不夠，或是身處運作不良的組織；他們其實是一般人，而面對的也只是常見的調適問題。其中大多數人最後都能熬過轉型期，學會扮演自己的新角色。但是轉型的過程如果不那麼艱辛，豈不省事得多？

為了幫助新手經理人順利通過這第一次的領導測試，我們必須協助他們了解自身角色的基本特質，也就是說，他們必須清楚當家作主的真正意義。儘管大多數新手經理人自認是管理者與領導人，甚至使用領導的相關語彙，而且他們的確也感受到領導的重擔，卻還是無法領會領導背後深層的意義。

## 為什麼學習管理這麼難？

新手經理人發現的第一件事，就是自己的角色比預期要棘手得多，並不只是職責增加而已。最讓他們意外的是，過去單打獨鬥的看家本領好像全不管用了，成功經理人需要另一套技巧與方法。他們現有的能力和新職位要求的水準，還有一段不小的差距。

在以往的職務上，成功與否主要取決於個人的專業與作爲；但成爲經理人之後，就必須負責替整個團隊制定工作計畫並付諸實施，對慣於講求個人績效的人來說，過去的經驗現在根本派不上用場。

就以前面提過的證券公司新手經理麥可・瓊斯（Michael Jones）爲例（本文出現的人名都是化名），他擔任股票經紀人13年，不但是公司的明星營業員，也稱得上是當地最有幹勁與創意的專業人員。通常公司在任命新設分公司的經理時，都是拔擢能力強、表現優異的人，因此地區負責人請麥可考慮轉任管理職時，並不出人意外。他也很有信心自己能夠勝任愉快。其實麥可過去就曾屢次表示，如果由他擔任經理，他打算如何改進各項缺失，以改善分公司的營運。不過擔任新職一個月後，他卻不時感到惶恐不安：原來，要把自己的想法付諸實施遠比想像中來得困難。然而他也了解，自己已經放棄過去熟悉的領域，無法回頭了。

麥可的感受雖然和原本的預期大相逕庭，但並非特例。學習領導本來就是一個「做中學」的過程，不可能在課堂上傳授，多半必須透過實地經驗才能領會箇中訣竅。尤其新手經理人，更得從負面經驗學習；畢竟，碰到超乎能力所能應付的狀況時，只能在嘗試錯誤中求進步。大多數明星球員過去鮮少犯錯，這對他們來說是一種全新的體驗。此外，在犯錯而備感壓力的時刻，少有經理人還能意識到自己正在學習。總之，領導的學習，得靠點點滴滴的經驗逐漸累積才行。

在這個緩慢的學習過程中，新手經理人揚棄過去的心態與習慣，即使那曾經是讓自己工作一帆風順的不二法寶，他轉而開始建立新的專業身分所需的條件。他建立新的思考方式和新的身分，並且尋求新的方式來評量成功，並從工作中得到滿足感。當然，這種心理調適相當艱辛。有位新手經理人就曾經感嘆：「我從沒想到升遷會這麼痛苦。」

在痛苦與壓力下，新手經理人自然而然會思考兩個問題：「我會喜歡管理工作嗎？」「我會是個好的管理者嗎？」當然，他們不可能立即得到答案，必須在經驗累積後才能見分曉。不過這兩個問題往往還會引發另一個更令人不安的問題：「我會變成什麼樣的人？」

## 新手經理人的誤解

雖說轉型爲管理者並非易事，但我並不想過分渲染。我在研究中發現：轉型之所以這麼難，多半是因爲新手經理人對自己的角色有些誤解，其實轉型可以不必這麼困難。他們對管理者的定位不乏一些正確見解，但有時失之簡化與片面，以致於產生一些不切實際的期望，與現實的管理角色格格不入。下面列出一些常見的誤解，其中有些流傳甚廣，近乎迷思的地步。新手經理人如果能釐清這些誤解，就可以大幅提高成功的機會（見表11-1）。

### 能動用的權威很可觀

如果請新手經理人描述自己的角色，他們通常會把焦點放在身爲主管所享有的權利或特權。他們認定這個職位賦予他們更高的權威，因此也就有更多的自由與裁量權，可以放手去做自認爲對組織最有利的事。有位新手經理人指出，他們不再需要「承擔別人不合理的要求。」

抱持這種想法的新手經理人，遲早得面對殘酷的事實。根據我實地訪查的結果，新手經理人並未取得新的權力，反而身陷在複雜的依存關係之中動彈不得。他們不僅不覺得自由自在，反而綁手綁腳，尤其是原本過慣自由日子的明星球員顯得更難適應。他們困於人際關係網絡之中，除了與部屬

表 11-1

## 新手上路的迷思與現實

新手經理人經常在擔任新職之後嘗到敗績，至少剛上任時會是如此。這是因為他們在初任新職時，對擔任主管這件事有些不正確的觀念或迷思。這些迷思由於過度簡化又不夠完整，導致他們忽略真正關鍵的領導職責。

| | 迷思 | 現實 |
|---|---|---|
| **新角色定義** | **權威**<br>「現在我可以自由實現自己的想法了。」 | **互相依存的關係**<br>「一想到任何一個部屬都可能害自己丟掉工作，我就神氣不起來。」 |
| **權力來源** | **形式上的權位**<br>「我覺得自己在階梯的頂端。」 | **靠自己爭取**<br>「那些人相當謹慎，你必須下一番工夫才能受到認可。」 |
| **期望的結果** | **控制**<br>「我一定要讓部屬聽命行事。」 | **投入**<br>「聽命行事不等於對工作投入。」 |
| **管理焦點** | **一對一管理**<br>「我要和個別部屬建立關係。」 | **領導團隊**<br>「我必須創造可讓團隊發揮潛力的企業文化。」 |
| **關鍵挑戰** | **讓營運維持常軌**<br>「我的工作是確保營運順暢。」 | **透過變革讓營運更上層樓**<br>「我必須推動改革，以提升團隊績效。」 |

之間的關係，還得面對上司、同儕，以及公司內部與外部的其他人士，這些人全都不好應付，彼此的要求還可能相互衝突。結果，光是處理每天的例行工作就夠忙了，壓力大不說，時間也被切割得支離破碎。

「其實你什麼也掌控不了，」一位新手經理人說：「唯有關上門的時候，我才覺得能夠掌控一切，可是這又讓我覺得自己沒和大家同在一起，彷彿沒盡到應盡的義務。」另一位新手經理人也表示，「一想到任何一個部屬都可能害自己丟掉工作，我就神氣不起來。」

不過，讓新手經理人最不好過的人，可能是不在他直接管轄範圍內的人，像是外部供應商，或其他事業部的經理人。以一家化學公司的莎莉・麥唐諾（Sally McDonald）爲例，她的個人績效輝煌，志向遠大，對公司文化也有深刻了解，還參加過領導培訓課程，具備相當程度的管理知識，看來是公司的明日之星。結果，高升到產品開發部門擔任管理職才三個星期，她就沮喪地表示：「擔任經理人根本不是變成上司，而是成了人質。公司裡有很多恐怖分子都想綁架我。」

新手經理人必須揚棄「當經理人就是掌權」的迷思，接受凡事都得協調溝通、相互依賴的現實，否則不可能成爲高效能的領導人。換句話說，他們不僅要管理由直屬部下組成的團隊，也要管理影響這個團隊運作的整體環境。團隊必須找出攸關績效的關鍵人物，並和他們建立良好關係，否則一定會因爲缺乏必要資源而無法完成任務。

就算新手經理人知道建立這些關係很重要，往往還是會先把這件事擺在一旁，選擇處理他們認爲更緊迫的工作：領導身邊最親近的人，也就是「自己的部屬」。等到他們終於體會建立人際網絡也是他們的分內職責，卻又經常感到難以負荷。低階新手經理人就經常面臨這樣的困境，因爲他們居於相對弱勢的地位，和他人協商難免會有力不從心之感。

不過，如果能好好處理和別人相互依存的關係，便可以得到豐碩的收穫。像薇諾娜．芬奇（Winona Finch）就是一個很好的例子，她在美國一家大型媒體事業擔任業務開發工作，替公司一本青少年雜誌規畫發行拉丁美洲版，等到方案得到初步認可，她便自告奮勇擔任管理工作。接下管理職後，她和她的團隊馬上面臨一些阻礙：最高管理階層對海外方案並不熱衷；而且她得先和占拉丁美洲20%市場的區域經銷商談妥合約，公司才會提供資金。她們還未證明這份新刊物確實可行，就得先搶占書報攤有限的空間，這件事談何容易。爲了控制成本，她只好借重公司旗艦女性雜誌西語版的業務人員，雖然這些人習慣推銷的是截然不同的產品。

薇諾娜曾擔任過代理經理兩年的時間，所以，儘管在建立新事業時，有千頭萬緒的細節需要處理，但薇諾娜深知與上司、同儕經營關係極爲重要，投入不少時間與精力來經營，不因工作忙碌而偏廢。例如，她每兩週就會彙整轄下各個部門主管的意見，供總部高階主管傳閱。此外，爲了強化與那份旗艦女性雜誌的溝通，她定期召集拉丁美洲的委員會議，讓這兩份雜誌在全球各地的高階主管齊聚一堂，共同討論區域性策略。

儘管如此，新手經理人常見的典型壓力，薇諾娜並沒有免疫，她說：「就像一年365天，天天都有期末考一樣。」不過她的雜誌仍然如期問世，表現也超過預期。

## 職位會自然產生權威

別誤會我的意思。雖然新手經理人受限於人際關係，但還是有一些權力可以運用。只不過他們目前在組織階層的位置較過去高，因此大都會誤以爲是形式上的權位賦予他們權力。抱持著這種想法，許多新手經理人便會開始凡事過問、獨斷獨行。這倒不是因爲他們急於在別人身上展現自己剛獲得的權威，而是他們相信這是最有效的做事方法。

不過新手經理人很快就發現，就算要求部屬去做某件事，他們也未必會照辦。事實上，能力愈強的部屬，愈不會單純地聽命行事。（就連這些新手經理人也承認，他們也未必會完全聽從上司指示。）

根據一位新手經理人的說法，有了幾次痛苦的經驗後，他們終於無奈地體認到，他們的權力「絕非」來自形式上的權位。也就是說，經理人必須先在部屬、同儕與長官之間建立信譽，才有權威可言。「我花了三個月才弄清楚，自己在很多部屬心目中並沒有影響力，」一位經理人回憶說：「很多時候，我就像在自言自語。」

許多新手經理人都沒料到，要贏得別人的尊敬與信任竟然如此困難。眼看著大家根本不把自己的專長與輝煌紀錄當回事，他們不只覺得震驚，甚至備感羞辱。我的研究顯示，許多經理人甚至不明白要具備哪些特質才能贏得信任。

若要贏得尊敬，新手經理人必須展現自己願意爲所當爲的「品格」。他們的部屬尤其看重這點，他們往往會仔細分析新上司的一言一行，解讀其中的動機。這樣的品頭論足可能會讓人很不自在，一位新手經理人就這麼說：「我認爲自己是個好人，多少預期別人也會因爲我是好人而立刻接納我。可是那些人相當謹愼，你必須下一番工夫才能贏得他們的信任。」

接下來，新手經理人必須展現「能力」，知道怎麼去做正確的事。這並不是件容易的事，每個新手經理人一開始都會想要證明自己的專業知識與才幹，展現自己憑藉何等傑出表現才攀升到目前這個職位。想贏得部屬尊敬，專業能力固然重要，但並不是他們評量主管勝任與否的最主要指標。

彼得・艾森堡（Peter Isenberg）接任一家全球性投資銀行交易櫃台的管理職位，管理一群經驗老到的資深交易員。爲了樹立威信，他決定凡事過問，指導交易員何時進行特定沖銷，或嘗試不同的交易策略。但交易員不服氣，質問他每項指示的理由何在。結果辦公室的氣氛變得很尷尬，對新上司的指導，交易員的反應不是帶有敵意，就是懶得理會。有一天，艾森堡自知對國外市場認識不夠，便向某位資深人員請教一個簡單的定價問題。結果這位交易員放下手邊的工作，爲他講解好幾分鐘，還提議下班後再和他深入討論。「一旦我不再講個不停，試著去傾聽，那些交易員就開始教我很多東西，讓我更了解自己的工作，他們對我的意見也明顯少了很多質疑。」

新手經理人急於炫耀自己的專業能力，反而削弱自己經理人與領導人身分。他急於介入並想要解決問題，卻讓人暗地質疑他的管理能力。在交易員眼裡，他成了事必躬親的「控制狂」，不值得尊敬。

最後，新手經理人必須展現自己的「影響力」，也就是有能力去傳達並執行正確的事。一位新手經理人的部屬就說：「最糟糕的，莫過於跟隨一個軟弱無能的老闆。」在組織內爭取並發揮影響力並非易事，畢竟新手經理人在組織內只能算「小老闆」。一位新手經理人說：「當我得知自己終於升官時，彷彿置身世界頂端。我原本認爲經過多年攀爬，終於抵達階梯頂端，沒想到忽然之間卻發覺自己好像又落在底部。只是這一回連身在哪一層、該往哪裡爬都不清楚。」

我們從以上的例子又一次看到，新手經理人太仰賴形式上的權位來建立自己的影響力，反而身陷泥淖之中。其實，如果想厚植自己的影響力，就應該一步一腳印，以誠信爲本，在團隊與整個組織內建立相互依存的堅強關係網絡。

## 控制部屬是上策

大多數新手經理人或許因爲對不熟悉的新職位沒有安全感，特別渴望部屬的服從。他們擔心如果不盡早樹立權威，部屬會爬到他們頭上來。爲了取得控制權，他們往往太依賴形式上的權位。然而前面已經提過，這種做法的效果有待商榷。

新手經理人不論是透過形式上的權位，或逐步累積權威，因而眞的掌握一些控制權，充其量也不過是虛假的勝利。因爲服從並不等於投入，如果員工不投入，就不會主動積極；而對於不夠積極的部屬，經理人也無法有效授權。在今日動盪不安的經營環境中，企業必須不斷進行變革和改善，但變革是經過深思熟慮之後的冒險行動，不夠積極的部屬不會願意承擔這種風險。

在拉丁美洲推出新雜誌的薇諾娜就很清楚，她必須仰賴團隊的全力支援，才能應付業務的挑戰。她之所以能爭取到這項任務，部分原因在於上司看好她思路清晰、熱誠待人的人格特質，應該可以彌補她對拉丁美洲市場不熟悉，也不曾擔任過負責盈虧職務的缺點。結果在計畫進行的過程中，她成功運用這些天賦能力，塑造自己的領導哲學與風格。

薇諾娜並不靠形式上的權位來服人，而是創造一種追根究柢的文化來影響團隊。組織內的成員認爲自己獲得充分授權，因此也願意爲了達成公司願景而全力投入、承擔責任。「薇諾娜是個有趣的人，也很好相處，」一位部屬表示：「不過她會一直問、一直問，不斷追根究柢。你跟她說完一件事，她就會重述一遍，這樣大家對這件事就完全清楚了。而且一旦她知道你在做什麼，你就得注意要前後一致。否則她會說：『你告訴我的是甲，可是爲什麼現在做的是乙？我被你弄糊塗了。』」雖然她的要求嚴格，卻不會要求別人完全按她的方式做事。她授權給部屬，而不是命令部屬，所以大家都願意盡力達成團隊目標。

經理人授權給部屬的程度愈高，往往就愈能發揮影響力。如果領導人容許部屬採取主動作爲，就可以建立管理者的威信。

## 努力培養關係就夠了

新手經理人必須在一群相關人士當中，建立自己的信譽與影響力，並且了解彼此的期望，如此才能妥善處理他和這些人士之間相互依存的關係，並且憑藉自己的信譽贏得並運用非正式的權威。要達到這個境界，往往有賴於建立良好的人際關係。不過，新手經理人終究得知道如何駕馭團隊，而不只是和團隊成員個別建立關係；只懂得建立個別關係，反而會妨礙團隊發揮整體戰力。

許多新手經理人上任的頭一年，根本不曾意識到自己必須負起建立團隊的責任，更遑論履行這項責任。在他們的觀念裡，人事管理就是和每位部屬建立良好的工作關係；他們把管理團隊與管理團隊裡的個別成員混為一談。

於是，他們的注意力主要是放在個別成員的績效，鮮少注意團隊的文化與績效，也幾乎不借重團體討論來解決或診斷問題。還有一些人則是花太多時間在少數親信部屬的身上，這些部屬通常就是最支持主管的人。總之，新手經理人的通病就是以一對一的方式處理事情，而忽略有些課題可能涉及到團隊層次，因此只能根據有限的資訊來做決策，其實應該要取得更豐富的資訊才對。

任職於德州一家軟體公司的羅傑・柯林斯（Roger Collins）在升任業務經理的第一週，有一個指定停車位空出來，有位部屬希望得到這個停車位。羅傑考量這位業務員是資深員工，希望向他示好，就回答「當然可以，沒問題。」沒想到，不到一個鐘頭，就有一位堪稱公司搖錢樹的業務員，氣沖沖地闖進羅傑的辦公室，威脅要辭職。原來那個樹蔭下的停車位很實用，又有象徵意義，早就是眾人垂涎的目標，而那位輕易獲得羅傑許諾的營業員，偏偏又是公認不稱職的員工。看在這個明星業務員眼中，當然會覺得經理的決定毫無道理。

羅傑最後擺平這個他認為是芝麻小事的管理問題，他說：「我不應該為這種小問題操心。」可是他也漸漸了解，任何涉及個人的問題都可能會影響團隊。他原先認定只要和每位部屬都建立良好關係，整個團隊就可以順利運作。現在他才學到，督導個別部屬和領導一個團隊是兩回事。我在研究的過程中也不斷聽到新手經理人提及，他們常常爲了與某位部屬維持良好關係而開了特例，最後往往懊悔不已，因爲這麼做常會意外引發對團隊的負面衝擊。初出茅廬的管理者過去總是習慣以一己之力完成任務，因此特別難以察覺這種微妙的關係。

假使新手經理人只聚焦於一對一的關係，就會忽略有效領導中的一個基本層面：善用團隊的集體力量，以改善個別成員的績效與對工作的承諾。經由塑造團隊文化（一個團體的準則與價值），領導人可以激勵團隊成員各顯身手，共同發揮解決問題的長才。

## 必須確保營運順暢

這個想法就和不少管理迷思一樣，雖然大致上是對的，但只觸及片面的事實，所以容易產生誤導。確保營運順暢其實是出奇困難的任務，需要經理人同時做很多事。像「維持現狀」這麼複雜的任務，可能會占據低階經理人全部的時間與精力。

不過新手經理人也要了解，爲了提升團隊的績效，他們有責任倡議並推動變革。大多數人都沒料到，這其實意味著挑戰正式職權以外的組織流程或架構。唯有體認到這方面的職責，新手經理人才算開始嚴肅面對自己的領導責任（見

〈別忘了學做「改革推手」〉）。

事實上，大多數新手經理人認爲自己是組織變革方案的「改革標的」，只負責帶領團隊執行上面交辦的變革事項，而不是變革的主導者。他們受限於組織階層的思想，加上認定官大權力大，以致把本身的責任界定得太過狹隘。也因此，每當團隊遭到挫折的時候，新手經理人往往會怪罪制度的缺失，還有該爲這些制度負直接責任的長官，然後就坐等其他人來解決問題。

這表示他們從本質上就誤解自己在組織內的角色。其實，不論在自己職責之內**與之外**，新手經理人都必須推動變革，以確保團隊的成功。就算缺乏形式上的權限，他們也必須主動改革團隊運作的外在架構。

這種開闊的眼光對於組織與新手經理人都有好處。組織必須不斷注入活力、自我轉型。組織若要成功面對這些挑戰，就得擁有一批能幹的領導人，可以兼顧管理複雜的現狀，同時又能倡導變革。

## 新手經理人並不孤單

在蛻變爲管理者的艱辛過程中，新手經理人如果能夠釐清上述誤解之處，應該可以獲益良多。不過由於新職責涉及多重層次，所以在嘗試全盤掌握新職務的每一個層面之際，難免還是會犯錯。儘管可以由錯誤中學習，但犯錯總不是什麼有趣的事。新身分的職責較過去擴大，並且經過重新調整，新手經理人會感受到轉型的痛苦；而在努力學習新角色時，也經常湧現孤立無援之感。

但我的研究發現，少有新手經理人會向外求援。這多少又得怪罪於另一項誤解：既然爲人上司，就應該有能力解決所有的問題，向人求援就代表自己獲得晉升根本是個錯誤。當然，經驗豐富的經理人都知道，沒有人會知道所有問題的答案；而經理人的見解，更是經過長時間的實戰經驗累積而來。許多研究指出，如果能尋求同儕與上級的支援與協助，就比較容易從工作中學習。

新手經理人不願尋求協助的另一個原因，是因爲擔心若向其他人求教，可能會有一些負面後果（其實有時候是多慮了）。如果向組織同儕透露自己的焦慮、錯誤與缺點，就得提防對方利用這些資訊對付你。向上司傾吐問題也有同樣的顧慮；上司原本就負責考核你，你若向他求助，他就又成了你的培訓者，這種教練兼裁判的情況在本質上向來就有衝突。因此，新手經理人應該用一些別出心裁的方法來尋求支援。例如，可以向不同地區或部門的同儕求助，甚至放眼組織以外。至於與上司的問題雖然難以徹底解決，但至少可以淡化。不僅是新手經理人，連經驗老到的主管都需要好好學習這個課題。

新手經理人避免向直屬上司求助，是因爲認定在自己的職涯發展中，上司可能會是威脅，而非盟友。由於擔心會因

## 別忘了學做「改革推手」

新手經理人常常太晚才發現，自己該做的不僅是確保團隊目前運作順利，還必須倡議並推動變革，讓團隊未來的表現會更好。

約翰・戴爾洪（John Delhorne）是一家電信公司的新任行銷經理，他發現前任經理沒有進行一些重大投資，所以他努力在各個不同場合說服頂頭上司，希望增加行銷預算。他也提案建議購買一套新資訊系統，好讓他的團隊充分發揮行銷方案的效益。可是他終究沒能說服上司增加預算，只好退而求其次，集中全力改革他的團隊，好讓團隊在現有條件下仍能提高生產力。這種做法看似思慮周詳，尤其是因為他和上司的關係日趨緊張：這點由上司愈來愈慢才回覆他的電子郵件可以看得出來。

但結果約翰的部門未能達成特定目標，執行長毫不留情地開除他，理由是他不夠主動積極。執行長斥責約翰「在一旁坐視而不向他求助」，未能爭取到在重要新市場成功所需的資金。約翰深感震驚與委屈，認為執行長太不公平。他辯稱這不是自己的錯，而是公司的策略規畫與預算程序有瑕疵。不過執行長的回答是：約翰的職責就是要創造條件讓自己成功。

錯誤或失敗而遭到懲處，新手經理人雖然迫切渴望援手，還是拒不尋求必要的協助以防範失誤的發生。誠如一位新手經理人所說：「按理說，我該多和自己的上司打交道，畢竟這就是他應該扮演的角色。他的經驗豐富，或許我該告訴他出了什麼事，而他也應該可以提供不錯的意見。可是我並不清楚他的底細，和盤托出可能不太保險。如果你問了太多問題，他或許會對你失去信心，認爲事情不太對勁。如果他因此認爲你不太能掌控情況，那可就麻煩大了。因爲他會立刻開始過問一大堆跟工作有關的問題，你還來不及反應，他就已經插手一切。這眞的讓人很不舒服，所以不到最後關頭，我不會向他求助。」

這種擔憂經常成眞。許多新手經理人都後悔自己曾經試圖和上司建立類似師徒的關係。「我連問問題都得小心翼翼，生怕別人認爲我的問題很幼稚或愚蠢，」有人這麼說：「有次我問他一個問題，結果他讓我覺得自己就像企業界的幼稚園學生。他彷彿是在說，『這眞是我看過最蠢的事，你怎麼可能會有這種想法？』」

對於新手經理人、上司乃至整個組織來說，不肯求助是相當令人惋惜的損失，這意味著新手經理人的上司錯失良機，未能從一開始就協助新手經理人調整對新職務的看法和做法；而新手經理人也無法好好把握上司最能提供的組織資源：像是提撥經費，以及透露重要資訊，讓你了解高階管理者心目中的優先順序。

如果新手經理人能和上司建立良好的關係，情況就會大不相同，雖然情勢的發展未必如新手經理人的預期。我的研究顯示，最後會有約半數新手經理人在危機迫在眉睫之際，向上司求助。許多新手經理人發現，原來他們以前太低估長官對於問題與錯誤的容忍程度，這才鬆了一口氣。「他體諒我還在學習階段，非常樂意盡量幫忙我。」一位新手經理人回憶說。

有些最高明的指導者會讓人覺得他似乎完全沒有伸出援手。有位經理人提及自己如何受教於一位直屬主管：「大家都推崇她是個好主管，說她雖然要求很嚴，卻十分樂意栽培並協助部屬，絕不會任他們自生自滅。最初兩個月，我對此半信半疑，因為我當時諸事不順、深感挫折，她卻沒有伸出援手，只是在我提出問題時也回問我一個問題，卻沒有給我答案。慢慢地，我才明白她的用意：她希望我去找她的時候，應該已經有些處理問題的腹案，她會和我討論我的想法。她毫不吝惜撥出時間給我。」

這個實例生動地說明，身為新手經理人的上司，實在應該體諒初次擔當管理角色是多麼困難的一件事，或者至少回想一下自己當初的痛苦經驗。協助新手經理人好好表現，獲益的不僅是新手經理人而已，對整個組織的成功也至關緊要。

（李明譯，轉載自2007年1月號《哈佛商業評論》）

**琳達・希爾**

哈佛商學院組織行爲系傑出貢獻教授（the Wallace Brett Donham Professor of Business Administration）、哈佛商學院企管講座教授，是《成爲經理人》的作者，與《Boss學》（*Being the Boss*）和《天才集合體》（*Collective Genius*）的合著者。

1993

第十二章

# 每位女性都放在辦公桌上的備忘錄

The Memo Every Woman Keeps in Her Desk

凱瑟琳・芮爾登（Kathleen Reardon）

**作者附註**：我在1993年寫下〈每位女性都放在辦公桌上的備忘錄〉時，人們普遍認爲當時在職場崛起的男性，會遠比他們的父親更樂意在女性身邊工作。

我撰寫個案研究，是爲了反映當時目睹的情況：女性直接與男性競爭工作，在理論上比現實中更容易爲人接受，尤其是高層職位。雖然在大多數組織中，僅僅出於性別因素而公開反對女性晉升的態度不會受到贊同，但不代表這種態度已經在職場上消失。1993年時離性別平等仍遙遙無期，即便現在也遠遠稱不上實現性別平等。

當然，這25年來已經發生許多正面變化。整體薪資差距些微縮減；愈來愈多組織積極招募女性進入科學、數學和工程領域；女性攻讀碩士學位的人數比以往都多，而且在成功企業家中占有相當高的比例。

但是，儘管在這之外仍有許多正面轉變，時至今日，備忘錄裡的個案依舊呈現驚人的相似性。該個案的重點並非性騷擾或性侵犯，而是一位年輕女性打算告知執行長，他們的職場氣氛正一點一滴侵蝕「女性的價值感與地位」。個案中提出幾項今日仍須面對的問題。當公司逐步形成敵視女性員工的工作文化時，女性是否應該告知執行長這項問題？她應該單獨提出嗎？傳達這種訊息的合適方式是什麼？有哪些風險？男性執行長是否可能聽取並重視這類不請自來的意見？

有鑑於「#MeToo」運動，女性決定發聲的風險現在似乎比較小了，特別是在揭發較輕微的性別犯罪問題之際。但情況眞是如此嗎？還是我們仍有很長的路要走，女性才能自信分享經歷，並相信她們的言論和勇氣不僅會被欣然接受，也能帶來重大改變？

**凱瑟琳・芮爾登，2018年1月**

**編輯附註**：以下是《哈佛商業評論》刊登的虛構案例研究，以及專家的評論。

---

我要給莉茲・埃姆斯（Liz Ames）什麼建議呢？莉茲是我在願景軟體公司（Vision Software）市場開發部門工作時的好夥伴，我們一起經歷很多事，曾在一名最終被解雇的自大狂底下工作，也曾爲公司史上最盛大的產品發表會

奠定基礎。我們似乎總能理解彼此的想法，那些在小酒館一起放鬆的週五夜晚，讓我們週一早上能再度面對工作。我們都在願景成長茁壯，眞心歡喜看到對方成功。我在德國爭取到行銷總監的職位時，莉茲是第一位向我道賀的人。

我們在年度行銷交流活動的第一個晚上碰面用餐時，當我正準備告訴莉茲我展開新工作前六個月的一切，她卻劈頭就明確表示，她有緊急的事情要討論。她需要我幫忙擺脫困境，而她認爲，我身爲男性的觀點會有所幫助。她向願景軟體執行長約翰・克拉克（John Clark）寫了一份備忘錄，抱怨公司的性別歧視。現在，她很苦惱是否該送出。莉茲很少提及性別歧視的話題，但她之所以寫下這份備忘錄，是因爲她認爲是時候讓高層了解公司的眞實狀況，用她的話說，她們正身處戰壕裡。

她認爲這項訊息無疑很重要。但她無法肯定主管會作何反應，以及傳達這項訊息的人會面臨什麼命運。她希望我，她在願景最信任的朋友，也是一名男性，能夠幫助她決定怎麼做。

「在理想世界裡，」她說：「我會毫不猶豫送出備忘錄。但你知道傳達訊息的人會發生什麼事。如果克拉克喜歡我的想法，那沒問題。不過，還是有其他的可能性。」

「妳從不畏懼說出妳的想法，那麼最糟的情況會發生什麼事？」我問。

「克拉克不會解雇我，如果你指的是這件事的話。但這件事可能會有反效果，我能想像出幾種發展。假設克拉克不相信我，或是他無法理解我的想法，怎麼辦？他會把我當成激進的女性主義者或愛抱怨的員工。而消息會傳開，我在願景的職業生涯就到此爲止；也可能他根本就不回應，又多了一個沒被處理的案子，我不知道我心裡是否可以接受這件事。」

起初，我以爲莉茲只是說得較慷慨激昂，但隨著我們繼續深談，我可以看出這項決定對她來說是個轉捩點。她知道自己最終必須爲所做的任何決定負責，但她仍想聽聽我的看法。我只好答應把備忘錄當做睡前讀物，明天早上再答覆她。於是我坐下，將備忘錄放在腿上，飯店燈光照著列印整齊的頁面，映得刺眼。

莉茲的備忘錄看似合情合理，也很有說服力。能聽到戰壕裡的人發聲，克拉克是否會表示感激？他喜歡吹噓公司在多元文化的進步政策，而這讓他有機會重新發起運動。他會尊重莉茲，並且認眞看待他的承諾。

但話又說回來，克拉克也是自負的人。備忘錄暗示公司與他宣稱的形象不符，也許會引起他反感。當然，莉茲每天必須面對的不是約翰・克拉克；也並非所有的男同事都印證她的批評。當他們得知莉茲寫信向老闆抱怨，就會將她拒於門外。我必須承認，我完全可以想見這種情況會發生。

送出備忘錄的後果眞的重要嗎？這不是涉及原則問題嗎？我很清楚莉茲提到的拒絕溝通（stone-walling）問題確

**收件者：執行長 約翰・克拉克 先生**

**寄件者：伊莉莎白・埃姆斯**

**消費者行銷總監**

**日期：1993年3月8日**

我在願景軟體市場開發部門工作十多年，期間經歷許多挑戰與成功。這間公司既有趣也令人振奮，我很高興能成爲其中的一分子。儘管整體而言我對公司和我的工作充滿熱情，但在收到公司公布瑪麗亞姆・布萊克威爾（Mariam Blackwell）和蘇珊・法蘭奇（Susan French）辭職的備忘錄時，我仍大吃一驚。她們是願景最資深的兩位女性，而這並非最高層級的女性第一次離開願景。僅僅在9個月前，凱薩琳・霍布斯（Kathryn Hobbs）辭職；1年前，蘇珊・拉海斯（Suzanne LaHaise）辭職，她們的理由出奇相似：她們想「花更多時間與家人相處」或「探索新的職涯方向」。

我不禁察覺到一種令人擔憂的模式。這些如此有能力、勤勉，而且對個人事業展現強烈企圖的女性，爲何會突然想轉變方向，或投入更多時間待在家中？這是我思考許久的問題。

雖然願景有雇用與提拔女性的政策，您自身也極力表彰女性的貢獻並給予獎勵，但這間公司的整體風氣卻正在慢慢削弱女性的價值感與地位。我認爲高層女性離開願景，並不是因爲受到其他愛好吸引，而是因爲厭倦對抗女性失敗的風氣。每天發生的小事都會傳遞微妙的訊號，表示女性不如男性同僚重要，比較沒有才華，也比較不可能有所作爲；女性無法忽略這些小事，而許多男性甚至沒有注意到。

讓我試著進一步描述我的意思。先從會議開始，這是願景的常態，也是對女性來說最感到被貶低的體驗之一。女性的談話經常被無視、被打斷；她們的想法似乎從未被認眞聽取。上週我參加一場會議，與會者共有十位男性與一位女性。這位女士才開始演講，幾個人就交頭接耳起來。她的演講技巧很傑出，但似乎無法引起其他男士注意。到了回答問題的環節，一位男性輕蔑地說：「我們幾年前也做過類似的事，但行不通。」她解釋她的想法有何不同，但其他人充耳不聞。而我試著藉由展露興趣來支持她時，也被打斷談話。

不只是開會，在許多面向上，女性也會覺得不受歡迎或不受重視。例如部門舉行兩年一次交流活動的地點，是在設有「男士專用」酒吧的鄉村俱樂部。活動結束後，男性員工通常會在酒吧閒逛交談，女性員工只能默默離開會場。不用說，在酒吧的閒談間，經常會分享公司的重要資訊。

每場正式會議後，幾乎都會有一連串的非正式私下談話。女性很少受邀。而她們對於正式會議前的討論內容也毫不知情。因此，她們通常不太可能了解老闆的心思，也較無法做好應對的準備。

我與一些女同事每天都會接收到大量看似沒有惡意、實則貶低女性的評論。一位同事最近吹噓他有多尊重女性，他說：「妻子是我前進的動力。事實上，有些人會叫我凱倫·史奈德先生（Mr. Karen Snyder）。」在場男性都笑了，女性卻笑不出來；而就在上週，一位男同事在下午5點30分站起來，開玩笑地宣布他要提前離開公司：「我今晚要扮演媽媽。」許多女性每晚都在扮演母親，從來沒有人覺得好笑。事實上，公司裡大多數女性會刻意表現出對家庭漠不關心的態度。

這些都是個別的小事件，卻在反覆累積之下，變得影響深遠。願景的女性必須奮力爭取才能讓自己的想法被聽到，也必須費盡心思取得非正式的資訊管道。她們的精力是用於跟上同儕，而不是用於領先同儕，直到她們再也無法付出更多精力。

我可以向您保證，公司裡許多女性都認同我的看法。我只能推測瑪麗亞姆·布萊克威爾和蘇珊·法蘭奇也有同感。

倘若願景期許成爲卓越的教育軟體公司，就需要男性和女性一同努力。我們需要傳達更有力、更明確的訊號，表明男性不是唯一重要的群體。而只有在高層決意行動之時，這樣的轉變才能發揮作用。這就是我爲何寫信給您。如果我能提供任何的幫助，請告訴我。

有其事。這些年來我就親眼目睹過。莉茲是我認識的人當中最積極、最有活力的一位，但我記得幾度有人企圖挑戰她的權威，莉茲為了向那些人證明自己而變得疲憊不堪，甚至打算辭職。那可能是慘重的經驗損失。莉茲比我認識的任何人都更了解如何與教育工作者合作，她無懈可擊的後續行動很大程度促成「願景II」產品線的成功，這條產品線如今貢獻願景20%的營收。

但是男性也承受著壓力，也許只是形式不同。願景是一個嚴苛之地，而行銷是最殘酷的部門。很多時候，我都想放棄走人。我在願景見過很多男性失敗，也見過很多女性成功。以瑪麗亞姆・布萊克威爾為例，她和願景的企業文化完美契合，每當第一次發言無人理睬時，她會再說一遍。我認為她離開是因為缺乏挑戰，而不是因為耗盡了精神能量；而蘇珊・法蘭奇之所以離開，是因為公司雖然給她副總裁的頭銜，卻取消前一任男性副總裁擁有的決策權，莉茲沒有在備忘錄中提到這點。

苦思莉茲提出的問題時，我意識到她的兩難也成為我的兩難。如果我建議莉茲送出備忘錄，我對她可能遭受的後果是否設想得太天真？如果我告訴她別寄出，我是否在某種程度上縱容她描述的行為？如果我暗示她，在願景苛刻的環境下，有時觸礁的並非只有女性，那我是否過於遲鈍？如果我沒有完全相信她的說法，是否代表我就是無法體會她的立場？

我該怎麼回覆莉茲？

## 莉茲該送出備忘錄嗎？

**理查．格洛夫斯基（Richard D. Glovsky）**

波士頓美國聯邦檢察官辦公室（United States Attorney's Office）民事司前主任。他創辦總部設於波士頓的Glovsky & Associates，這是一家專精於就業服務法的律師事務所。

我建議莉茲別在此時寄送備忘錄。一位警覺的執行長從一開始就不會容許充滿歧視的工作環境繼續發展。簡言之，除非克拉克默許這種情況滋長，否則願景不會存在莉茲關注的問題。莉茲的訊息不能放心交給克拉克處理。

莉茲應該累積她的資源，而非寄送備忘錄。她應該先找瑪麗亞姆．布萊克威爾、蘇珊．法蘭奇、凱薩琳．霍布斯與蘇珊．拉海斯談談，釐清她們是否有類似的看法並願意公開支持她。莉茲也應該與願景其他能夠信任的女性員工深談，鞏固她的信心。

她不應該「孤軍奮戰」，尤其當面對一位比起發揮同理心，更可能拒絕接受意見的男性時。假設莉茲能得到其他女性的支持（與聲明）來證實她的主張，也許就能迫使克拉克去做正確的事：審視願景的就業環境，並試圖解決莉茲所提出的公司問題。

最後，當莉茲決定把訊息告訴克拉克時，她應該盡可能召集多位可以信任的同事，和他們一起會見克拉克，或是寄送由多名願景員工署名的備忘錄。

在會議中，她不應該是唯一發言的人。莉茲和她的同事應該分頭發言，如此一來，就不會出現孤軍奮戰、獨自傳達訊息的使者。然而，克拉克也可能會針對團體的領導人，並心生報復心理。

遺憾的是，由於克拉克可能不會積極回應備忘錄，莉茲必須採用更精心策畫、並考量整體局勢的方法。

---

**菲利浦・馬蒂諾（Philip A. Marineau）**

*位於伊利諾州芝加哥的桂格燕麥公司（Quaker Oats Company）執行副總裁兼營運長。*

我建議寄出備忘錄。這當然有風險，但是不寄出，只會帶來更深的挫折感，莉茲最終仍會辭職。這位執行長可能已經因爲失去兩位高層女性主管而感到震驚，並在思索能採取什麼行動避免其他人出走。如果他是聰明人，他不僅會聆聽莉茲的擔憂，還會邀請她一同尋找解決方案。

根據我的經驗，傾聽公司裡機智盡職的員工意見，無論他們的性別、種族或經驗多寡，是我的工作中最重要的層面之一。這也是找出哪些狀況之下，需要管理階層投入更多資源或關注的最佳方法。

桂格的「多元委員會」（Diversity Council）廣納不同族群背景的成員，也代表所有部門和層級的員工，與他們合作讓我開始意識到，運用傳統方法來培育未來的管理者，並不能大幅提升最高階層的多元性。

我確信，爲了確保未來更美好，必須從公司最高層級開始改變。我們已經成立一個特別工作小組，負責針對桂格如何發掘、培養、保留和增加女性及少數族裔管理職員工提出具體建議。爲了取得成效，我們必須制定可衡量的目標，持續仔細監測進展，獎勵成功執行任務的主管，並懲罰沒有達到目標的主管。身爲一間消費性產品企業，我們的行銷指導原則是貼近顧客。要成功達到這個目標，我們的內部政策和高階主管的組成結構就必須反映這項原則；而爲了公司未來的最佳利益，願景軟體的高層主管也該起而仿效。

---

**傑伊・傑克曼（Jay M. Jackman）**

醫學博士，加州史丹福市一間私人診所的精神病醫師，
亦爲組織變革顧問，對「玻璃天花板」的議題特別感興趣。

**麥拉・斯特羅伯（Myra H. Strober）**

史丹福大學（Stanford University）教育學院的勞動經濟學家，也是女性與少數民族就業問題顧問。

正如任何一位優秀的登山家都會告訴你，成功登頂需要大量的準備工作：挑選一起登山的同伴、確保團隊進行充分

訓練、備妥一流的裝備，並雇用經驗豐富的嚮導。向公司的執行長提出性別歧視問題也需要類似的準備。莉茲無疑應該與克拉克討論願景內部面臨的性別溝通阻礙問題，但不該單槍匹馬、不是挑這個時機，也不該透過備忘錄。

莉茲不應該低估她打算攀登的山峰難度。女性在職場遭受貶抑的處境既常見，又難以改變。這源於男性的信仰和行爲、女性的信仰和行爲、設立公司的架構和程序，以及我們組成與經營家庭的模式等複雜的交互作用。莉茲指出的行爲至少已經持續長達10年，卻沒有引起執行長的注意（幾乎可以說很不尋常），這凸顯變革的難度。眼下，執行長是問題的一部分；而莉茲的任務是讓他成爲解決方案的一部分，然而這並非易事。

莉茲必須號召盟友，包括公司裡的其他女性，甚至可能是已經離職的女性、董事會的部分成員，或是公司裡的男性。試圖以一人之力扭轉克拉克的觀點，就像試圖獨自攀登高山一樣魯莽。此外，在呈交給克拉克的歧視案例中，莉茲需要提出更有力的證明。她不應該只是在備忘錄裡引用「軼聞」，還必須向克拉克提出女性員工離開願景的具體原因，而非光憑臆測。

莉茲也必須向專家諮詢。許多學者與顧問能幫助女性與公司理解性別歧視常態背後的運作機制，並與她們共同努力推動變革。要成功與執行長交涉改善性別歧視問題，需要專家的指引，而這段過程最終也需要對企業文化與結構進行重大改變。

最後，我們力勸莉茲偕同她召集的團體中的一、兩人，共同和克拉克當面討論，而不是寄出備忘錄。目前，她並不清楚執行長在性別歧視問題上的立場。她可以先在會議中觀察他何時採取防衛態度、測試他的合作意願，並提出可能會贏得他支持的漸進式變革。在公司擁有10年經驗的女性是寶貴的資產；她們著手爲眾多女性改善體制時，不應該因此犧牲自己。

---

### 格洛麗亞・斯泰納姆（Gloria Steinem）

*《Ms.》雜誌的創辦人與顧問編輯。*

*以女性主義者的身分四處演講和組織活動。*

*她是《內在革命》（Revolution from Within）的作者。*

除非莉茲面臨飢寒交迫或無家可歸的立即危險，否則我會建議她寄出備忘錄。要是不這麼做，她不僅會違背自己和其他女性員工的長期利益，也沒有向公司提出最佳建議。

有鑑於此，我會建議她改變備忘錄的語氣。目前看起來，內容帶著歉疚感，也完全沒有提及公司目標。莉茲應該向願景軟體公司提出充分的理由，讓公司選擇有利自身的道路，變得更有包容性；這麼做不只是爲了公司員工的長遠利益，也是爲了公司的獲利前景。

我會建議她以熱情的態度撰寫備忘錄，就像她正在向老

## 如果恐龍不改變……

If the Dinosaur Won't Change....

喬琳・戈弗雷（Joline Godfrey）

過去20年來，女性企業主的比例已經從5%成長到30%以上，而且仍在持續上升中。到了1992年底，在女性擁有的企業中服務的人數，將超過《財星》（*Fortune*）500大企業的員工數。莉茲讓我們理解到原因在哪裡。如果恐龍不願意改變，就會滅絕。

衝撞這道玻璃天花板多年之後，爲數眾多的女性意識到，學習如何穿著、獲得合適的學位，以及努力適應環境，基本上都是徒勞。試圖適應不歡迎自己的環境令一些女性心生厭倦，她們在來到一定的年齡與具備自我意識後，紛紛選擇離開去創立適合她們的公司。感受強烈到必須撰寫備忘錄的女性，其實正在告別不友善的文化。她是否寄出備忘錄並不重要，因爲疏遠的過程已經開始。公司早就可以在這

闆報告一項能讓願景領先其他競爭對手的新技術。而這正是她在做的事：發現一項新技術。雖然這是一種人力資源的「軟性」技術，並非與沒有生命的物體相關的技術，但不能因此就認定她的發現較不重要。事實上，這樣的技術可能對公司影響更深遠，意義也更重大。莉茲可以運用一些客

超過20年來從中學習教訓，而且這麼做也符合公司的最佳利益，如果莉茲選擇不再花一丁點精力去教導公司，這也是她的特權。

事實上，哈佛商學院本身就記錄這類案例，一位女性提出構想，但公司認爲「不可行」而拒絕了她。她最終離開那間公司，創辦不只一間，而是兩間非常成功的公司（“Ruth M. Owades”，HBS 9-383-051，1985年2月修訂）。女性厭倦送出備忘錄和敲響警鐘，開始掌握自己的生活。無論莉茲是否會寄出備忘錄，公司的領導階層如何應對員工的挑戰，都會決定公司的存亡。

---

**喬琳·戈弗雷**

An Income of Her Own的創辦人兼董事，這是一家爲青少年時期的女性提供創業技能等教育活動的公司。著有《我們最狂野的夢想》（*Our Wildest Dreams: Women Making Money, Having Fun, Doing Good*）。

---

觀、「不容懷疑的」事實來強調這一點，例如產業的統計資料，失去訓練有素的高階主管會付出多少成本。此舉的目的是要幫助老闆將女性員工的問題視爲自己的問題，進而將解決問題視爲自己的勝利。同理心是最具革命性的情感。

然而，這份個案研究的有趣之處在於，莉茲的男同事們

## 克服排他文化

### Overcoming the Culture of Exclusion

保羅・霍肯（Paul Hawken）

莉茲・埃姆斯的困境，引出一個貫穿企業生命的更大問題：我們是如何打造出這種機構，讓人不敢說出眼見的眞相？博帕爾毒氣洩漏事件（Bhopal）、三哩島核電廠事件（Three Mile Island）和福特平托汽車爆炸事件（Ford Pinto）等災難發生之前，都有尚未發送或未讀取的備忘錄。

願景軟體在排他的文化中運作，因此正蒙受損失。這間公司因爲拒絕認清自身文化，無論公司內部和市場上都遭受損害，而且仍會持續下去。當願景無法透過支持並與員工協作的方式，明智的揭露公司內部的營運狀況，就會違背製作教育軟體的使命。公司的任務（與莉茲的挑戰）是從環境中吸收資訊，並將這些資訊整合進一個不斷發展的系統，無論是人還是公司。學習，就是這麼回事。

如果我們要重建我們的企業組織，使其對社會與環境更負起責任，企業就必須向自然學習。所有生命系統都仰賴

---

從未問自己是否該連署備忘錄；或是否該主動提議也撰寫一份備忘錄來表達支持；甚至，能否和莉茲一起邀請一位或多位支持她的同事參與這個過程，無論是男性或女性。

持續不斷的回饋迴圈，來重新調整有機體與周遭生物的關係。願景的企業文化卻似乎只歡迎會強化適應不良行爲的回饋迴圈，例如性別歧視或排他行爲。

出於這個原因，莉茲必須寄出她的備忘錄。畢竟，她的職涯確實取決於這封信。也許不限於她在願景軟體中的職涯（尤其當我們以較冷漠的角度來解讀），而是她的人生目標。而莉茲必須謹記，她的出發點不僅僅在於爭取薪資，也是爲了在商業領域展現自己的價值觀與特質。

如果她沒有送出備忘錄，莉茲將面臨新的困境，也就是將自己的智慧和自我意識置於一個無法完全發揮作用的系統之下。她同時會產生被迫扼殺自身價值的感受，對於迫切需要增加更多價值的世界來說，即是一項嚴重的損失。假使商業旨在增加價值，我們自身就是尋找價值的最佳方向。

---

**保羅・霍肯**

《商業生態學》（*The Ecology of Commerce*）的作者，也是推廣生態的Smith & Hawken園藝商店創辦人，但已不再隸屬於這間公司。

---

這些尚未解決的抉擇，象徵性別歧視被視爲是女性的問題；就像種族主義被視爲有色人種的問題一樣。然而事實上，這些問題限制了每個人。除非有更強大的人承擔起偏見

的責任，否則這將繼續削弱我們所有人。

---

（游樂融譯，轉載自1993年3月至4月號《哈佛商業評論》）

---

## 凱瑟琳・芮爾登

南加州大學馬歇爾商學院（University of Southern California Marshall School of Business）榮譽教授，也是職場政治、說服和談判領域專家。著有亞馬遜暢銷書《你對位了嗎?》（*The Secret Handshake*）、《PQ學：學校沒教的辦公室政治學》（*It's All Politics*）和《在職場捲土重來》（*Comebacks at Work*）；也著有犯罪懸疑小說《影子校園》（*Shadow Campus*），近期出版第二部以不正當性行爲爲主題的犯罪懸疑小說《如果她這麼做，那就糟糕了》（*Damned if She Does*）。她的部落格和藝術網站：www.kathleenkelleyreardon.com.

2013

第十三章

# 為何有這麼多不適任的男性成為領導人？

Why Do So Many Incompetent Men Become Leaders?

湯馬斯・查莫洛－普雷謬齊克（Tomas Chamorro-Premuzic）

對於女性在管理階層的人數明顯不足，有三種常見的解釋：她們的能力不足；她們對管理不感興趣；她們對管理既感興趣又有能力，但無法打破玻璃天花板*。保守人士和沙文主義者往往會支持第一種說法；自由主義者和女性主義者則較偏好第三種說法；而介於兩者之間的人，通常會傾向支持第二種說法。但是，如果他們全都忽略整體情況呢？

我認爲，造成管理階層性別比例不均的主要原因，在於我們無法區別「自信」與「能力」。也就是說，一般人經常將「展現自信」錯誤詮釋爲「有能力」的跡象，所以會誤以

---

* 譯註：玻璃天花板是由性別偏見與刻板印象所構成的無形職涯障礙，導致女性難以升遷至高階管理階層。

爲男性比女性更適合擔任優秀的領導人。換句話說，當討論到領導力時，男性唯一勝過女性的優勢（從阿根廷到挪威、從美國到日本都是如此）是以下這個事實：傲慢（經常僞裝成個人魅力或吸引力）的表現，常常被人誤認爲領導潛力，而且發生在男性身上的頻率遠高於女性。[1]

這種情形與以下研究發現完全吻合：在一個沒有領導人的團體中，往往容易選出自我中心、過度自信和自戀的人擔任領導人，而且這些人格特徵在男性和女性身上並非同樣常見。[2]弗洛伊德（Sigmund Freud）的看法也是如此，他主張：促成領導關係出現的心理歷程，是因爲一群人（即追隨者）以領導人的自戀傾向來取代自身的自戀傾向，如此一來，他們對領導人的愛戴，就成爲一種經過掩飾的自戀，或成爲他們無法愛自己的一種替代方案。他指出：「另一人的自戀，對那些已經放棄自身一部分的人來說極具吸引力……就好像我們羨慕他們仍能保持一種非常幸福的精神狀態。」

事情的眞相是，世上幾乎任何地方的男性往往都「認爲」自己遠比女性聰明。[3]然而，傲慢和過度自信與領導才能呈負相關。這裡的領導才能，是指建立和維繫高績效團隊，並激勵追隨者拋開自利目標、爲團體共同利益而努力的能力。的確，無論是在體育、政治或商業領域，最傑出的領導人通常都很謙遜，而且無論是出於天性或後天培養，這項特徵更常見於女性。例如，女性在EQ方面的表現優於男性，而這正是促成謙遜行爲的有力因素。[4]此外，一項涵蓋26種文化、超過2萬3,000名參與者的人格與性別差異量化研究顯示，女性比男性更敏感、體貼、謙遜，這樣的研究結果或許可說是社會科學中最不違反直覺的發現之一。[5]當我們檢視人格的陰暗面時，情況更加清楚。例如透過全球40個國家、分屬各行各業的數千名主管所建立的常模資料（normative data）顯示，男性始終比女性更傲慢、更善於操縱與更喜歡冒險。[6]

其中隱含的矛盾是，幫助男性成功晉升企業或政治高位的心理特徵，其實也是導致他們垮台的原因。換句話說，「晉升高位」所需要的條件不僅和「勝任高位」所需要的條件不同，還恰好相反。結果，太多無法勝任的人被提拔至管理職位，位居於更有能力的人之上。

於是我們不難想像，人們心中的傳奇「領導人」形象，往往體現出許多常見的人格障礙特徵，像是自戀（史帝夫・賈伯斯與弗拉迪米爾・普丁〔Vladimir Putin〕）、精神病態（請在此塡進你最喜愛的暴君姓名）、做作傾向（理查・布蘭森〔Richard Branson〕及史蒂夫・巴爾默〔Steve Ballmer〕）；或馬基維利性格（Machiavellian personality*，幾乎所有聯邦政府層級的政客）。令人感到悲哀的，這些神話人物無法代表一般領導人，但是一般領導人卻因爲有這些

* 譯註：指為達目的，不惜欺騙和操縱別人的人格特質。

神話人物的特徵而招致失敗。

事實上，無論在政治或商業領域，大多數領導人都很失敗。情況一直如此：大多數國家、公司、社會和組織都管理不善，從他們在位時間、國家財政、民意支持度，或是從他們對社會、員工、部屬、組織成員的影響來看，都不難看出端倪。優秀的領導人始終是種特例，而非常態。

所以，令我感到有點奇怪的是，最近呼籲女性「挺身而進」（lean in）的相關論述中，往往會大力鼓吹她們多採用這些功能不良的領導特質。沒錯，我們經常選擇這種特質的人當領導人，但是，這些人眞的適合當領導人嗎？

大多數眞正具備有效領導的性格特徵者，往往是看起來不太符合傳統領導人形象的人，就女性而言尤其如此。愈來愈多令人信服的科學證據顯示，女性比男性更有可能採取更有效的領導策略。更值得注意的是，在一項全面研究回顧中，艾莉絲．伊格利（Alice Eagly）等研究者證實，女性主管更有可能引起追隨者的尊敬和自豪、有效傳達她們的願景、賦權與指導部屬，並以更有彈性和創意的方式解決問題（這是「轉型領導力」〔transformational leadership〕的所有特徵），而且更能公平獎勵直屬部屬。[7]相較而言，統計數字顯示，男性主管較少與部屬建立情感連結或良好關係，而且較不善於根據部屬實際表現給予獎勵。儘管上述發現可能反映一種抽樣偏誤，也就是當女性的資格與能力都明顯優於其他男性時才可能被選爲領導人，但在消除這種偏誤之前，我們無法了解真正的情況。

總之，無可否認的是，女性通往領導職位的道路遍布許多阻礙，包括很厚的玻璃天花板。但更大的問題是，不適任的男性不僅不需要面對職業生涯的阻礙，而且我們往往還將領導力與特定心理特徵畫上等號，而這些心理特徵會使一般男性比一般女性更欠缺有效領導能力。[8]於是，我們打造出一個病態的系統，獎勵男性的不適任，同時懲罰女性的適任能力，這種現象勢必對所有人都不好。

## 註釋

1. Adrian Furnham et al., "Male Hubris and Female Humility? A Cross-Cultural Study of Ratings of Self, Parental, and Sibling Multiple Intelligence in America, Britain, and Japan," *Intelligence* 30, no. 1 (January–February 2001): 101–115; Amanda S. Shipman and Michael D. Mumford, "When Confidence Is Detrimental: Influence of Overconfidence on Leadership Effectiveness," *The Leadership Quarterly* 22, no. 4 (2011): 649–655; and Ernesto Reuben et al., "The Emergence of Male Leadership in Competitive Environments," *Journal of Economic Behavior & Organization* 83, no. 1 (June 2012): 111–117.
2. The Ohio State University, "Narcissistic People Most Likely to Emerge as Leaders," Newswise, October 7, 2008, https://newswise.com/articles/view/545089/.
3. Sophie von Stumm et al., "Decomposing Self-Estimates of Intelligence: Structure and Sex Differences Across 12 Nations," *British Journal of Psychology* 100, no. 2 (May 2009): 429–442.
4. S. Y. H. Hur et al., "Transformational Leadership as a Mediator

Between Emotional Intelligence and Team Outcomes," *The Leadership Quarterly* 22, no. 4 (August 2011): 591–603.
5. Paul T. Costa, Jr., et al., "Gender Differences in Personality Traits Across Cultures: Robust and Surprising Findings," *Journal of Personality and Social Psychology* 81, no. 2 (2001): 322–331.
6. Blaine H. Gladdis and Jeff L. Foster, "Meta-Analysis of Dark Side Personality Characteristics and Critical Work Behaviors among Leaders across the Globe: Findings and Implications for Leadership Development and Executive Coaching," *Applied Psychology* 64, no. 1 (August 27, 2013).
7. Alice H. Eagly and Blair T. Johnson, "Gender and Leadership Style: A Meta-Analysis,"*Psychological Bulletin* 108, no. 2 (1990): 233–256.
8. A. M. Koenig et al., "Are Leader Stereotypes Masculine? A Meta-Analysis Of Three Research Paradigms," *Psychological Bulletin* 137, no. 4 (July 2011): 616–642.

---

（游樂融譯，改編自2013年8月22日哈佛商業評論網站文章）

---

## 湯馬斯・查莫洛－普雷謬齊克

萬寶華集團（ManpowerGroup）創新長，在倫敦大學學院（University College London）及哥倫比亞大學（Columbia University）擔任商業心理學教授，也是哈佛創業金融實驗室（Entrepreneurial Finance Lab）研究員。著有《為什麼我們總是選到不適任的男性當領導人？》〔*Why Do So Many Incompetent Men Become Leaders?*（*and How to Fix It*）〕，這也是他TED演說的主題。可以在Twitter上追蹤他：@drtcp，或是上網站www.drtomas.com找到他。

2020

第十四章

# 如何推廣辦公室的種族平權

How to Promote Racial Equity in the Workplace

羅伯・李文斯頓（Robert Livingston）

工作場所中的種族問題似乎不易處理，但只要有正確的資訊、誘因並投注資源，這個問題就能夠有效解決。公司領導人或許無法改變全世界，但肯定能改變「他們的」世界。

組織是規模上相對較小且自治的實體，讓領導人可以高度控制文化規範及程序規則，使得它們成爲發展及推廣種族平權政策與實務的理想處所。在本文中，我會提供一個務實的平權地圖，讓你按圖索驥取得重大且永續的進展，來達成種族平權的目標。

我的學術生涯多數時間都在研究多元化、領導統御及社會正義。這些年來，我也參與過多家財星五百大公司、聯邦機構、非營利組織及地方政府在這些議題上的諮詢。這些組織往往因爲身陷危機而受害來找我諮詢，它們只想要一個特效藥來止痛。然而，這就像要求醫師未問診就開處方一樣。長期持久的解決方案通常需要的藥丸不只一顆。組織及社會同樣應該抗拒尋求立刻緩解症狀的衝動，反倒應該專注在疾病本身，否則就會有疾病一再復發的風險。

要有效處理組織裡的種族問題，第一要務是針對是否存在問題達成共識（多數是有問題的）；若是有問題的話，是什麼問題，問題出自何處。如果許多員工並不認爲組織內存在歧視有色人種的問題，或是在各溝通管道出現回饋，指稱白人才是種族歧視的眞正受害者時，那人力多元化的方案將被視爲是問題，而不是解答。這是這類方案經常爲人憎恨及抵制的原因之一，反對的人往往是中階經理人。現實情況並不是決定員工如何回應提高平權方案所做的努力，信念才是。因此第一個步驟是每個人對於現實情況，以及爲何這是組織裡的問題上達成共識。

不過，除了喚起共識，還有更多的事情要做。有效的干預涉及很多階段，我已將它們整合爲一個模式，我稱爲PRESS。組織必須按部就班走過這些階段，包括：（1）問題意識；（2）根本原因分析；（3）同理心，也就是對問題及受影響人員的關心程度；（4）處理問題的策略；（5）犧牲奉獻，也就是願意投入策略執行所需的時間、精力及資源（見圖14-1）。走過這些階段的組織會先了解基本狀況，到培養眞誠的關懷，再專注於改正問題。

現在讓我們進一步看看這些階段，並檢視每個階段如何

圖 14-1

**種族平權地圖**

組織按部就班地走過這些階段，首先要去了解狀況，然後培養真誠的關懷，再專注於改正問題。

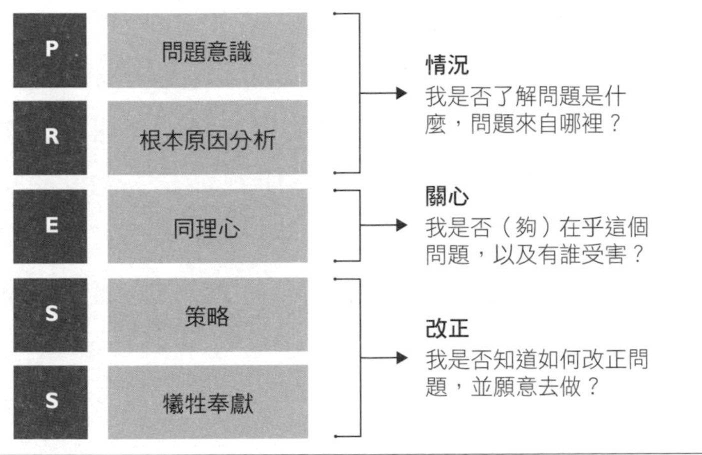


務實地指引達成種族平權的這個過程。

## 問題意識

對許多人來說，種族主義持續壓迫著有色人種似乎是件明顯的事。然而，研究持續顯示許多白人並不這麼認爲。舉例來說，麥可・諾頓（Michael Norton）與山姆・桑默斯（Sam Sommers）在2011年的一份研究顯示，總體說來，美國白人認爲在過去50年來，反黑人的全面種族歧視已經穩定減少；而在同一時間，全面性的反白人種族歧視（這在美國是難以想像的）則是持續上升。結果：以族群來說，白人認爲歧視白人比歧視黑人來得多。最近一些研究也呼應桑默斯與諾頓的研究結果，舉例來說，其中一項研究發現，57%的全體白人及66%勞動階級的白人認爲，歧視白人與歧視黑人及其他有色人種一樣嚴重。這些信念很重要，因爲藉由弱化對人力多元化的支持，會破壞組織處理種族問題的努力。（弔詭的是，在喬治・佛洛伊德（George Floyd）被謀殺後的多項民意調查指出，白人對結構性種族歧視的感受增加了。但要說這些調查反映的是一種永久的轉變，還是只是短期的趨勢，仍言之過早。）

即使承認社會上存在著種族歧視的經理人，往往也看不見自己組織的種族問題。舉例來說，一位高階主管告訴我：「本公司並無任何歧視性的政策。」然而，重要的是要認知到，即使看來「不帶種族色彩」的政策，可能也會引發歧視。其他主管則指出他們的組織致力多元化，以此證明他們沒有種族歧視。另一位主管評論道：「我們公司眞的重視多元化，並讓公司成爲一個熱情友好、包容接納的工作場所。」

儘管有以上這些想法，21世紀的許多研究還是顯示，種族歧視仍盛行於工作場所，即使致力擁護多元化的組織，歧視也未必比較少。事實上，雪柔・凱瑟（Cheryl Kaiser）與同事已經證明，多元化價値及結構的出現，其實可能讓事情變得更糟，麻痺組織，讓組織變得自滿，而且在黑人及其他少數民族憂心種族主義時，他們更有可能被忽視或惡劣對待。

許多白人否認有歧視有色人種的種族主義存在，因爲他們假定種族主義是出於惡意與仇恨的動機而引發的故意行爲。然而，在沒有自覺意識或自覺企圖下，種族主義也有可能發生。如果把種族主義簡單定義爲只根據種族而有差別的去評價與對待其他人，不管企圖是什麼，種族主義就比多數白人的認知更頻繁發生。來看幾個例子。

經濟學家瑪麗安娜・伯特川（Marianne Bertand）與森希爾・慕賴內森（Sendhil Mullainathan）有項對履歷表廣爲流傳的研究發現，應徵者的名字聽起來是白人（像是Emily Walsh）的話，接到面試電話的比例比條件相同、但有黑人名字（像是Lakisha Washington）的應徵者平均多出50％。這兩位研究人員估計，單是身爲白人就等同於多累積8年的工作經驗，白人在一開始就遙遙領先條件相同的黑人求職者。

研究顯示，有色人種相當清楚這些可能的歧視，有時會試圖掩飾自己的種族來進行反制。2016年索尼亞・康（Sonia Kang）與同事的一份研究發現，受訪的31％黑人專業人士及40％亞裔專業人士承認「漂白」過自己的履歷表，不是採用一個族裔不明顯的姓名，就是刻意不寫課外活動經驗（例如某個大學社團），好掩飾自己的族裔身分。

這些研究發現引發另一個問題：「漂白」履歷眞的對黑人及亞裔求職者有利嗎？還是當他們應徵尋求增加人力多元化的組織時，「漂白」履歷會對他們不利？索尼亞・康及同事進行一項追蹤實驗，他們向全美各種產業及各個地區的1,600項職務空缺，寄送黑人或亞裔應徵者的「漂白」及未漂白履歷；其中一半的職位來自強烈表達招募多元人力意願的公司。他們發現改名換姓與更改課外活動經驗的漂白履歷，讓招募者回電給黑人的比例從10%增加到26%，回電給亞裔的比例則由12%增加到21%。特別讓人不安的是，公司明白表示致力於人力多元化，卻減少不了對漂白履歷的偏好。

這些只是許多確認工作場所種族主義盛行研究中的一小部分，所有研究都強調人們的信念及偏見必須最先被認知並處理，才能向前邁進。雖然有些領導人承認組織內存在系統性的種族主義，而且認爲可以跳過第一階段，不過許多領導人還是必須說服自己種族主義一直陰魂不散，儘管他們有「種族中立」的政策或擁護人力多元化的闡述。

## 根本原因分析

根治疾病的關鍵是了解病根。種族主義有著許多心理源頭，像是認知偏誤、人格特質、意識形態世界觀、心理不安全感、感受到威脅，或是需要權力及強化自我。然而，多數種族主義是結構性因素的結果，像是既定法律、制度性的做法及文化規範。這些因素有許多並不涉及惡意企圖。儘管如此，經理人往往誤將工作場所的歧視歸罪爲個別當事人（也就是所謂的壞蘋果）的人格問題，而不是歸因於較大的結構性因素。舉例來說，他們據此推出訓練活動來「修復」員工，卻很少注意到有一個惡毒的組織文化。問題發生時，指責個人是極其方便的。當警局面臨涉及種族主義的危機時，反射式的反應就是把涉案警員革職，要不就是更換警察局局長，卻不去檢討縱容或甚至鼓勵歧視行爲的文化。

另一個替深植文化或機構慣常做法開脫的藉口，就是控制不了大環境因素。舉例來說，一家我曾諮商過的海事公司，把缺乏種族多元化歸咎於一個無法解決的人力資源問題。一位主管表示：「職場上就是找不到研究大翅鯨洄游模式的黑人。」許多公司領導人並不知道「全國黑人水肺潛水員協會」（National Association of Black Scuba Divers）的存在，這個組織誇耀說擁有數千名會員。這些主管也沒聽過漢普頓大學（Hampton University），這是一間位於美國東岸起沙比克灣（Chesapeake Bay）、歷來以黑人爲主的大學，它頒授海洋及環境科學學士學位。這兩個組織都可以是招募多元人力的對象，尤其是這家海洋公司僅需要塡補數十個（而非數千個）職缺。

我諮商過的一家財星五百大企業也提出同樣大環境人力的問題。不過，進一步檢視時，發現眞正的問題來自公司（它本身的多元化不足）內舉領導人的文化；當公司有領導職務空缺時，它並不會在業界廣泛尋找適當人選。這裡的教訓告訴我們，組織缺乏人力多元化往往是招募的努力不夠，而不是沒有人可以找。要朝領導人希望的種族平權邁進，就得深入檢視慣常的一些做法。

爲了幫助經理人及員工了解深陷在一個偏頗的體制內，會無意間影響結果與行爲，我喜歡請他們想像自己像魚一樣在一條溪裡。一股水流對水裡所有的東西施加壓力，將它們帶往下游。如果你什麼都不做，只是浮在水面上的話，不論你有沒有意識到，水流都會帶著你走。如果你積極地往下游游去，你會被推動得更快。在這兩個例子中，水流和你都是朝相同方向前進。從這個角度來看，種族主義和你內心所想的比較不相關，而是和你的作爲或不作爲比較有關係，後者增強或啟動原來已經存在的系統性動能。

工作場所的歧視往往來自受良好教育、立意良善、思想開明、溫良仁慈的人們，他們只是順著潮流走，嚴重低估當前的水流對他們行爲、立場及結果推波助瀾的力道。反種族主義需要像鮭魚溯溪一樣逆流而上。這需要許多的努力、勇氣及決心，而非順流而下。

簡而言之，組織必須注意這個「水流」，也就是充斥在制度裡的結構動能，而不是去注意「魚兒」，也就是體制內的個別當事人。

## 同理心

一旦人們知道問題所在與根本原因，下一個問題就是他們是否足夠在意而採取行動。同情心與同理心是不同的。當目睹種族主義發生時，許多白人有著同情或憐憫的體驗。但比較有可能採取行動來面對問題的是同理心，也就是對有色人種所經歷的傷痛與憤怒感同身受。有色人種要的是團結對抗以及社會正義，不是要人同情，同情只會緩解症狀，但疾病還在纏身。

增加同理心的一個方法是透過接觸與教育。喬治・佛洛伊德被害的影片讓人們以刻骨銘心、持久又無從否認的方式，看到種族主義的醜惡現實。同樣在1960年代，北方的白人從電視上目睹無辜的黑人示威者被警棍及消防水帶的水柱伺候。我發現一個組織內最能讓人們用心關注種族主義的事物，是當他們的非白人同事生動且鉅細靡遺地分享種族主義對他們生活造成負面影響的時候。經理人可以透過安心傾聽時段（安排想分享經驗的員工座談，不必覺得勉強）來引起眾人的注意及同理心，並提供種族主義持續存在的歷史與科學證據的教育與體驗。

舉例來說，我和卡地納健康集團（Cardinal Health，全美第16大公司）執行長麥克・卡夫曼（Mike Kaufmann）談過，他認爲有一次去阿拉巴馬州的蒙哥馬利市（Montgomery）拜訪公平正義計畫下成立的全國和平與正義紀念館（National Memorial for Peace and Justice），對公司來說是一個關鍵時刻。雖然卡夫曼及他的領導團隊重視多元與包容已經超過10年，不過他們對種族包容的關注與對話在2019年間大幅增加。就像他對我提到：「有些美國人認爲，當1860年代解放奴隸後，非裔美國黑人自此就享有平等機會。這一點並不正確；制度化且有系統性的種族主義今日仍然猖獗，它從未離開過。」卡夫曼正計畫一個全面性的教育計畫，包括讓主管及其他員工參訪紀念館。因爲卡夫曼深信這樣的經驗可以改變人心、打開眼界，並促成行動及行爲的改變。

同理心對邁向種族平權可說舉足輕重，因爲它會影響個人或組織是否採取行動，而如果採取行動的話，是採取什麼樣的行動。回應種族主義至少有四個方式：加入其中，然後在傷口撒鹽；忽視它，然後自掃門前雪；表示同情並安慰受害者；或是感同身受地引起憤怒，並採取措施來推動公平正義。個別員工的個人價值觀與組織的核心價值是決定採取哪種行動的兩個因素。

## 策略

在奠定基礎後，終於來到「我們該怎麼處理」的階段。多數行動性的變革策略，處理的是三個截然不同、但相互連結的類別：個人態度，非正式的文化規範，以及正式的制度性政策。

要有效戰勝職場歧視，領導人應該考慮如何同時從這三個層面干預。只專注在一個層面或許會無效，甚至可能會適得其反。舉例來說，執行機構的多元化政策、卻不努力讓員工接受，很可能會導致員工強烈反彈。同樣的，只關注在態度轉變，卻不同時建立制度性政策，好讓人們爲自己的決策及行動負責的話，很難讓不同意政策的人的行爲有所改變。建立一個反種族主義的組織文化，將它與核心價值觀掛鉤，並由公司執行長及其他高層領導以身作則，就能影響個人態度與制度性政策。

正如不缺有效的減肥或環境永續推廣策略，減少個人、文化及機構層面種族偏見的各項策略也相當豐富，困難的是讓人們確實去採用這些策略。不去執行，最佳策略又有何用。

我會在最後一節討論如何提高致力執行策略的方法。但在此之前，我想先提一個制度性策略成功的例子。這個例子來自麻州港務局（Massport），這個公家機關擁有波士頓羅根國際機場（Boston Logan International Airport），以及價值數十億美元的商業用地。當組織領導人決定在波士頓繁榮的海港區（Seaport District）進行房地產開發時，他們決定增加多元化與包容性，並用自己的土地來達成目標。麻州港務局的領導人正式改變開發商的遴選標準，這些開發商會拿到獲利豐厚的合約，在港務局的土地上建造並經營飯店及其他大型商業建築。除了評估三項傳統標準（開發商的經驗及財力、港務局本身的收益潛力，以及開發方案的建築設計），他們還加了第四項標準，稱爲「全面多元化與包容」，這項分數占整體開發計畫總分的25%，與其他三項標準的比重相同。這迫使開發商不只要深入思考如何創造多元化，同時還要身體力行。同樣的，如果組織認爲這件事很重要的話，可以把多元化與包容整合進經理人的考評表，作爲加薪與晉升的參考。我發現多元化的眞正阻礙不是「我們能做什麼？」而是「我們願意做嗎？」

## 犧牲奉獻

許多組織想要更加多元化、平權及包容，卻不見得想投入必要的時間、精力、資源與承諾來讓事情發生。行動往往受制於「一得就有一失」的假設而裹足不前，但情況並非總是如此。雖然值得擁有的東西不會完全免費，不過種族平權往往比人們假設的來得便宜。一旦確認了根本假設，看似衝突的目標或相互競爭的選項往往相當容易調和。

以一個社會來說，當警察慣常以同情及尊重來對待有色人種，我們會犧牲掉公共安全與社會秩序嗎？答案是：不會。事實上，較爲溫和的執行勤務其實會增加公共安全。一個很知名的案例，就是2012年的紐澤西州肯頓市（Camden），在重組市警局並更加強調社區警民合作後，暴力犯罪率下降40%。

犧牲奉獻的假設會嚴重影響聘雇及晉升多元化的人才，這至少有兩個原因。首先，人們往往假設提高多元化意味著犧牲公平與績效原則，因爲這涉及「優待」有色人種，而非一視同仁。但是看看圖14-2的兩個圖像，哪個情境看來比較「公平」，是上面的圖像，還是下面的圖像？

圖14-2

人們往往假設公平就代表「平等」對待所有人（或一視同仁），那就是給每個人一個同樣大小的木箱。現實生活中，公平必須是讓人們「平權」，因此可能得有差別待遇，但會以合理的方式提供差別待遇。如果你選擇下面那個圖像，那你就是贊同公平需要以合理的方式提供差別待遇。

當然，「合理」與否端視情境與感受。一位肢體殘障人士享有靠近建築物的停車位是否合理？新手父母享有六週帶薪育嬰假是否合理？允許現役軍人提早登機以感念他們對國家的服務，這樣是對的嗎？我的答案是「以上皆是」，但未必每個人都會同意我的答案。因此相較於平等，在取得共識上，平權的挑戰來得更大。在圖14-2上面的圖像中，圍籬之前，大家都站在一樣高的木箱上。這是一個簡單的解決方案，但公平嗎？

以美國社會的情境來說，領導人必須考慮競爭條件不同與其他現有的阻礙，先決條件是他們意識到有系統性種族主義的存在。他們也必須有勇氣做出困難或具爭議性的決定。舉例來說，專爲黑人員工成立一個資源群組或許是合理的。合理的結果或許需要一個差別待遇的過程。清楚的說，差別待遇不同於「特殊」待遇，後者是任人唯親，而非以平權待人。

一位了解這項差異的領導人是瑪利亞・克萊（Maria Klawe），她是哈維慕德學院（Harvey Mudd College）的校長。她認爲要增加女性在電腦科學的參與，唯一的方法就是以不同方式對待兩性。進入大學前，男性和女性在電腦的經驗上往往會有不同的水準；注意是「經驗」不同，不是智力或潛力不同。社會以不同的方式對待中學時期的男女，鼓勵男孩讀理工科，女孩學文科，因而製造經驗的落差。爲了彌平社會偏見所造成的這個落差，該學院設計兩個電腦科學入門課程，一個是給沒有電腦經驗的學生，一個是給高中時期有一些經驗的學生。沒經驗的課程大約有50%的女性，有經驗的課程則絕大多數是男性。學期結束前，兩個課程的學生表現不分軒輊。藉由這個與其他平權基礎的干預措施，克萊及團隊能夠大幅提高主修電腦科學的女性及少數族裔的畢業生人數。

許多人的第二項假設是增加多元化需要犧牲高品質與高標準。再來回想一下那個籬笆圖像。三個人都有相同的高度或「潛力」，不同的是地面與籬笆的高低，這可視爲是特權與歧視的生動譬喻。由於最左邊的人被籬笆擋得最少，給予另外兩位不同待遇作爲彌補是否合理？當結果是肇因於地面與籬笆的差異而非身高時，我們是否有義務要彌補差異？瑪利亞・克萊確實是這麼想的。由於我們並未認知阻礙的存在，有多少的人們潛力被我們糟蹋了？

最後，了解品質不易被精準衡量很重要。準確預測誰是「最佳候選人」的測驗、工具、問卷調查或訪問技巧並不存在。美式足球聯盟（NFL）的選秀顯示，預測未來的表現是相當困難的；儘管擁有大型的球探部門、豐富的歷史賽事錄影，以及廣泛的試用，幾乎50%的第一輪選秀是失敗的。這對組織來說也可能適用。薛爾頓・賽迪克（Sheldon Zedeck）與同事針對公司聘雇過程所做的研究發現，即使是最佳的篩選過程或性向測驗，只能預測25%的預想結果。最能顯現候選人品質的是「統計帶」（statistical bands），而非嚴格的高低排序，這意味著50個候選人中，分數最高和第8高的候選人，在表現品質上可能絕對無差異。

這裡的重大心得是，「犧牲」或許實際上只是放棄一些東西。如果我們從潛力帶選擇具多元化（例如分數第8高的那位）的候選人，而非選擇得分最高的候選人，就統計上來說，我們一點都沒犧牲掉品質，即便人們的直覺不這麼認爲。

經理人應該放棄一定要找到「最佳候選人」的觀念，這種追尋無異天方夜譚。他們反倒應該專注在大有前途並相當合格的候選人，投資時間、精力與資源幫助他們發揮潛力。

---

2020年我們目睹到全美各地的悲劇與示威，這已經提高人們對種族主義在社會上長久以來一直是問題的意識與關注。我們現在必須面對的問題是，作爲一個國家，我們是否願意付出必要的努力，去改變普遍存在的態度、假設、政策與做法。與整體社會不同，職場很多時候都需要來自不同種族、族裔及文化背景的人們互相接觸與合作。因此，領導人應該進行公開與誠懇的對話，告知組織在種族平權五個步驟

上的進度，同時運用他們的力量來推動深遠及持久的進步。

---

（潘東傑譯，轉載自2020年9月至10月號《哈佛商業評論》）

---

**羅伯・李文斯頓**

《對話：尋求並說出種族主義眞相，來改變個人與組織》（*The Conversation: How Seeking and Speaking the Truth About Racism Can Radically Transform Individuals and Organizations*）的作者，他也是哈佛大學甘迺迪學院講師。

2001

第十五章

# 互惠讓同事贊同

## Harnessing the Science of Persuasion

羅伯・席爾迪尼（Robert B. Cialdini）

只有少數幸運兒具備以下特質，大多數人則沒有。有些人「天生」就懂得討觀眾的歡心、說動猶豫不決的人，並能扭轉反對者的態度。看這些天生好手施展說服力，讓你既感到印象深刻，也覺得很沮喪。看他們能如此輕易展現魅力和口才，說服別人順他們的意，本身已經夠神奇了，更令人訝異的是，對方竟都像是爲了要報恩般地，急著想達成他們提出的要求。

這個經驗令人沮喪的部分在於，天生的說服高手，往往無法解釋清楚自己優異的能力，也無法把這些技巧傳授給他人。他們和別人應對的方式是一門藝術，而通常藝術家都較擅長以行動展現才華，而不懂得如何解釋那些行動。對欠缺特殊個人魅力、口才又不夠好的一般人來說，他們大多無法提供太多協助，但你我這些平凡人，還是得努力面對領導工作最核心的挑戰：透過別人來完成事情。對每天都得挖空心思，設法激勵、指揮一群個人主義型員工的企業高階主管來說，這項挑戰再熟悉不過了。在今天，擺出「因爲我是老闆」的架子已經不是個好主意。就算這麼做對相關人員來說不算是貶低人，也不會打擊士氣，但實在不適合現在的環境，因爲目前跨部門團隊、合資事業，以及跨公司的合夥關係，都已經模糊權威的界線。在這種環境下，說服技巧遠比正式的權力結構，更能夠影響其他人的行爲。

這又讓我們回到本文開頭時提到的那個情況：現在可能比過去更需要說服的技巧，但在大部分說服力專家都無法傳授祕訣的情況下，高階經理人該怎麼辦？過去半個世紀，行爲科學家已經進行過許多實驗，了解某些人際互動方式如何讓人較容易讓步、順從或是改變。這些研究顯示，說服之所以能成功，是因爲誘發潛藏在人們心裡的幾種驅策力和需求，而且，是以可預測的方式來誘發的。換句話說，說服力是由幾個基本原則主導，這些原則可以傳授、學習和應用。只要嫻熟這些基本原則，高階經理人就能用科學的嚴謹方法，來維繫共識、敲定交易，或是讓談判對手做出讓步。在接下來的篇幅裡，我要介紹說服力的六個基本原則，並針對高階經理人如何在公司裡應用這些原則，提出一些建議。

## 討人喜歡原則：如果別人喜歡我，我也會喜歡他

### 應用：找尋雙方共同點，並真心讚美別人

零售業的「特百惠公司派對」（Tupperware party）現象，正是運用這項原則的生動實例。特百惠公司用自己的產品舉辦示範派對，通常是由一個人主辦，一般來說是女性，她會邀請一群朋友、鄰居或親戚到家裡參加派對。賓客原本就喜歡這位女主人，因此比較容易掏錢跟她買東西。在1990年針對示範派對中購買決定的一項研究證實這種情況。研究人員強納生・法蘭生（Jonathan Frenzen）和哈利・戴維斯（Harry Davis）在發表於《消費者研究期刊》（*Journal of Consumer Research*）的文章中指出，影響賓客購買決策的因素當中，相較於考量產品本身，他們對女主人的喜好，對於購買決策的影響，遠高於他們對產品本身的看法，前者的影響力甚至是後者的兩倍。所以，受邀參加特百惠派對的賓客買那些產品，不只是爲了取悅自己，也是想要讓女主人開心。

一般來說，特百惠公司派對的例子也適用於其他企業：想要影響其他人，先讓他們把你當朋友。但這該怎麼進行？一些運用控制組的研究已經找出幾個能成功博取他人好感的因素，其中最吸引人的有兩個：相似性和讚美。雙方

有共通點，就會拉近彼此的距離。1968年刊登在《人格特質期刊》（*Journal of Personality*）裡的一篇文章提到一項實驗，受試者在獲悉和對方有相同的政治信念和社會價值觀之後，身體自然就會靠得比較近。同樣地，一篇1963年刊登在《美國行爲科學家期刊》（*American Behavioral Scientists*）的研究中，研究人員艾凡斯（F.B. Evans）在比對過一家保險公司客戶的人口特徵資料後發現，潛在保戶在年齡、宗教信仰、政治傾向，甚至抽菸習慣方面和保險推銷員愈類似時，就愈願意跟他買保險。

經理人可以利用這個找出共通點的技巧，和新進員工、其他部門主管，或甚至是新老闆建立關係。工作時的非正式閒聊是很好的機會，可以發掘出至少一個共同的興趣，可能是某種共同嗜好、同樣支持的大學籃球隊，或是重播的電視影集《歡樂單身派對》（*Seinfield*）。早一點建立這種關係很重要，因爲在往後的接觸過程中，可以建立你擁有善意和值得信任的形象。若你想要說服的人已經開始欣賞你這個人，就比較容易請他支持你的新計畫。

另一個可以用來博取他人好感的訣竅是讚美，讚美不僅能施展魅力、更能讓人卸下心防。有時候，言過其實的讚美也無妨。北卡羅來納大學（University of North Carolina）學者在《實驗社會心理學期刊》（*Journal of Experimental Social Psychology*）裡發表的研究顯示，人們最看重那些拚命恭維自己的人，即使讚美的內容言過其實也無妨。艾倫．柏薛爾德（Ellen Berscheid）和伊萊恩·哈特菲爾德·沃斯特（Elaine Hatfield Walster）在《人際吸引力》（*Interpersonal Attraction, Addison-Wesley*, 1978）中提到的實驗結果也證實，若稱讚別人的人格特質、態度和表現，對方不僅會因此而喜歡你，也會願意按照你的意思去做。

除了運用讚美來建立良好的關係之外，技巧高超的經理人也會透過讚美來修補受損或沒有效益的人際關係。假設你在公司裡領導一個規模相當大的單位，由於工作所需，你必須頻繁與另一個名叫丹（Dan）的主管接觸，但你不太喜歡他。無論你為丹做了多少事，好像永遠都不夠。更糟的是，他似乎從不相信你已經竭盡所能地在幫他。你厭惡他的態度，他顯然也不相信你的能力，因此你雖然知道自己應該多花時間跟他相處，但始終沒有這麼做。結果，你和他領導的單位工作表現每況愈下。

讚美的相關研究，教我們一套修補惡劣關係的策略。儘管可能很難，但你在丹的身上，總能找出一點值得你真心稱讚的優點，像是他對部門員工的關心、他對家人的奉獻，或是他的職業道德。你下次碰到他時，就針對那個優點讚美他一番。要記得讓他清楚知道，至少在這一方面，你跟他的觀點是一致的。我預測丹會改變自己的負面態度，給你機會說服他，讓他相信你的能力和好意。

# 互惠關係原則：人總喜歡禮尚往來

## 應用：要別人怎麼對你，你就怎麼對人

讚美極可能溫暖並軟化丹的心，雖然丹很頑固，但他畢竟是普通人，也和一般人一樣，多半會用別人對他的方式來對待別人。你是否因爲同事先對你微笑，於是你也對他微笑？如果答案是肯定的，相信你已經能掌握這個原則。

慈善事業一向仰賴互惠關係來募款。以美國傷殘退伍軍人組織（Disabled American Veterans）爲例，長期以來，他們只使用設計精美的信件來募款，就已經取得相當可觀的回覆比例，達18%。而當他們開始在信封裡附上小禮物後，回覆比例竟攀升近一倍，達到35%。儘管這個小禮物只是很普通的個人化地址標籤貼紙，但收件人收到什麼其實並不是重點，關鍵在於他們收到禮物。

這個隨信附上小禮物的技巧，也可以應用在工作場合裡。逢年過節時，供應商對客戶的採購部門發動禮物攻勢，當然不只是想要做些應景的事這麼簡單。1996年，一些採購經理就曾向《公司雜誌》（*Inc.*）的記者坦承，在接受供應商的禮物後，他們眞的比較願意向他們購買原先可能不會採購的產品或服務。禮物也對留住員工有驚人的效果。我一直都鼓勵讀者提供一些例子，說明影響力法則如何在他們的日常工作上發揮作用。有個在奧勒岡州政府（State of

Oregon）工作的讀者就來信告訴我她效忠主管的理由：

> 他在耶誕節給了我和我兒子禮物，我生日那天他也準備生日禮物。我這類型的工作並沒有升遷機會，若我想要往上爬，唯一的選擇是轉到其他部門。但我很排斥調動。我的主管已經快要到退休年紀，所以我想在他退休以後，我就能離開這個單位了……至於現在，因爲主管一直對我很好，我覺得應該繼續待在這裡。

不過，善用互惠關係的方法很多，給禮物算是比較粗略的做法。經理人若想要在辦公室裡培養正面態度和更有益的人際關係，可以更細膩地運用互惠技巧，這麼做會爲經理人帶來眞正的先行者優勢。經理人可以採用的做法是以身作則，好讓同事及員工跟著仿效那些好行爲。領導人若想從員工身上看到某些特質，就必須先示範展現那些行爲，像是信任感、合作精神，或是令人愉快的行爲舉止。

經理人在面對資訊傳達和資源分配問題時，同樣也應該率先示範。當你發現同事忙不過來、截止時間又已經迫近時，你若是安排團隊裡的某個部屬去幫忙，將來換成你需要別人援手時，獲得協助的機會就大得多。當那位同事謝謝你的幫忙時，如果你回應說：「當然，我很高興可以幫上忙。我也了解當我需要協助時，會多需要仰賴你幫忙。」未來你獲得援助的機會就進一步提高了。

## 社會認可原則：人們習慣追隨與自己類似的人

### 應用：善用任何可得到的同儕力量

人是社會性的動物，很習慣仰賴周遭人的一舉一動，來決定自己應該如何思考、感覺和行動。我們憑直覺就知道情況是如此，而我們的直覺也已經獲得實驗證實，1982年刊載在《應用心理學期刊》（*Journal of Applied Psychology*）的研究就是一例。一群研究人員挨家挨戶在南卡羅來納州的哥倫比亞市為某項慈善活動募款，他們把已經捐款的鄰居名單給居民看。研究人員發現，捐款人名單愈長，居民就愈可能跟進捐款。

對那些被要求捐款的人來說，名單上朋友和鄰居的名字形成一種社會證據，說明他們該如何回應。如果名單上都是些陌生人的名字，效果就不會那麼顯著了。還有一項在1960年代進行的實驗，研究結果發表在《性格與社會心理學期刊》（*Journal of Personality and Social Psychology*）。那項實驗是以紐約市民為研究對象，請受試市民把拾獲的錢包還給失主。當受試者獲悉有另一個紐約市民曾試著交還錢包，他們這麼做的意願就會變高；倘若告訴他們，有其他國家的人曾這麼做，比較不容易改變他們的決定。

企業高階主管可以由以上兩個實驗了解到，同儕說服的效果特別好。科學證實一件大部分銷售人員早就知道的事：如果潛在顧客和爲產品提供推薦證言的顧客之間有共同點，這類推薦證言顧客的現身說法最有效。經理人可以採用同樣的技巧，在公司裡推動新計畫。假設你想要簡化部門內的工作流程，但有部分資深員工抗拒這項改變。你可以請一位支持這項計畫的資深員工，在開會時爲這項計畫說話，而不是親自向員工說明這項計畫的好處，嘗試說服他們。比起上司的長篇大論，同事的證言更有機會說服整個團隊。簡單來說，同儕間的平行影響力往往勝過上對下的垂直影響力。

## 前後一致原則：<br>人們習慣遵守已許下的明確承諾

### 應用：讓大家明確、公開並自願表達承諾

贏得別人的喜愛，的確是股強大的力量，但說服工作並非只是讓人對你、對你的想法和產品有好感而已。你不只需要人們喜歡你，還需要讓人們願意去做你想要他們做的事。其中一種方式是做好事，這會讓人覺得有義務支持你。另一種方式，則是設法贏得他們公開的承諾。

我的研究證實，大部分人一旦決定立場，或是公開支持某種想法，往往就不會改變立場。其他研究不僅支持這項說

法，也發現即使是一個小小、看似無關緊要的承諾，對未來的行動也會有強大的影響力。一群以色列學者在1983年《性格與社會心理學學報》（*Personality and Social Psychology Bulletin*）的文章中描述，他們要求某個大型公寓社區一半的住戶簽署一份請願書，聲援爲殘障人士建立娛樂中心。這項活動立意良善，而且要求的內容並不多，因此幾乎所有被詢問的住戶都簽了請願書。兩個星期後，在全國愛心捐款助殘障同胞日當天，募款人員上門拜訪社區內的所有住戶，請他們捐款。在兩個星期前沒被詢問簽署請願書的住戶中，只有一半多一點的人願意捐款；令人吃驚的是，曾簽過請願書的居民中，高達92%都捐了錢。這個公寓社區的住戶覺得有義務履行自己的承諾，因爲這是他們明確、公開表達並自願去做的承諾。有三個特質值得分別深入探討。

由實證研究得出的有力證據顯示，一項選擇如果有主動表達出來，不管是大聲說出來、寫下來，或是用其他方式明白表達出來，都會比沒有把這個決定說出來，更能夠影響這個人日後的行爲。德麗雅・契歐菲（Delia Cioffi）和蘭迪・賈諾爾（Randy Garner）在1996年《性格與社會心理學學報》說明一項針對大學生進行的實驗。他們請一組大學生填寫表格，表示願意在公立學校裡擔任愛滋病教育計畫的志工。另一組大學生也受邀參加同樣的計畫，但做法是發給他們「不克參加」的表格，願意擔任志工的人就不要填寫。幾天後，學生志工來報到。研究人員發現，來報到的學生志工當中，有74％在之前的實驗中填寫願意當志工的表格，明確表達他們的承諾。

對於想說服部屬按照某種方式做事的經理人，上述例子的啟示很清楚：讓他們寫下自己的承諾。假設你想要某個員工更準時交報告，當你認爲對方已經同意這麼做，請他把這個約定摘要寫成一份紀錄交給你。這麼一來，他遵守約定的機率就會大幅增加，因爲通常人們會實踐自己明文寫下來的承諾。

有一些研究探討的是承諾的社會面向，結果發現，書面聲明若是被公開，效力又更大。在1955年《變態心理學與社會心理學期刊》（*Journal of Abnormal and Social Psychology*）的一篇經典研究中，研究人員請大學生估計幾條投射在螢幕上的線條長度，要求一部分學生把答案寫在紙上，簽名之後交回給研究人員；還有一部分人是把答案寫在白板上，再把答案擦掉；最後一群人則是在心裡默想答案即可。

接下來，研究人員把正確解答公布給各組學生看，證明他們的判斷可能有誤。那些只需要在心裡想答案的學生，最有可能重新考慮自己原先的估計；而曾把答案寫下又擦掉的學生，會較堅持自己原先的看法；至於在紙上寫下答案又署名，還把回答交給研究人員的受試者，更不願意改變原先的答案，不願意的程度遠超過把答案擦掉的受試者。

這個實驗凸顯，大多數人都想在其他人面前展現自己是前後一致的。再想一下剛剛那個總是遲交報告的員工。在你成功說服他答應準時交報告後，考量到一般人都渴望顯得始終如一，你應該設法把他的承諾公開。一個辦法是寄封電子郵件給這位員工，裡面可以寫：「我想，你的計畫很符合我們的需求。我已經跟製造部門的黛安（Diane）、運輸部門的菲爾（Phil）提過這件事，他們也認爲這個構想完全符合目標。」無論這個承諾是如何變正式的，都不能像暗地裡許下的新年新希望一樣，許下願望後就無疾而終，沒有人知道。承諾應該要公開讓人知道，而且貼出來讓人看見。

三百多年前，山謬．巴德勒（Samuel Butler）寫下的文句，就已經簡潔有力地解釋，承諾爲什麼必須是自願的，才會持續而有效：「遵循自身意願者，意見將屹立不搖。」倘若一項保證是外在力量脅迫或強逼而來，就不算承諾，而是不受歡迎的負擔。想像一下，如果主管強迫你捐錢給某個候選人的競選活動，你會有什麼反應？你會不會因爲這樣，就願意在別人看不到你選誰的圈票處裡面，投票給那位候選人？不大可能。其實，正如雪倫．布瑞姆（Sharon S. Brehm）與傑克．布瑞姆（Jack W. Brehm）在1981年出版的書《心理抵抗力》（*Psychological Reactance*）裡所說，你會刻意投給主管要你支持的候選人的對手，對上司強迫你表達不滿。

在辦公室裡，也可能發生這種反彈。我們再回到那個遲交報告員工的例子。如果想讓他的改變持續下去，你應避免用威脅和施壓的方式，逼他照你的意思去做，否則他可能會認爲自己是因爲被威嚇，所以才改變行爲，而不是眞心想改變。一個比較好的方式是找出這位員工在工作場合眞正重視的東西，例如好的工作品質或團隊精神，然後向他解釋說，準時交報告正與這些價値觀相呼應。如此一來，改進就是出於他的眞心，因此，即使你沒有監督他，他也會持續根據這些價値觀來改進行爲。

## 展現權威原則：人們會服從專家

### 應用：展現專業，不要認為專業會不證自明

2000年前，羅馬詩人維吉爾（Virgil）提供一個簡單的建議給想做出正確抉擇的人，那就是：「相信專家。」無論這是不是好建議，人們的實際行爲確實反映這個說法。舉例來說，知名專家在媒體上對某個議題發表的看法，通常會對民意產生重大影響。《民意研究季刊》（*Public Opinion Quarterly*）1993年刊登的一項研究顯示，《紐約時報》一篇呈現專家意見的新聞，會造成全國2%的民意轉向。幾位研究人員在1987年《美國政治學評論》（*American Political Science Review*）上發表的文章指出，當專家的意見在全國電視網播出，民意的轉變甚至會高達4%。憤世嫉俗的人可能會認爲，這些研究的發現，只不過反映大眾順服的個性。但更適當的解釋是，在複雜的現代生活中，一位經過精挑細選的專家，可以提供一條有價值又有效率的捷徑，有助

於做出正確抉擇。的確，社會上有些問題，像是法律、財務、醫學或科技，需要高度專業的知識才能回答，因此，我們不得不依賴專家。

既然我們有絕佳的理由聽從專家意見，高階經理人若想要發揮影響力，就必須先盡力確保建立自己的專業。但人們通常誤以爲別人會認可、賞識自己的經驗。在我和同事擔任顧問的醫院裡就發生過這種情況。物理治療師常感到挫折，因爲許多中風病人離開醫院後就不再復健。不論這些復健師多常強調定期在家裡做復健運動的重要性，說明這些運動是身體恢復獨立運作功能的關鍵，但這些話總是被當成耳邊風。

我們訪談一些病人，有助於釐清問題。他們對醫生的背景，以及受過的訓練相當熟悉，但叮嚀他們要積極運動的復健師，病人對他們的背景資格所知甚少。要解決這個資訊不足的問題很容易：我們只要請復健科主任把部屬所有的得獎紀錄、文憑與證書，掛在復健室的牆上即可。這麼做的效果驚人：病人復健的配合度上升34%，而且之後再也沒有下降。

我們感到非常滿意，原因並不在於我們提高多少配合度，而是提高的方式。我們沒有欺騙或恫嚇任何病人，而是**提供資訊**，讓他們自動配合。在這個過程中，我們不需要任何新發明，也不需要花任何時間與資源，因爲復健師眞的具備專業能力，我們做的只是讓別人更容易知道他們的專業。

不過，經理人若想建立專業形象會更難一些。他們不能只是把自己的學位文憑掛在牆上，然後讓別人去發現，他們必須使用一些微妙的做法。在美國以外的國家，雙方第一次開始談生意前先相互交流是很平常的事。通常，他們會在正式會議或談判前一晚先安排晚餐聚會。這些聚會能讓討論更加順利，並消弭歧見，就像之前對討人喜歡與相似性的研究發現一樣，這些聚會也提供機會來建立專業形象。或許人們只要在聚會中講述自己過去如何成功解決一個問題的小故事，而這個問題，正好和隔天會談的重點相關，就足以建立專業形象。或許人們也可藉由這頓晚餐，來說明他們如何花好幾年在這個複雜領域中成爲專業人員；不是用誇耀的口氣，而是夾雜在一般交談中提及。

當然，並不是每次會議都有時間進行完整的自我介紹，但即使是在大多數會議之前的簡單寒暄，你也能找到機會很自然地稍微提到自己的相關背景與經驗。像這樣初步提供一些個人資訊，可以讓你早早建立起專業形象，因此當討論切入正題時，你的發言就會得到應有的尊重。

## 稀有性原則：
## 人們對於擁有不多的東西，總是想要更多

### 應用：強調獨特優點及獨家資訊

許多研究指出，人們通常認爲，稀有的物品或機會較爲

## 說服專家終於安全了

基於行爲科學家過去數十年嚴謹的研究，我們現今對於如何與爲何產生說服效果的了解，不僅比過去更廣泛，也更深入、詳盡。但這些科學家並不是最早開始研究這類主題的人，關於說服的研究有著長遠且光榮的歷史，其間出現許多英雄與烈士。

在社會影響的領域中，威廉·麥奎爾（William McGuire）這位知名學者在第三版《社會心理學手冊》（*Handbook of Social Psychology*）的其中一章提到，在西方世界4000年的悠久歷史中，有400年的時間可以見到說服研究這個行業蓬勃發展。第一個百年是古雅典的培里克利斯時期（Periclean Age），第二是羅馬共和國時期，接著是歐洲文藝復興時代。最後一個時期，則是上個世紀，那時出現大規模的廣告、資訊與大眾媒體宣傳活動。在前述的第一到第三個系統性說服研究的世紀當中，經常伴隨著人類

珍貴。這對企業經理人是非常有用的資訊。藉由公司的特性，他們可以透過組織面的限時、限量、獨家機會，來運用稀有性原則。坦白告訴同事機會即將流逝，例如，在老闆度假前讓他聽聽你想法的機會，這對促進行動非常有幫助。

經理人也可以學習零售商如何包裝、呈現訊息，也就是

偉大的成就，但這些成就因政治權威人士迫害說服大師而大打折扣。那些挑戰權威的說服專家中，哲學家蘇格拉底（Socrates）可能是最知名的一位。

關於說服過程的資訊，其實是個威脅，因爲這些資訊建立的權力基礎，與政治權威人士掌握的權力基礎不同。有少數人懂得運用當政者無法獨家掌握的力量，例如，精心雕琢的語言、刻意安排的資訊，以及最重要的力量，也就是對人類心理的深刻見解。這些人的影響力，對當政者的影響力形成挑戰，因此當政者毫不遲疑地消滅他們。

如果以爲說服專家已經不再受到政治當權者的威脅，這或許是過度信任人性的想法。但與說服有關的知識，已經不再只是掌握在少數傑出、受到啟發的個人手中，因此這個領域中的專家大概可以稍微放心地喘口氣。既然大部分的掌權者都想繼續握有權力，他們應該會想增進說服技巧，而不是消滅它。

說，不要從「對方能獲得什麼」的角度來包裝，而是要強調「如果對方不好好運用我們提供的訊息，將會失去些什麼」來包裝。《應用心理學期刊》有一篇文章談到1988年的一項研究，可以證明這種「強調損失話術」的威力。那項研究的對象是加州的屋主，其中有半數屋主被告知，如果他們安裝隔熱設備，每天就能省下一些錢；而另一半的屋主則被告知，如果他們不安裝隔熱設備，每天就會損失一些錢。在強調損失的這一組受試者當中，有較多人爲自己的房子安裝隔熱設備。企業界也出現同樣的現象。根據一篇1994年發表在《組織行爲與人類決策過程期刊》（*Organizational Behavior and Human Decision Processes*）中的研究，企業經理人在決策過程中，可能的損失比潛在獲利扮演更重要的角色。

在包裝訊息的過程中，高階經理人也應該記住，獨家消息遠比大家都知道的消息更具說服力。我的一名博士班學生安然・尼辛斯基（Amram Knishinsky），在1982以牛肉批發商的購買決策爲題，撰寫博士論文。他發現，當他們得知，未來可能因天候因素而減少國外的牛肉供應時，他們把訂單提高一倍。但如果告訴他們，目前別人都還不知道牛肉供應量減少的消息時，他們的訂單數量增加600%。

經理人如果碰巧取得沒有很多人知道的資訊，而這些資訊恰好支持自己想要公司採納的想法或建議，他就可以好好運用獨家資訊的說服力。下次獲得這類訊息時，記得先集合公司裡的重要人物。訊息本身可能沒什麼了不起，但獨特性會爲它加分。把這份文件推過去，然後說：「我今天剛拿到這份報告，它要到下週才會正式公布，但我現在可以讓你們先睹爲快。」接著對方就會靠過來看。

容我在此強調一個明顯的重點。你提供的所有獨家消息，以及所有促進行動的最後通牒，一定都要是眞的。用欺騙的手段，讓同事照自己的意思行事，不僅有道德瑕疵，也是有勇無謀的行爲。如果東窗事發，而且這種事肯定會發生，那麼你原先獲得的好感全都會消散。這樣的行徑，也會引發別人對你採取不誠實的手段，這是基於之前提過的互惠原則。

## 兩個重點

這六個說服的原則既不高深，也不難懂。我們對於人們如何評估訊息與形成決策，有一些直覺式的理解，這六項原則把這些理解適當地整理出來。因此，大多數人很容易就能了解這些原則，即使是沒受過正式心理學教育的人也看得懂。但我從自己主持的研討會與討論會裡發現，必須不斷強調兩個重點。

第一，雖然這六項原則及應用方式可以分別討論，以便清楚說明，但兩者應相輔相成，以增強功效。舉例來說，當談到專業的重要性時，我提到企業經理人應該運用非正式、社交性的談話，來建立自身權威。但這類談話不僅讓我們有機會傳達訊息，也讓我們有機會獲得訊息。你在餐桌上向一起用餐的人展現你解決生意難題的能力與經驗之餘，也可以得知對方的背景與好惡；這些資訊可以幫你找出雙方眞正的共同點，並給予誠摯的讚美。展現你的專業，同時建立人際間的密切關係，可以讓你的說服力加倍。如果你成功拉攏一起用餐的人支持你，由於「社會認可」的說服力，你也可以爭取到其他人加入。

另一個我要強調的重點是，道德原則適用於社會影響力領域，正如這些原則也適用於其他技術領域一樣。欺騙或誘使別人贊同自己的作爲，不但違反道德，在實際應用上也有失輕率。不誠實或強迫的手段就算成功，也只能有短期效果，長期會造成負面影響，對於缺乏互信與合作的基礎，就無法正常運作的組織來說，更是如此。

下面這個例子能夠清楚說明這個要點，這個故事與一家大型紡織製造商的部門主管有關，她參加我主持的一場訓練研討會。她提到公司裡的一位副總裁，巧妙操弄一些手段來取得各部門主管的公開承諾。這位副總裁並沒有給部屬充足的時間去仔細討論或考慮他的提案，而是專挑這些部門主管工作最忙碌的時候，以非常詳盡、幾乎要耗去大家所有耐心的方式，個別向他們解釋這個計畫的優點。然後他就要部門主管馬上做決定。他會說：「在這件事情上，你若能支持我，對我是很重要的。我能得到你的支持嗎？」在這種情況下，那些部門主管總是不敢違逆上司，而且也覺得一身疲憊，急著想把這個人趕出辦公室，以便處理自己的公事，於是他們總會答應副總裁的要求。但由於這些承諾不是出於自願，各部門主管從來沒有認眞地貫徹要求，因此副總裁的提案最後胎死腹中，逐漸爲人所遺忘。

這個故事對討論會的其他參加者帶來深遠的影響，有些人感到訝異，因爲他們想起自己用過的操控手段。但眞正讓每個人震驚不已的，是這名部門主管的面部表情，當她在述說上司計畫失敗的故事時，竟然面帶微笑。

這件事已經清楚表達一個重點，就是以欺騙或強迫手段來運用社會影響力原則，不僅是不道德的，也是愚蠢固執的表現。但若能用恰當的方式來運用社會影響力原則，可以幫我們做出正確的抉擇。眞正的專業、發自內心的責任感、雙方眞正的相似性、眞實的社會認可、獨家消息，以及在自由意志下做出的承諾，可以做出對雙方都有利的抉擇。而任何對雙方有利的做法，都能帶來好生意，不是嗎？當然，我不想強迫你同意，但如果你同意我的說法，寫一封簡短的信件告訴我，我會非常高興。

---

（陳佳穎譯，轉載自2001年10月號《哈佛商業評論》）

---

**羅伯・席爾迪尼**

亞利桑納州立大學（Arizona State University）心理學講座教授，著有《影響力》（*Influence: The Psychology of Persuasion*），可以在www.influenceatwork.com找到定期更新關於影響流程的資訊。

1952

第十六章

# 溝通的障礙與大門

Barriers and Gateways to Communication

卡爾・羅傑斯（Carl R. Rogers）與

弗里茨・羅斯里士柏格（Fritz J. Roethlisberger）

## 第一部：卡爾・羅傑斯

許多人可能會覺得奇怪，像我這樣一位心理治療師居然對溝通的議題感興趣。然而心理治療的整個過程，其實就是在處理溝通挫敗。對於情緒調適不佳的人而言，他們的自我溝通已經失效，而且更進一步危及到與其他人的溝通。換句話說，他們不自覺間遭受壓抑且被否定的欲望，扭曲他們與外界的溝通模式，他們的內心與人際關係皆痛苦不堪。

心理治療的目標是經由與心理治療師的特殊關係，協助個人完成良好的自我溝通。一旦達成目標，一個人就能更爲自由且有效的與其他人溝通。所以我們可以說，心理治療是個人與人際之間的良好溝通；而這句話反過來說也是成立的：個人與人際之間的良好溝通，或是說自由溝通（free communication），總是療癒的。

我透過個人諮商與心理治療領域的經驗，發現一項主要的溝通障礙：人們喜歡對別人品頭論足；所幸我也發現到，當人們願意學習以同理心去**傾聽**，就能減少評價其他人的衝動，並且大大改善與其他人的溝通。

## 障礙：喜歡評價其他人

人們有論斷、評價和贊同（或不贊同）其他人主張的天性。假設某個人評價我剛說出口的話，並表示：「我不喜歡那個人的言論。」你會如何反應？幾乎千篇一律，你不是同意、就是反對某人的態度；你要不是回應：「我也不喜歡，我覺得糟透了。」就可能會說：「哦，我認爲他說得很好。」換句話說，**你的**第一個反應會按照自身觀點來評價。

又或者，假設我帶著一些個人情緒說：「我認爲民主黨最近表現得滿理性的。」你的第一個反應是什麼？很可能你的反應會夾帶自身評價。你會發現自己不是贊同就是反對，也可能包含對我的評語，比如「他肯定是自由派的」，或是「他有堅定的政治立場」。

普遍來說，幾乎所有的對話都有評價，而這種反應在較明顯的感受與情緒上會更形強化。因此當雙方的感受與情緒愈強烈，溝通過程中的共同點就愈少。於是在心理上，會剩下兩方毫無交集的想法、感受與評價。

試想你旁觀一場激烈的討論，但你在討論中並不帶情緒。等討論結束，你離開時也許會想：「他們其實都在各說各話，完全沒有共識。」事實上，討論的確非常激烈，所以你的觀察可能是正確的。每個人都會從自己的認知框架做出論斷與評價，而在這一點上毫無溝通可言。單單從自身觀點出發，提出任何具情感意義的陳述或評價，正是人際溝通的障礙。

## 溝通之門：為了理解其他人而傾聽

當我們爲了理解其他人而傾聽，才可能實現眞正的溝通，同時避免溝通過程中容易產生的評價。這意味著願意從其他人的觀點來表達想法與態度，感受對方的感受，了解對方討論主題的觀點。

這聽起來再簡單不過，其實並非如此。但這確實是一個非常有效的心理治療方法；我們發現這是改變人們的基本人格結構（personality structure）、並改善人際溝通最有效的方法。倘若我能夠聽進去人們告訴我的話，像是試圖了解對方爲何憎恨父親、公司或保守派人士；或是掌握對方抓狂或恐懼核彈的主要原因，就能幫助我更好的去協助對方審視那些憎恨與恐懼，回頭與引發負面情緒的人事或環境，建立務實與和諧的關係。我們從研究得知，同理的了解（empathic understanding，了解某個人，而不只是**認識**某個人）非常有效，甚至可能激發出人格上的重大改變。

如果你認爲你很擅長傾聽，卻從未得到我口中的成效，那麼或許你的傾聽態度並不符合我所描述的模式。有個方法可以測試你了解其他人的能力：下回你和配偶、親友，或是一小群朋友間發生爭執時，不妨先停止討論，然後請大家這麼做：「每個人發言之前，必須**先**正確複述前一位發言者的想法與感受，而前一位發言者必須同意這位發言者複述的內容。」

你很清楚這意味著什麼。當你提出自己的觀點之前，你必須先了解其他發言者的觀點。聽起來很簡單，對吧？但你試過之後，你會發現這是你嘗試過最困難的一件事。就算你辦得到，你的評論也肯定會大幅修正。但與此同時你會發現，你的情緒會消退，你們的分歧會減少，即使仍存在差異，也都是合理、而且可以理解的差異。

你能想像如果把這種方法放在更高的層次上，能爲我們解決什麼問題嗎？假設勞工在不必簽下讓步協議的情況下，能夠以管理者接受的方式，正確闡述管理者的觀點與態度；或是當管理者並未同意勞工立場的情況下，能夠闡明勞工的處境、並且獲得勞工的認同，這會對勞資糾紛帶來何種影響？這代表雙方可以建立實質的溝通；同時有很大的機會促成合理的解決方案。

那麼，爲何這樣的「傾聽」方式未能更廣泛被採用呢？大致可分爲幾個原因：

**缺乏勇氣**。爲了理解其他人而傾聽，代表你將承受實質的風險。如果你試圖以這樣的方式了解一個人，如果你願意進入對方的私領域，看見那個人的生活，而且不帶任何批判，你很可能就會因此出現轉變。你或許會以那個人的方法看事物，而你或許會發現那個人影響你的態度或人格特質。

我們多數人害怕承擔這樣的風險，以至於**無法傾聽**；我們會察覺自己忍不住去**批判**，因爲傾聽似乎太危險了。

**情緒高漲**。激烈討論時會變得極度情緒化，很難了解彼此或群體的立場。然而正是這種時刻，我們更需要良好的傾聽，才能建立良好的溝通。

其中一個方法是透過第三方。因爲他們可以放下個人感受與評論，去爲了理解其他人或群體而傾聽，然後釐清各方堅持的觀點與態度。

這個方法對於立場相反或敵對的小群體是有效的。當爭議的一方了解到有人能夠將心比心，理解他們，用詞就會變得不再那麼誇張且具防衛性；此時，他們也不需要再堅持「我百分之百是對的，你絕對是錯的」態度。

在群體裡因爲這樣的理解所觸發的影響力，可以讓群體變得緊密，而看清楚情況的客觀眞相。這不僅能夠改善溝通、讓彼此更加包容、促成更爲正面與解決問題的務實態度，防衛心、誇大的用語及批判的言論也將隨之減少；雙向溝通就此建立，同時也可能會出現某種形式的認同。

**群體過大**。目前爲止，心理治療師僅能觀察到小規模、面對面的群體。這些群體通常是爲了解決宗教、種族或產業間的緊張關係；要不就是許多治療團體所聚焦的人際關係緊繃問題。不過，若想了解分布在不同地區的大型群體該怎麼做呢？或是在面對面的群體中，針對不是爲了自己、而是代表其他人發聲的人，我們又該怎麼做？坦白說，這沒有答案。然而依據我們有限的知識，即使身處大型群體，也存在某些步驟來讓人們能強化傾聽、減少批判。

我們不妨試想一個站在調解立場的跨國團隊，前往涉入紛爭的兩個國家，然後表示：「我們希望確實了解你們的觀點，更重要的是你們對另一個國家的態度與感受。必要的話，我們將重新總結這些觀點與感受，直到我們的描述符合你們對現況的認知。」

假設這個團隊能廣泛傳達雙方陳述的觀點，難道不會產生更好的效果嗎？它未必符合我前面描述過的理解模式，但它使理解變得更爲可能。要是中立的第三方可以明確向我們描述敵方的態度，比起敵方不斷揮舞的拳頭，我們將更容易了解敵方的立場與感受。

即便雙方情緒高漲，但透過不具批判態度、卻帶有同理心的仲裁者來進行溝通的方式已證實有效。溝通可以由某一方發起，不需要另一方預做準備；甚至可由中立的第三方發起，條件是中立方至少要能與其中一方取得最小程度的合作。仲裁者可以排除不誠懇的態度、防衛性的言過其實、謊言以及「虛僞面具」，這些都是溝通失敗的常見因素。當人們發現對方的意圖是理解，而非批判時，防衛性的曲解就會急速消逝。當一方放下防衛的心態，另一方往往會投桃報李，雙方才能攜手共同釐清客觀的眞實情況。

雙方逐漸深化溝通之後，會站在一致的立場看待問題。當問題能得到明確且務實的定義時，幾乎沒有解決不了的問題；即便問題仍有一部分未能解決，各方亦能欣然接受。

## 第二部：弗里茨・羅斯里士柏格

當我們談到人際溝通的諸多障礙，尤其是那些基於出身背景、經驗與不同動機而生的歧異時，彼此理解這回事似乎顯得不可思議。至於主管與部屬的關係，出問題的機率更高。當人們的觀點或價值觀出現分歧時，溝通該如何變得可行？

針對這個問題存在兩大學派。一個學派假設當乙方不接受甲方的說法是眞實的話，或是認爲甲方的說法不成立時，甲、乙的雙向溝通就是失敗；這個學派的另一個假設是，溝通目的是要讓乙方同意甲方的意見、想法、事實或資訊。

另一個學派的思維則相當不同。它假設當乙方害怕被甲方拒絕，而無法向甲方自由表達感受時，雙向溝通就算失敗；當甲、乙任一方或雙方願意表達看法並接受歧異時，就有助於溝通。

舉例來說，比爾是一名員工，他正在老闆的辦公室裡。老闆對他說：「比爾，我認為這是你工作的最佳模式」，比爾回道：「哦，是嗎？」

根據第一個學派的論點，比爾的回答意味著溝通不良。比爾並不了解工作的最佳模式，因此要讓溝通更好，老闆得向比爾解釋為什麼他口中的工作模式是最好的。

以第二個學派的論點來看，比爾的回答稱不上好或不好的溝通，因為無法就此判定。不過，老闆可以藉機了解比爾的想法。讓我們假設老闆真的這麼做，讓比爾多談談他的工作。

我們把代表第一學派的老闆稱做「史密斯」（Smith），第二學派的老闆稱為「瓊絲」（Jones）。假設的情境完全相同，但行為不同。史密斯選擇**解釋**，瓊絲則選擇**傾聽**。在我的經驗中，瓊絲會比史密斯得到更好的回應；而與史密斯相較，瓊絲對於彼此的溝通也擁有較好的判斷。

## 「哦，是嗎？」

當比爾說「哦，是嗎？」時，史密斯假設自己了解比爾的意思，所以無須進一步行動。史密斯篤定認為比爾不了解為何這是最佳的工作模式，所以史密斯得告訴他。

溝通過程中，我們假設史密斯有邏輯、清晰且條理分明，而且能良好表述事實與證據。但要是他就是無法信任比爾，史密斯該怎麼做？假設史密斯與比爾之間的問題在本質上有其邏輯性，史密斯只能從以下兩個結論中擇一做出結論：（1）他表達得不夠清楚；或者（2）比爾愚蠢到聽不懂他的表達。因此，他要不是以更簡潔的方式來表達自己的立場，就只能放棄溝通。當史密斯不願意放棄，選擇繼續表達的時候。又會發生什麼事？

史密斯愈是無法讓比爾了解他，就會愈感到沮喪與情緒化；與此同時，史密斯合理論述的能力也會隨之減弱。既然史密斯自認爲是個講道理又有邏輯的主管，自然很難接受這件事。當他把比爾視爲一名不合作的員工或愚蠢的傢伙，事情可能會變得簡單許多。但這種感受也會影響史密斯接下來的言行。

在這些壓力之下，史密斯愈來愈容易以自身的價值觀去評估比爾，並企圖降低他的影響力，從本質上否定比爾的獨特與差異性，視其爲自我導向（self-direction）能力低落的人。

我們得釐清一點。史密斯並不認爲自己正在做上述這幾件事。當史密斯絞盡腦汁，試圖向比爾解釋爲何這是他工作的最好模式時，史密斯的內心是希望幫比爾一把。史密斯用意良善，他希望比爾做好工作。史密斯就是這樣看待自己的行爲。也正因爲如此，比爾那一句「哦，是嗎？」，才會讓史密斯變得更加憤怒。

於是，史密斯展現出「怎麼有人會這麼蠢？」的態度；

不幸的是，比爾因而感受到的不友善，絕對比感受到的善意來得多。比爾會覺得自己遭到誤解，也不會將史密斯視爲用心良善且正企圖幫助他的人。相反的，他認爲史密斯是在威脅自己的自尊與誠信。在這道威脅之下，比爾將不計成本來捍衛自己。最終，他不需要像史密斯展現清楚的敘事邏輯，而是回應：「是嗎？」

讓我們將比爾與史密斯先擺在一邊，我擔心結局不是比爾拂袖而去，就是比爾被踢出史密斯的辦公室。我們來看看瓊絲，她又會如何與比爾互動。

還記得瓊絲並未假設她知道比爾口中「哦，是嗎？」隱含的意涵，對嗎？所以，她必須再深入了解。此外，她假設當比爾這麼說的時候，他的話還沒說完、還沒表達出內心所有的感受。這意味著比爾那句話可能隱含好幾種意思，而瓊絲決定要傾聽。

溝通過程中，瓊絲並不存有任何幻想，她認爲接下來的互動純粹只是合理的交流。她反倒假設即將發生的情況主要是感受上的交流。她無法忽視比爾的感受、比爾的感受對她造成的影響，以及她的感受對比爾造成的影響。換句話說，她無法忽視她與比爾的關係；她不能假設比爾即將聽到或收到的訊息無關痛癢。

因此，瓊絲會更加關注史密斯忽略的所有細節，她會親自回應比爾的感受、自己的感受以及兩人的互動。

瓊絲因此將認知到，當自己說「比爾，我想這是你最佳的工作模式」這句話時會激怒比爾。她不會試著讓比爾理解她的看法，而是決定試著理解比爾的看法。她鼓勵比爾說出內心的話，她不會告訴比爾該怎麼感受、或該怎麼想，她反而詢問比爾一些問題，例如「這是你的感受嗎？」、「這是你看到的情況嗎？」或「這是你的假設嗎？」。她不會忽視比爾的評論，不會將這些評論視爲無關緊要、不成立，或是錯誤的認知。她試著了解比爾感受、認知與假設的現實。隨著比爾逐漸敞開心扉，瓊絲的好奇心也被點燃。

瓊絲的態度轉變爲「比爾沒那麼愚蠢，他挺有意思的」，比爾感受到的也是如此。比爾開始覺得被了解，像一般員工一樣被接受。他會降低他的防衛心，以較正面的心態去探索並重新審視自身的認知、感受與假設。比爾可以不受壓抑的表達自己的與眾不同；在這個過程中，他把瓊絲視爲助力的來源，並感受到瓊絲尊重他的自我導向能力。對於瓊絲產生的正向感受，會讓比爾更容易說出：「嗯，瓊絲，雖然我不是那麼同意妳說這是我的最佳工作模式。但我會嘗試一段時間，然後告訴你我的看法。」

我必須承認，前面兩種做法或許是紙上談兵，實際執行不見得會有效果。例如比爾一開始對史密斯的回應可能有千百種；他甚至可能說：「好的，老闆，我同意你說的做法可能比較好」。但是當史密斯回應時，他仍然不知道比爾眞正的感受，或是比爾是否眞的會採用他的做法；瓊絲雖然展現出傾聽的態度，比爾依舊可能不願意向老闆坦率表達內心

— 1991 —

## 回顧評論

## Retrospective Commentary

約翰・賈巴洛（John J. Gabarro）

今日重讀〈溝通的障礙與大門〉，很難想像這篇文章第一次發表時所掀起的千層浪。1952年，羅傑斯與羅斯里士柏格在傾聽重要性的論點上，的確顯得較爲激進。他們不僅主張排除物質高於個人的新思維領域，也就是說個人的感受相形重要；他們同時建議經理人嚴肅看待部屬的想法與感受，進而挑戰層級制度的神聖性。

然而，時至今日，前述的見解已經是基本且顯而易見的態度。這也顯示出他們提出的論點造就多大的影響力，而管理溝通又走了多遠的路；又或者的確如此嗎？當代經理人確實更好的掌握住傾聽在良好溝通的重要性。只不過，多數人仍然很難從教訓中更貼近實務應用。原因之一可能是他們自身的思緒過於複雜：簡單的教訓往往容易忘記；另一個原因則可能是記取教訓一點都不簡單。這兩位撰文的學者在40年前告訴我們的教訓，做起來其實不如說得那樣簡單，而且並未涵蓋全貌。因此，重新檢視兩位學者的理論，既能提醒我們那些仍然相關且確實強有力的見解，又能從40年前的老觀點出發，回溯我們在兩位學者的理論中還忽略什麼。

現今企業界聲量最大的三大見解，事實上超越體制與社會的界限：它們是溝通的障礙與大門；一如本文作者所述，它們可能發生在國與國、以及人與人之間。這些見解禁得起時間考驗，因爲它們是人與人交流的基本事實。

**有效溝通的最大障礙，就是人們傾向去批判另一個人的說法，而這也導致誤解或根本被視為「耳邊風」**。比爾與史密斯的例子，生動印證這個過程，這種溝通不良在今日依然常見。事實上，在如今可說更趨複雜的商業環境中，溝通不良的情形更容易發生。

**舉例來說，隨著共同的假設與經驗更難趨於一致，工作團隊走向多元化的趨勢，讓溝通變得更為複雜**。的確，要是連1952年當時羅斯里士柏格都認爲兩個人能達到有效溝通就「很了不起了」，在今日這種「出身背景、經驗與動機更爲分歧」的時代，羅斯里士柏格肯定會認爲溝通交流已經是個奇蹟。

**回頭檢視自己容易批判其他人的天性，能幫助你更了解溝通的對象**。當然，在更大的歧異上，紀律性的傾聽顯然變得無比重要，因爲產生誤解的可能性也更高。由此可知，溝通的大門比以往來得更顯重要。藉由停止假設與批判，一名經理人可以深入了解員工的感受，這將比光憑員工陳述更能掌握他們的眞實想法。

**對於其他人的觀點更多一些理解，反過來能幫助你進行更有效的溝通**。有效的溝通是傾聽與表述各占一半；清楚的傾聽能帶來清晰的表述，兩者相輔相成。經理人若能清楚掌握聽眾的背景，就能更精準的表達自己。

這些見解推動多項實務的演進。舉例來說，公司努力培養員工解決問題的自信與能力，當一名經理人願意傾聽員工的心聲，他就可能贏得員工的信任與誠實以對。當員工受到鼓勵有話直說、而不必害怕秋後算帳，他們會認爲組織重視他們的意見，同時達到公司強化員工自信的目的；與此同時，經理人也能持續掌握身爲重要資訊來源的一線員工。

也可以考慮「積極傾聽」的技巧。這是1970年代開發，在今日許多管理及銷售訓練計畫中仍廣泛採用的技巧。舉例來說，當一位業務員運用積極傾聽的技巧，對於潛在客户的反應不會帶有批判，他會複述他聽到的話，確保眞正了解客户的想法。這存在兩種效益：首先，這個過程將業務員對客户需求的偏見降到最低；其次，潛在客户覺得自己受到傾聽與了解。

然而，由撰寫本文的兩位學者的理論可知，他們可能對於不具批判性的傾聽懷有高度的信心。而研究同領域的學者與想從教訓中學習的經理人如今發現，兩位作者的確過度樂觀。首先，一個基本卻沒說清楚的假設是：理解就等於解決；但實際上並非如此。雖說理解可以改善協商過程，一如關注集體協商制度的知名學者李察・華頓（Richard Walton）的勞資關係研究，以至於哈佛法學教授羅傑・費雪（Roger Fisher）的國際談判所彰顯的重點，但理解並無法解決衝突。

其次，建立信任並非如兩位學者所暗示的，僅僅是從單一面向出發。光憑承諾非批判性的傾聽，瓊絲不一定就能得到比爾的信任。比爾還會評估瓊絲的行為與其他人格特質，才會決定是否對她開誠布公，這些層面涉及瓊絲的動機、自由裁量、行為的一致性，甚至是她的管理能力。唯有當這個評量是正面的，比爾才會對瓊絲的舉動誠懇回應。因此，我們必須擁有最低限度的信心，才能激發出誠實溝通所需的信任感，這是一項準則。當權力不對等時，往往就會造成最初的不信任感。（這種溝通的動態過程是雙向的：員工可能害怕秋後算帳而不信任他的長官，經理人也可能因為員工只說他想聽的話，而不信任他的員工。）

最後一點，今日經理人面對的溝通障礙，比兩位學者提出的還要複雜。其一是時間壓力。傾聽需要時間，而經理人往往沒有太多時間。尤其處在現今強調速度（快遞郵件、運算更快的電腦與時基競爭等）的企業文化，可能讓許多早已喘不過氣來的經理人，輕忽一對一溝通這般溫吞的技藝。

在這個充斥著合併、收購及組織扁平化的年代，另一個溝通障礙來自不安全感，以及應運而生的恐懼。當組織規模縮減及裁員危機迫近之際，比爾或瓊絲這樣的勞資關係肯定無法開誠布公；尤其是當人們相信表達自己眞實的信念或感受可能讓他們遭受裁員的厄運。

即便如此，這些障礙仍無法完整解釋，爲何在大約40年後，一名業務員能以積極傾聽的技巧來贏得客户的心；而另一名經理人卻一點也搞不清楚員工爲何能達成目標。這是因爲經理人仍面對另一個強大的障礙，我稱它爲管理悖論（managerial paradox）。雖說經理人不帶批判（了解其他觀點並取得有效資訊）的傾聽至關重要，但管理的眞諦卻是反其道而行，也就是要做出批判。經理人每天都被要求評估生產線、市場、數字，當然還要評估員工績效；另一方面，經理人每天也被評估做這些事情的績效。由此所衍生的危險，即是經理人具批判性的偏執將削弱他們傾聽的可能性，進而破壞他們正確判斷業務及員工的能力。

的眞實想法。

儘管如此，這些例子仍提供我們一些具體線索，做出以下的概論：

1. 史密斯代表一種相當常見的誤解模式。誤解並非源許多經理人或許更希望以非黑即白的方式，解決他們所面對的悖論，這是完全可以想見的。因爲他們接受的訓練當中，這兩種心態要相互調和極爲罕見。多數商學院仍然強化批判性的傾聽，它們教導學生守住自己的立場，然後戰勝對手；那些專注於不帶批判傾聽的行爲專家，則幾乎將重點放在同理心的重要性上。然而有一點在過去40年來已經不證自明：那就是經理人既要能傾聽，又能批判。他們必須認知到，當他們要做出批判時，必須先放下批判。

---

## 約翰・賈巴洛

哈佛商學院UPS基金會的人力資源管理（UPS Foundation Professor of Human Resource Management）講座教授，他是五本書的作者或合著者，包括與安東尼・艾索斯（Anthony G. Athos）合著的《人際行爲》（*Interpersonal Behavior*）與1988年贏得領導力新方向獎（New Directions in Leadership Award）的《負責的動力》（*The Dynamics of Taking Charge*）

---

於史密斯表達得不夠清楚，而是因爲史密斯誤判兩人對話所衍生的情況。

2. 史密斯對於人際溝通的誤解，奠基於以下的常見假設：（1）發生的事件是合乎邏輯的；（2）說話的人所說的話就代表字面上的意義，以及說話的人的看法；（3）交流的目的是讓比爾從史密斯的觀點來看待問題。

3. 這些假設引發一連串的認知與負面感受，同時阻礙溝通。忽視比爾的感受並讓自己的感受合理化，史密斯忽略他與比爾的關係是他們溝通的一大要素。因此，比起史密斯那一套邏輯談話，比爾對史密斯的**態度**感受更深；比爾覺得他的與眾不同遭到否定，而這攸關他的個人誠信，他升起防衛心與挑釁。史密斯也感到沮喪，他覺得比爾很愚蠢，因此他接下來的言行讓比爾變得更捍衛自己。
4. 瓊絲則有另一套不同的假設：（1）她與比爾之間發生的事是一種情緒交流；（2）比爾本人（而非比爾說的話）代表一些事；（3）交流目的是給比爾一個表達自我的機會。
5. 這些假設形成一項強化感受與認知的連鎖反應，比爾與瓊絲的溝通變得順暢。當瓊絲從比爾的觀點來回應比爾的感受與認知時，比爾覺得被理解與接受，從而坦率表現他的與眾不同。比爾視瓊絲爲助力的來源，瓊絲視比爾爲有意思的交流對象，比爾反過來變得樂於合作。

當我們正確的認知到這些常見的人際溝通模式，我們就能推論出一些有趣的假設：

- 瓊絲的模式比史密斯好，這不令人意外，只因爲瓊絲更能夠具體掌握人際溝通的順序。
- 然而，瓊絲的模式不僅僅是一道心智練習。它有賴於瓊絲去看見並接受與自身觀點不同的能力與意願，並且以面對面的交流來進一步練習。這是一項情緒與智慧上的成就，其中部分取決於瓊絲的自我理解，部分則仰賴於技巧練習。
- 儘管大學試圖讓學生（至少在智育方面）重視不同的意見，卻少見提出有效的做法，幫助學生將這股尊重運用在簡單的面對面關係上。學生們被訓練成有邏輯且條理分明，但沒有人幫助他們學會有技巧的**傾聽**。我們這個早已廣泛受教育的社會中，有太多像史密斯這樣的人，太少像瓊絲這樣的人。

人與人之間最大的障礙是，他們無法明智、體貼且有技巧的傾聽對方。現代社會中，缺乏傾聽的現象普遍得令人震驚。我們需要更加努力去教育人們進行有效溝通，而這基本上就是要指導人們如何傾聽。

---

（潘東傑譯，轉載自1991年11月至12月號《哈佛商業評論》，最初在1952年7月至8月號發表）

## 卡爾・羅傑斯

芝加哥大學心理學教授。著作很多，包括《當事人中心治療法》（*Client-Centered Therapy*）。

## 弗里茨・羅斯里士柏格

哈佛商學院人類關係學教授，他的作品包括《組織之人》（*Man-in-Organization*）與多本書籍及文章。

— 2017 —

第十七章

# 人工智慧大商機

## The Business of Artificial Intelligence

艾瑞克・布林優夫森（Erik Brynjolfsson）與
安德魯・麥克費（Andrew McAfee）

250多年來，經濟成長的根本動力一直都是技術創新。其中最重要的，是經濟學家說的「通用技術」（general-purpose technology）：這類技術包括蒸汽機、電力和內燃機。每一類都催生一波波的互補性創新和機會。舉例來說，有了內燃機，汽車、貨車、飛機、鏈鋸和割草機應運而生，還有大賣場式零售商、購物中心、交叉配送倉庫（cross-docking warehouse）、新的供應鏈，而你若仔細想想，連郊區也是。沃爾瑪、優比速（UPS）和優步（Uber）等各式各樣的公司，都找到善用這種技術的方式，創造出可獲利的新商業模式。

我們這個時代，最重要的通用技術是人工智慧，尤其是機器學習，也就是機器有能力持續不斷改善本身的表現，人類交付任務給機器時，不必確切解釋如何完成所有任務。過去幾年之間，機器學習已遠比從前有效且普及。我們現在能夠建立一些系統，懂得自行執行任務的方法。

爲什麼這件事非同小可？理由有二。第一，我們人類了解的事情，比我們能說出來的更多。有很多事情我們有能力做到，但沒有辦法確切解釋如何做到，從辨識人的臉，到玩古老亞洲鬥智遊戲圍棋時下聰明的一步棋，都包括在內。在機器學習技術出現之前，無法明確表達自己的知識，就表示我們不能把許多任務自動化。而現在，我們做得到了。

第二，機器學習系統往往很擅長學習。它們能在廣泛的活動上展現出超乎人類的表現，包括偵測詐欺和診斷疾病。優異的數位學習者，正被部署到經濟的各個角落，它們造成的衝擊會十分深遠。

在商業領域，人工智慧勢必會產生改造一切的衝擊，規模不亞於先前的通用技術。雖然世界各地已有成千上萬的公司開始使用它，但大多數的大機會還沒有被開發。未來10年，人工智慧的影響將會擴大，因爲製造、零售、運輸、金融、健康照護、法律、廣告、保險、娛樂、教育，以及其他每一種產業，都會改造本身的核心流程和商業模式，以充分利用機器學習。現在的瓶頸，是在管理、執行和商業想像上。

然而，人工智慧和其他許多新技術一樣，產生許多不切實際的期望。我們見到商業計畫動不動就提到機器學習、神經網路，以及這種技術的其他形式，卻很少提及它的眞正能力。舉例來說，單單稱一個約會網站是「人工智慧驅動」，並不會使它的效果更好，但可能有助於籌募資金。本文將避開這些雜音，直接說明人工智慧的眞正潛力、它的實務意涵，以及有哪些障礙妨礙採用它。

## 現在，人工智慧能做什麼？

**人工智慧**這個詞是達特茅斯學院數學教授約翰・麥卡錫（John McCarthy）在1955年創造的。隔年，他針對這個主題籌辦開創性的研討會。此後，可能部分由於它那引發人們想像的名稱，這個領域產生比它夢幻般宣言和承諾還要多的東西。1957年，經濟學家赫伯特・賽蒙（Herbert Simon）預測，10年內電腦會在西洋棋比賽上打敗人類（實際上花了40年）。1967年，認知科學家馬文・明斯基（Marvin Minsky）說：「一個世代內，創造『人工智慧』時遇到的問題，將會大幅解決。」賽蒙和明斯基都是知識巨人，卻都錯得十分離譜。因此，對於未來的突破提出戲劇性的說法，卻遭到某種程度的懷疑，這情況是可以理解的。

我們先來探討人工智慧已經在做什麼，以及它改善的速度有多快。最大的進展在兩大領域：感知（perception）與認知（cognition）。在感知方面，一些最實用的進展和語音有關。語音辨識要達到完美，還有一大段距離，但數百萬人正在使用它，例如Siri、Alexa和Google Assistant。你正在看的這篇文章，是先向電腦口述，然後以足夠的正確程度轉成文字，速度比打字要快。史丹福大學電腦科學家詹姆斯・藍德（James Landay）和同事的研究發現，平均來說，目前進行語音辨識，比在手機上打字約快三倍。以前的錯誤率是8.5%，現在已經降爲4.9%。引人注目的是，這麼大幅度的改善不是過去10年發生的，而僅僅是2016年夏天以來的成果。

圖像辨識也大幅改善。你可能已經注意到臉書（Facebook）和其他應用程式，現在認得出你張貼照片中朋友的臉孔，並提醒你標記他們的名字。安裝在智慧型手機裡的應用程式，認得出野外中幾乎任何鳥類。圖像辨識甚至取代企業總部中的身分識別證。無人駕駛汽車中使用的視覺系統，以前確認行人時，每30張圖像就會錯誤一次（這些系統中的相機，每秒就記錄約30張）；現在，它們的錯誤次數是每3,000萬張不到一次。一個名爲ImageNet的大型資料庫，擁有數百萬張常見、模糊，或是十分詭異的圖片，辨識圖像最好的系統如果去辨識那個資料庫裡的圖片，錯誤率已經從2010年的高於30%，降爲2016年的4%左右（見圖17-1）。

近年來採用的一種新方法，是以非常大型或「深度」的神經網路爲基礎，因此改善的速度迅速加快。視覺系統的機器學習方法仍有許多缺陷；但連人也很難迅速認出小狗的臉，或者更令人尷尬的是，看到牠們可愛的臉孔，但其實並

圖17-1

**小狗或馬芬？圖像辨識的進步**

機器在分辨看起來類似的圖像類型方面已經有很大的進展

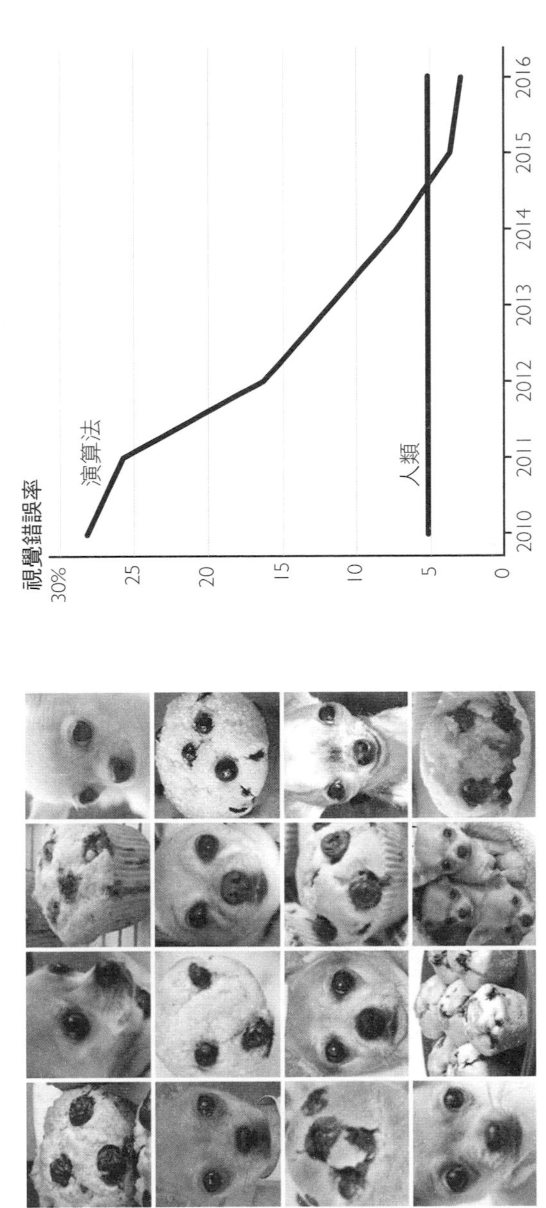


資料來源：Karen Zack/@Teenybiscuit

資料來源：電子前線基金會（Electronic Frontier Foundation）

不存在。

第二類的重大改善是在認知和問題解決方面。機器已經在撲克牌和圍棋上擊敗最優秀的人類高手，專家本來預測至少還要再10年才會達到這樣的成就。Google的DeepMind團隊使用機器學習系統，改善資料中心的冷卻效率達15%以上，即使人類專家之前已經將它們優化了。網路安全公司深度本能（Deep Instinct）使用智慧型代理（intelligent agent），偵測惡意軟體。PayPal也用智慧型代理來防範洗錢。一套使用IBM技術的系統，將新加坡一家保險公司的理賠流程自動化。資料科學平台公司Lumidatum的一套系統，則即時提供建議，以改善顧客支援。數十家公司正使用機器學習，決定要在華爾街執行哪些交易，而且在它的協助之下，做出愈來愈多信用決策。亞馬遜（Amazon）運用機器學習來優化存貨，和改善對顧客的產品建議。無限分析公司（Infinite Analytics）開發出一套機器學習系統，預測使用者會不會點按某一則廣告，爲一家全球消費性包裝產品公司改善線上廣告刊登效果。另一套機器學習系統則用來改善巴西一家線上零售商的顧客搜尋與發現過程。前述第一套系統提高廣告的投資報酬率三倍，第二套系統使得年營收增加1.25億美元。

機器學習系統不只取代許多應用軟體中比較舊的演算法，現在，更在許多過去人類較擅長的任務上表現卓越。這些系統仍然很不完美，但它們在ImageNet資料庫的錯誤率大約是5%，表現已經與人類的水準相當，或者更好。語音辨識現在也幾乎等同於人類的表現，即使在嘈雜的環境中也是如此。達到這個門檻，開啟改造職場和經濟的龐大新可能性。以人工智慧爲基礎的系統，一旦在某個任務上的表現超越人類，就會遠比從前更可能迅速擴散。舉例來說，分別是無人機和機器人製造商的Aptonomy與Sanbot，正使用改良後的視覺系統，將不少保全工作自動化。軟體業者Affectiva等公司，正在使用它們來辨識焦點小組成員的喜悅、驚訝和憤怒等情緒。有幾家深度學習新創企業使用它們掃瞄醫療圖像，以協助診斷癌症，Enlitic就是其中一家公司。

這些是令人印象深刻的成就，但是，以人工智慧爲基礎的系統，應用範圍仍然相當狹隘。例如，ImageNet資料庫有高達幾百萬張圖像，人工智慧辨識ImageNet圖像的表現雖然可圈可點，但是不見得一定能在外界各種不同的條件和情況下，取得類似的成功率，因爲照明情況、角度、圖像解析度和背景可能非常不同。從更根本的層面來說，若有一套系統可以了解中文的語音，並翻譯成英文，我們會對這套系統的能力讚嘆不已，但我們不能期待這套系統懂得特定的中國字是什麼意思，更別提是讓它們告訴我們在北京要去哪裡用餐了。如果某個人有一項任務執行得很好，我們自然會假定那個人在相關任務上也擁有一些能力。但機器學習系統受到的訓練是要去做特定的任務，通常它們的知識不會擴大應用（generalize）。有些人誤以爲電腦狹隘地理解某件事，就意味著它能更廣泛了解其他事物，可能主要是因爲這種謬誤，造成人們對人工智慧進展感到困惑，並出現浮誇的說法。機器要展現涵蓋各種領域的普遍智慧，這樣的境界仍然相當遙遠。

## 了解機器學習

關於機器學習最重要的事情，是它代表一種完全不同的軟體製作方式：機器從例子中學習，而不是明確編寫程式來得到特定的結果。這和以前的做法大不相同。過去50年來的多數時間，資訊科技及應用的進步，都是聚焦在把目前的知識和工作程序寫成程式碼，並嵌入機器中。沒錯，「編碼」（coding）這個詞，是指開發人員很辛苦地將腦中的知識，轉化成機器能了解和執行的形式。這個方法有根本上的缺點：我們擁有的許多知識是難以完整說明的內隱（tacit）知識。我們幾乎不可能寫下一些指令，教另一個人學習如何騎腳踏車，或是辨識朋友的臉孔。

換句話說，我們懂的事情，比我們能表達出來的更多。這個事實十分重要，因此有個名稱：博藍尼悖論（Polanyi's Paradox），博學多聞的哲學家博藍尼在1964年描述這個現象。博藍尼悖論不只限制我們能告訴另一個人的事情，一直以來，也爲我們賦予機器智慧的能力設下根本的限制。長久以來，這限制機器在經濟中能有效執行的活動。

機器學習正在克服這些限制。在第二次機器時代的第二波浪潮中，人類打造的機器正從各種例子中學習，並使用結構化的回饋意見，解決它們本身的問題，例如，博藍尼提出有關臉孔辨識的經典問題。

## 不同類型的機器學習

人工智慧和機器學習有許多類型，但近年來，大部分的成功集中在一類：監督式學習系統（supervised learning system），也就是把某個問題的許多正確答案交給機器。這個流程，幾乎總是要把一組投入要素X，對應到一組產出Y。舉例來說，投入要素可能是各種不同動物的照片，正確的產出，可能是這些動物的標記：狗、貓、馬。投入元素也可能來自錄製聲音的波形，產出可能是「是」、「否」、「你好」、「再見」等（見表17-1）。

成功的系統往往使用一組訓練資料組，其中有數千、或甚至數百萬個例子，每個例子都標記正確的答案。接著，就放手讓系統去觀察新的例子。如果訓練進行良好，系統預測答案的正確率會很高。

促成這些成功背後的演算法，仰賴的是一種使用神經網路的**深度學習**（deep learning）。深度學習演算法大幅勝過舊世代的機器學習演算法：它們更能善用數量更多的資料集。隨著訓練資料中的例子數目增加，舊系統也會改善，

表17-1

## 監督式學習系統

這個領域的兩位先驅湯姆・米契爾（Tom Mitchell）和麥可・喬丹（Michael I. Jordan）注意到機器學習最近的進展，包括將一組投入元素與一組產出作比對。其中一些例子如下：

| 投入X | 產出Y | 應用 |
|---|---|---|
| 錄音 | 文字 | 語音辨識 |
| 過去的市場資料 | 未來的市場資料 | 交易機器人 |
| 照片 | 照片說明文字 | 圖像標記 |
| 藥物的化學性質 | 治療效果 | 醫藥研發 |
| 商店的交易細節 | 這筆交易是否是詐欺？ | 詐欺偵測 |
| 食譜材料 | 顧客評論 | 美食推薦 |
| 採購歷史 | 未來的購買行為 | 留住顧客 |
| 汽車位置與速度 | 交通流量 | 交通號誌 |
| 臉孔 | 姓名 | 臉孔辨識 |

但只能改善到某一個程度，在那之後，額外增加資料也不會使預測變得更準確。這個領域的大師之一吳恩達（Andrew Ng）表示，深度神經網路似乎不會像這樣成效趨於持平：更多資料會使預測愈來愈好。有些非常大的系統，使用3,600萬個或更多例子加以訓練。當然，運用極大的資料集，需要愈來愈大的處理能力，因此，非常大的系統常必須在超級電腦和專用電腦架構上運作。

任何情況中，如果你有許多行爲資料，並且試著預測結果，都是監督式學習系統的潛在應用。領導亞馬遜消費者業務的傑夫・威爾克（Jeff Wilke）說，監督式學習系統已大量取代以記憶爲基礎的過濾式演算法，這種過濾式演算法過去是用來向顧客做個人化推薦。在其他情況中，設定存貨水準和優化供應鏈的傳統演算法，已經被根據機器學習、更有效率和更穩健的系統取代。摩根大通銀行（JPMorgan Chase）引進一個系統審查商業貸款合約；以前需要放款行員36萬個小時的工作，現在能在幾秒之內完成。而且，監督式學習系統現在還可以用來診斷皮膚癌。這些只是少數的一些例子而已。

標記一堆資料，用它來訓練監督式學習者，是相當直截了當的做法；正因如此，監督式機器學習系統，比**非**監督式機器學習系統更常見，至少在目前是這樣。非監督式學習系統設法自行學習。我們人類是出色的非監督式學習者。我們對世界的大部分知識（例如辨認一棵樹），是在幾乎沒有標記資料、甚至完全沒有標記資料的情況下學到的。但要開發出以這種方式成功運作的機器學習系統是極爲困難的。

當我們學習打造穩健的非監督式學習者，會出現令人振奮的可能性。這些機器能以全新的方式觀察複雜的問題，協助我們發現目前我們還不知道的一些形態；例如，疾病的蔓延、市場中不同證券的價格波動、顧客的購買行爲等。這種可能性，使得臉書人工智慧研究主管、紐約大學教授楊立昆（Yann LeCun）把監督式學習系統比喻成蛋糕上的糖霜，非監督式學習系統則是蛋糕本身。

這個領域裡的另一個成長中的小領域，就是**強化式學習**（reinforcement learning）。這種方法被嵌入擅長玩雅達利（Atari）電玩遊戲的系統，以及圍棋等棋盤遊戲中。它也協助優化資料中心的電力使用，以及發展出股票市場的交易策略。Kindred研發的機器人使用機器學習來辨識和整理以前不曾遇過的物件，加快消費性產品配銷中心的「拿取與放置」流程。強化式學習系統中，程式設計師會釐清系統的目前狀態和目標、列出容許的行動，並說明限制每項行動所獲得結果的環境要素。這套系統使用容許採取的行動，來判斷如何才能盡量接近目標。如果人類能明確設定目標，但不見得知道要如何達到那個目標，那麼這些系統可以運作得很好。舉例來說，微軟使用強化式學習，若是有較多的訪客點按連結，就會「獎賞」系統更高的分數，用這種方式來選擇MSN.com新聞報導的頭條新聞。這套系統試著根據設計者給它的規則，得到最高的分數。當然，這表示強化式學習系統會優化，以達到你明確表示要獎賞的目標，而不見得是你真正在意的目標，例如終身顧客價值，因此，清楚地設定正確目標非常重要。

## 讓機器學習得以運作

目前想要使用機器學習的組織，有三個好消息。第一，人工智慧技術正在迅速擴散。全世界的資料科學家和機器學習專家仍不夠多，但對他們的需求，有線上教育資源和各個大學努力去滿足。其中最好的，包括Udacity、Coursera和fast.ai，不僅教導入門概念，實際上還教導聰明、上進的學生創造工業級的機器學習部署。對這方面有興趣的公司，除了訓練本身的人員，還可以利用Upwork、Topcoder和Kaggle等線上人才平台，尋找擁有可驗證專長的機器學習專家。

第二個受歡迎的發展，是現代人工智慧需要的演算法和硬體，可以視需要購買或租用。Google、亞馬遜、微軟、Salesforce和其他公司，正透過雲端，提供強大的機器學習基礎設施。這些對手之間激烈的競爭，意味想要實驗或部署機器學習的企業會發現，長期而言，可用的能力愈來愈強，價格則愈來愈低。

最後一個好消息，而且可能最爲人低估的是：你可能不需要那麼多資料，就可以開始有效利用機器學習。大部分機器學習系統只要提供更多資料去運作，績效就會改善。因此合理的結論似乎是，有最多資料的公司會勝出。這種說法若要正確，前提必須是：如果「勝利」是指「主宰單一應用的全球市場，例如廣告定向（ad targeting）或語音辨識等應用」。但如果成功的定義並非如此，而是要顯著改善績效，那麼，所需要的足夠資料，往往令人意外地很容易取得。

舉例來說，Udacity共同創辦人塞巴斯欽・特倫

（Sebastian Thrun）注意到，他的一些銷售人員在聊天室回覆主動來詢問的潛在顧客時，成效遠高於其他人。特倫和他的研究所學生扎伊德・伊南（Zayd Enam）知道，他們的聊天室登錄，基本上是一組有標記的訓練資料，這正是監督式學習系統需要的。導致達成銷售的互動，標記爲成功，其他所有的互動，標記爲失敗。伊南使用這些資料來預測成功的銷售人員在回應一些極爲常見的查詢時，可能會提供哪些答案，然後和其他銷售人員分享那些預測，敦促他們取得更好的績效。在1,000次訓練週期之後，銷售人員提高成效的幅度達54%，而且能同時服務兩倍多的顧客。

人工智慧新創公司WorkFusion採取類似的方法。它和一些公司合作，用更高程度的自動化，來進行辦公室後端流程，例如，支付國際發票和結算金融機構之間的交易。這些流程過去一直沒有自動化，是因爲它們相當複雜；相關的資訊不見得每次都以相同的方式呈現（「我們如何知道他們談的是什麼貨幣？」），而且需要某種程度的解讀和判斷。WorkFusion的軟體在背景觀看人類工作，並使用人類的行動作爲「分類」這項認知任務的訓練資料（「這張發票是用美元，這張是用日圓，這張是用歐元……」）。一旦系統對本身的分類能力有足夠的信心，就會接管分類流程。

機器學習正在三個層次上推動變革：任務與職業、商業流程、商業模式。重新設計任務與職業的一個例子，是使用機器視覺系統，來辨識潛在的癌細胞，好讓放射科醫師把心力專注在真正危急的病例上、與病患溝通，以及與其他醫師協調。重新設計流程的一個例子，是亞馬遜訂單履行中心（Amazon fulfillment centers）根據機器學習，引進機器人和優化演算法之後，改造工作流程和樓面規畫。同樣的，公司應該重新思考商業模式，以充分利用機器學習系統，這種系統可以用個人化方式，聰明地推薦音樂和電影。與其根據消費者的選擇，一首一首地銷售歌曲，更好的模式可能是讓顧客訂閱個人化電台，這個電台可以預測和播放那個顧客會喜歡的音樂，即使他之前不曾聽過那些音樂。

注意，機器學習系統很少取代整個工作、流程或商業模式。最常見的情形是它們與人類的活動互補，讓人類的工作更有價值。「把所有的任務交給機器」不太可能是這個新分工方式最有效的準則。相反地，如果成功完成某個流程需要10道步驟，其中一、兩道可能自動化，其餘的部分由人類來做，會更有價值。舉例來說，Udacity的聊天室銷售支援系統，並沒有試著打造可接管所有對話的機器人。相反地，它會建議人類銷售人員如何改善績效。人類仍居於主導地位，但效能和效率遠高於從前。這麼做的可行性，遠高於嘗試設計機器來做人類會做的每件事。這通常會使相關人員的工作變得更好、更令人滿意，最後提供更好的成果給顧客。

設計和執行新方式，來結合技術、人類技能與資本資產，以滿足顧客需求，這一切都需要大規模的創意與規畫。機器不是非常擅長這種任務。因此，在機器學習的時代當創業家或企業經理人，是社會中最有價值的工作之一。

## 風險與限制

第二次機器時代的第二波浪潮，也伴隨著新的風險。尤其是機器學習系統的「可解釋能力」（interpretability）經常偏低。意思是，人類難以清楚了解系統如何做成決定。深度神經網路可能有數億個連結，每個都對最後的決定貢獻一小部分的力量。因此，這些系統的預測往往無法提出簡單、清楚的解釋。機器和人類不同，機器（還）不擅長說故事。它們不見得能提出理由說明，爲什麼某人應徵某個職位獲得錄取，另一個人則落選，或是爲什麼推薦某種藥物。說來諷刺，即使我們開始克服博藍尼悖論，卻正面臨它的相反版本：機器懂的，比它們能告訴我們的更多。

這產生三種風險。第一，機器可能有隱藏的偏誤，而偏誤來自訓練系統所用的資料，而不是設計者刻意製造的偏誤。舉例來說，如果系統使用人類招募人員過去做的決策資料集，學會應錄取哪些應徵工作的人，它們可能無意間永久沿用人類決策者在種族、性別、族群或其他方面上的偏誤。此外，這些偏誤可能不是以清楚的外顯（explicit）法則來呈現，而是嵌入數千個被考慮的因素之間微妙的互動當中。

第二個風險是，神經網路系統和建立在外顯邏輯法則上的傳統系統不同，神經網路系統處理的是統計眞相（statistical truth），不是實際眞相（literal truth）。因此很難、甚至不可能完全證明，系統會在所有的情況下運作，尤其是訓練資料裡沒有呈現的情況。對於關鍵任務的應用，例如，控制核能發電廠或攸關生死的決定，缺乏可驗證性令人擔憂。

第三，機器學習系統無可避免會犯錯，而當它眞的出錯時，可能很難診斷是什麼事情出了差錯，並改正錯誤。導出解決方案的根本結構，可能複雜得難以想像，而且，如果接受訓練的系統所處的狀況改變，解決方案可能很不理想。

雖然這些風險都很嚴重，但合適的比較標準並非完全不犯錯，而是找到最佳替代方案。畢竟，人類也會有偏誤，也會犯錯，也可能難以確實解釋我們如何做成某個決定。以機器爲基礎的系統優點在於，經過一段時間之後能夠逐漸改進，而且若是給它們相同的資料，會得到前後一致的答案。

這是否意味著人工智慧和機器學習能做的事沒有極限？感知和認知涵蓋很廣的領域：從開車到預測銷售額，到決定錄用或升遷誰。我們相信，人工智慧有很好的機會，不久就會在大部分或所有這些領域達到超人的表現水準。那麼，人工智慧和機器學習**無法**做什麼事？

我們有時會聽到有人說：「人工智慧永遠不會擅長評估情緒化、詭計多端、狡猾、前後不一的人類：它太過一板一眼、不帶人性色彩，沒辦法做那種事。」我們不同意這種說法。像Affectiva的機器學習系統根據音調或臉部表情，察覺人的情緒狀態，表現已經達到或超越人類的水準。其他系統則能推斷撲克牌好手什麼時候在虛張聲勢，能在極複雜的一對一無限注德州撲克（Heads-up No-Limit Texas Hold'em）競賽上擊敗他們，就算對手是世界上最好的撲克牌好手也沒問題。正確看出一個人的情緒是細緻微妙的工作，但不是魔法。它需要感知和認知，這正是機器學習目前很強的領域，而且持續變得更強。

若要討論人工智慧的極限，一個很好的起始點就是巴布羅．畢卡索（Pablo Picasso）對電腦的觀察：「但它們沒有用處，只能給你答案。」從機器學習最近的勝利來看，它們絕對不是沒有用處，但畢卡索的觀察仍帶來深入的見解。電腦是回答問題的裝置，不是用來提出問題的裝置。這表示我們仍然會很需要某些人，他們能夠看出接下來要處理什麼問題或機會，或是要探索什麼新領域，像是創業家、創新者、科學家、創造者等等。

同樣地，消極地評估某個人的心理狀態或士氣，和積極地設法改變它，這兩者有很大的不同。機器學習系統變得相當擅長前者，但在後者仍遠遠落後我們。人類是強烈的社會性物種；最擅長運用社會性驅力（social drive），如同情、自豪、團結、羞恥等，來說服、激勵和鼓舞人的是其他人類，不是機器。2014年，TED大會和XPRIZE基金會宣布設立一個獎項，頒給「在這座講台發表引人入勝的演說，贏得聽眾起立鼓掌的第一個人工智慧」。我們懷疑這個獎很快就會頒出。

我們認爲，在這個超級強大機器學習的新時代中，人類智慧最大和最重要的機會在於兩個領域的交會處：研判接下來要處理什麼問題，以及說服許多人去處理那些問題，提出解決方案。這是領導力的合適定義，而這在第二次機器時代變得遠比從前重要。

目前人類和機器之間的分工正在快速崩解。堅持原來見解的公司會發現：相較於願意且能夠將機器學習應用在所有合適地方的對手，以及能研判如何有效整合機器與人類能力的公司，堅持原來見解的公司日益落居競爭劣勢。

由於技術進步，商業世界已經開始經歷地殼變動般的根本改變。和蒸汽動力與電力的情況一樣，區分贏家和輸家的因素，不在於能不能取得新技術，甚至不在於是否能聘用到最佳的技術人員。相反地，贏家將會是態度夠開放的創新者，他們的眼光能夠超越現狀，設想出非常不同的方法；他們也夠聰明，能夠運用那些方法。機器學習留給我們最大一項成果，可能是創造新一代的企業領導人。

我們認爲，人工智慧，尤其是機器學習，是我們這個時代最重要的通用技術。這些創新對企業和經濟的衝擊，將不只反映在它們的直接貢獻上，也反映在它們能夠促成和啟發互補性的創新。機器學習帶來很多能力，像是更好的視覺系統、語音辨識、智慧型問題解決等等，有了這些能力，就可能出現新的產品和流程。

有些專家甚至走得更遠。豐田研究所（Toyota Research Institute）現任領導人吉爾．普拉特（Gil Pratt）把目前這一波的人工智慧技術，比喻成5億年前的寒武紀大爆發，那時孕育出不計其數的新生命形式。那時候和現在一樣，一個關鍵新能力是視覺。當動物首次得到這種能力，便能比從前更爲有效的探索環境；這催化物種的數量大幅增加，包括獵物和掠食者，而且，被填滿的生態區位（ecological niche）範圍也大大增加。今天的情況也類似，我們預期會見到各種新產品、服務、流程和組織形式，同時也會有大量的滅絕。在出乎意料的成功之外，必然也會有一些可怕的失敗。

雖然很難確切預測哪些公司將主導新的環境，但有個通則很清楚：最靈活和適應力最強的公司與高階主管會興起。在由人工智慧賦予能力的領域裡，能迅速察覺和回應機會的組織會掌握優勢。所以，成功的策略是願意做實驗，以及快速學習。如果經理人不在機器學習的領域加強實驗，就沒有善盡職責。接下來10年，人工智慧不會取代經理人，但使用人工智慧的經理人，會取代沒有使用人工智慧的經理人。

---

（羅耀宗譯，轉載自2017年7月18日哈佛商業評論網站文章）

## 艾瑞克・布林優夫森

史丹福大學以人爲本人工智慧研究所（Stanford Institute for Human-Centered AI）教授與資深研究員、史丹福數位經濟實驗室主任，也是美國國家經濟研究局（NBER）研究員。他是9本書的作者與合著者，包括《第二次機器時代》（*The Second Machine Age*）與《機器、平台、群眾》（*Machine, Platform, Crowd*）

## 安德魯・麥克費

麻省理工學院數位經濟計畫的共同創辦人，他也是《企業2.0》（*Enterprise 2.0*）的作者和《第二次機器時代》的合著者。

2012

第十八章

# 企業最誘人的職缺

Data Scientist: The Sexiest Job of the 21st Century

湯瑪斯・戴文波特（Thomas H. Davenport）與帕蒂爾（D.J. Patil）

2006年6月，強納森・葛曼（Jonathan Goldman）到商業社群網站LinkedIn上班時，這個地方感覺仍像新創企業。公司的使用者帳號不到800萬個，但由於既有會員不斷邀請朋友和同事加入，社群人數正迅速增長。不過，使用者和這個網站上其他使用者建立關係的速度，並不如高階主管預期的那麼快。顯然，他們的社群經驗欠缺一些東西。LinkedIn的一位經理人這麼說：「這就像進了研討會的歡迎會，卻發現一個人也不認識，只好孤獨地站在一角，獨自輕啜飲料；你很可能會提早離開。」

葛曼擁有史丹福大學物理學博士學位，親眼目睹公司網站上人際關係的發展，對這一點和豐富的使用者個人資料很感興趣。他看到一堆雜亂無章的資料，公司只用笨拙的方法做一些分析，但他開始探索人與人之間的關係後，卻發現其中有無限的可能性。於是，他提出各種理論、測試自己的直覺，並找出資料當中的一些模式，讓他可以根據某個人的資料，預測他會進入誰的人脈網絡。他認爲，利用他設計的捷思法（heuristics）所產生的一些新功能，對使用者也許很有價值。但LinkedIn的工程團隊正爲擴大網站規模而忙得不可開交，因此似乎興趣缺缺。有些同事公開駁斥葛曼的想法。他們質疑，使用者哪裡需要LinkedIn爲他們設想該加入什麼人脈網路？網站已經有通訊錄匯入器，可以將會員的所有人際關係都納入。

幸好，LinkedIn的共同創辦人，也是當時的執行長里德·霍夫曼（Reid Hoffman，現在是執行董事長）因爲有在PayPal工作的經驗，讓他對分析的力量滿懷信心，因而給予葛曼很大的自主權。首先，他允許葛曼不受公司正常的產品發表週期局限，可以在網站最多人瀏覽的網頁，以廣告的形式刊登小型模組。

葛曼透過這樣的模組，開始測試一件事：提供使用者一些尚未建立關係、但似乎可能認識的人名，例如，在學和在職期間重疊的人。他根據使用者在LinkedIn輸入個人資料顯示的背景，量身製作一則廣告，刊出和每位使用者配對程度最好的三個人名。幾天內，顯然就發生很奇妙的事情，那些廣告的點擊率是有史以來最高的水準。葛曼繼續更改這些交友建議的產生方式，納入「三角形閉合」（triangle closing）等人脈觀念：三角形閉合是指，如果你認識雷利和蘇，那麼雷利和蘇很有可能彼此認識。葛曼和他的團隊也將使用者回應交友建議的動作，縮減爲只要點擊一次就行。

LinkedIn的高階經理人不久就發現這是不錯的構想，並將它納爲標準功能。到那個時候，LinkedIn的運作開始眞正起飛。「你可能認識的人」廣告，跟敦促使用者瀏覽網站上更多網頁的其他提示相比，點擊率高出30%。它們產生數百萬的新網頁瀏覽量。由於這個功能，LinkedIn的成長軌道轉而扶搖直上。

## 一群新人類

葛曼代表企業組織中一群重要的新人物：資料科學家（data scientist）。這些高位階的專業人士受過相關訓練，並且充滿好奇心，想在大數據的世界中發現一些東西。這個職銜才出現幾年，在2008年想出這個職銜的人，是作者之一的帕蒂爾和傑夫・哈梅巴赫（Jeff Hammerbacher），當時他們分別領導LinkedIn和臉書的資料與分析工作。但數千位資料科學家已經在新創公司和根基穩固的公司中服務。他們突然在企業舞台上現身，反映出企業正在積極處理的資訊，是以前所未見的樣貌和數量進入組織。如果你的組織必須儲存好幾個petabyte的資料（一個petabyte等於一千兆位元組），如果攸關公司業務的資訊，出現的形式不只是行列式數字，或是如果你在解答公司的最大問題時，需要「混搭」

好幾種分析方法，那麼，你就有處理大數據的機會。

目前對大數據的熱潮，大多集中在使它們容易處理的技術上，包括處理分散式檔案系統使用最廣的架構Hadoop，以及相關的開放原始碼工具、雲端運算和資料視覺化。雖然這些是重要的突破，但至少同樣重要的是擁有一技之長（和心態）、能善用那些技術的人才。這種人才供不應求。資料科學家不足，正成爲嚴重局限某些部門發展的因素。專門投資初期創業階段企業的創投公司葛瑞洛克合夥公司（Greylock Partners）曾資助臉書、LinkedIn、帕洛奧圖網路（Palo Alto Networks）和Workday等公司，由於擔心這方面的人才供給吃緊，因此自行設立特別的招募團隊，爲投資組合中的企業提供人才。「一旦他們有了資料，」領導該團隊的丹・波提洛（Dan Portillo）說：「一定會需要能管理資料，和從資料尋找深入見解的人才。」

## 他們是什麼樣的人？

如果雇用資料科學家才能利用大數據，那麼經理人面對的挑戰是學習如何找到那種人才、吸引他們進入企業，並使他們發揮生產力。和其他已經明確建立的組織職位比起來，這些工作都不是那麼簡單明瞭。首先，大學的課程並沒有資料科學方面的學位。資料科學家適合待在組織中的什麼地方、可以如何增添最多的價值，以及如何衡量他們的績效，也少有共識。

因此，要找到所需的科學家，第一步是了解他們在企業中做什麼事。然後再問：他們必須具備什麼技能？在哪些領域最能找到這種人才？

資料科學家最重要的工作，是悠遊於資料之海中有所發現。他們喜歡用這種方法航行於周遭的世界中。他們自在的置身於數位世界之中，爲缺乏形式的大量資料建立結構，並展開分析。他們會去尋找豐富的資料來源，將它們與其他可能不完整的資料來源結合起來，然後清理因此產生的資料集。在競爭激烈的環境中，挑戰不斷變化，資料流動永不停歇，但資料科學家能協助決策者捨棄只爲某個特定目的而進行分析，改爲與資料不斷對話。

資料科學家曉得，他們面對技術上的限制，但不讓這種限制阻礙他們尋找嶄新的解決方案。當他們有所發現，便會拿知道的事情與人溝通，並從中找出相關的涵義，用來作爲新業務方向的參考。他們經常發揮創意，用視覺工具呈現資訊，並以清楚且引人注目的方式，來傳達他們發現的模式。他們向高階主管和產品經理說明這些資料對產品、流程和決策的涵義。

由於資料科學家這一行仍處於起步階段，他們往往必須自行打造所需的工具，甚至進行像學術界那樣的研究。雅虎（Yahoo!）很早就雇用一群資料科學家，協助促進Hadoop的發展。臉書的資料小組提出Hive語言，爲Hadoop計畫寫程式。其他許多資料科學家，特別是靠資料運作的Google、亞馬遜、微軟、沃爾瑪、eBay、LinkedIn和Twitter等公司的資料科學家，都曾協助增加和改良所需的工具。

是什麼樣的人在做這些事？資料科學家應該擁有哪些能力才能順利完成任務？不妨把他們想成集資料駭客、分析師、溝通者、受信賴的顧問於一身的人。這樣的組合有很強大的力量，而且難得一見。

資料科學家最普遍擁有的基本技能是寫程式的能力。5年後，更多人會在名片印上「資料科學家」的頭銜，寫程式的能力可能就不再那麼重要。未來還是會很重要的是，資料科學家必須以所有利害關係人都了解的語言和他們溝通，並且運用口語或視覺工具，或者最理想的是兩者並用，來展現用資料講故事的特殊技能。

但我們必須指出，資料科學家最重要的特質應該是強烈的好奇心，他們渴望進入問題的表層底下，直搗問題的核心，然後提出非常清楚的假說，並能加以檢驗。這通常需要他們運用關聯性思考法，而這是任何領域中最有創意科學家的特徵。舉例來說，我們認識一位資料科學家正在研究詐欺問題，而他發現，這個問題和一種DNA排序問題類似。他和他的團隊將這兩個截然不同的領域放在一起，設計出一套解決方案，大幅降低詐欺造成的損失。

或許現在情況已經愈來愈明朗，顯示「科學家」這個詞適合這個新興的角色。舉例來說，實驗物理學家也必須設計設備、蒐集資料、執行多種實驗，並與人溝通說明研究的結果。因此，一些公司在尋找能處理複雜資料的人才時，將目標對準擁有物理學或社會學等教育與工作背景的人，可能比較容易找到理想的人才。有些最優秀和最聰明的資料科學家，擁有生態學、系統生物學等深奧領域的博士學位。財捷公司資料科學小組主管喬治・羅梅里歐提斯（George Roumeliotis）擁有天體物理學的博士學位。稍微不那麼讓人驚訝的是，今天在企業界服務的許多資料科學家，受過電腦科學、數學或經濟學的正式訓練。他們可能來自任何以資料和運算為主的領域。

牢記這個科學家的形象十分重要，因為「資料」這個詞很可能使企業往錯誤的方向去找人才。就像波提洛告訴我們的：「10到15年前擁有傳統背景的人才，根本不適合現在。」計量分析師可能擅長分析資料，卻無法處理大量的非結構性資料，並將它們轉化為可分析的形式。資料管理專家也許擅長以結構化的形式產生資料，並加以組織整理，卻不懂得如何將非結構性資料轉化成結構性資料，也不懂得如何眞正進行資料分析。不具備強大社交技能的人，也許能在傳統的資料專業上表現傑出，但資料科學家卻必須擁有社交技巧，才能發揮效果。

羅梅里歐提斯向我們明白表示，他不是看統計或分析能力來用人。他在尋找資料科學家時，先問候選人能否以Java等主流程式語言來開發原型產品。羅梅里歐提斯尋找的人才，必須同時具備一組能力，以及一些心智習慣；那組能力包括堅實的數學、統計學、機率和電腦科學能力。他希望找來的人對商業議題有感覺，也對顧客有同理心。他說，他接著會以在職訓練，以及偶爾教一門特別的科技課程，進一步培養他們。

有幾所大學正計畫開辦資料科學課程，而現有的分析課程，例如北卡羅來納州立大學（North Carolina State）的分析科學碩士班，則忙著增加大數據的練習和課程作業。有些公司也試著培養內部的資料科學家。EMC收購大數據公司綠梅（Greenplum）後，認爲是否擁有資料科學家，將是它本身及顧客能否利用大數據的門檻因素。因此，EMC的教育服務事業部開辦資料科學，以及大數據分析的訓練與認證課程，開放給員工和顧客參加，一些受訓完畢的人已經開始參與內部的大數據計畫。

隨著教育訓練課程增多，可用的人才應該會增加。大數據技術供應商也設法讓技術更容易使用。在此同時，一位資料科學家採用一項有創意的方法，以縮小供需缺口。受過高能物理學正規訓練的傑克・柯蘭卡（Jake Klamka），設計博士後研究課程「洞察資料科學研究員課程」（Insight Data Science Fellows Program），招收學術界的科學家，給予六星期的課程，培養他們成爲資料科學家。這套課程除了請當地一些公司的資料專家來指導，例如臉書、Twitter、Google、LinkedIn等公司，也讓學員實際處理大數據。申請受訓的人超過200人，柯蘭卡原本只準備招收10名研究員，最後收了30名。還有更多組織希望參與。「企業的需求極大，」柯蘭卡告訴我們：「它們就是無法找到這種高素質人才。」

## 如何搶到資料科學家？

即使資料科學家人數增多，爭取頂尖人才的競爭仍相當激烈。應徵者很可能會根據大數據的挑戰有趣程度，來評估工作機會是否吸引人。就像其中一人說的：「如果我們只想處理結構性資料，就會去華爾街。」目前最符合資格的可能人選來自非商業背景，因此負責招募人才的經理人，可能需要思考，如何將公司面對的問題可望提供的突破潛力，描繪成一幅令人振奮的畫面。

薪酬當然會是重要的因素。優秀的資料科學家會有許多道門開著等他，所以薪資只會愈喊愈高。在新創公司工作的幾位資料科學家表示，他們要求、也得到很多股票選擇權。即使因爲其他理由而接受工作邀約的人，薪酬也代表一種尊重，以及他的工作可望爲企業增添的價值。但我們非正式地調查資料科學家認爲哪些事情重要，結果顯示，某些更根本的東西十分重要。他們希望能「上艦橋」。這個詞來自1960年代電視影集《星際爭霸戰》（*Star Trek*）。影集中，星際戰艦艦長詹姆士・寇克（James Kirk）非常借重史波克博士（Dr. Spock）提供的資料。資料科學家希望能置身於發展

## 如何找到適合的資料科學家

1. 若要找人才，可到「通常人才濟濟」的大學（史丹福、麻省理工學院、柏克萊、哈佛、卡內基美隆），以及其他幾所素質優良的學校：北卡羅來納州立大學、加州大學聖塔克魯斯校區、馬里蘭大學、華盛頓大學、德州大學奧斯汀校區。
2. 有些使用者團體專門探討資料科學研究工具，不妨看看它們的會員名冊。R使用者團體（R User Groups，針對資料科學家偏愛的某個開放原始碼統計工具）、巨蟒興趣團體（Python Interest Groups，針對PIGgies），都是不錯的起點。
3. 在LinkedIn搜尋資料科學家；他們幾乎全在那裡，不妨找看看有沒有你需要的人才。
4. 到Strata、Structure:Data、Hadoop World等研討會，以及類似的集會（現在幾乎每個星期就有一場），或是灣區、波士頓、紐約、華盛頓特區、倫敦、新加坡和雪梨等地的資料科學家非正式聚會，和他們談一談。

中的情勢裡面，即時掌握當下不斷變動的各種選擇。

由於尋找和留住資料科學家很難，有人可能認爲，聘請

5. 和你所在地區的創業投資家交朋友，因爲過去一年來，他很可能接過各式各樣的巨量資料提案。
6. 在 Kaggle 或 TopCoder 等分析和程式撰寫競賽網站舉辦比賽，留意那些深具創意的參賽者。
7. 不會寫程式的應徵者就不必考慮。寫程式的能力不必達到世界一流的水準，但仍應該夠好才行。也要留意應徵者是否能很快學會新技術和新方法。
8. 確保應徵者能在資料裡找到故事，而且能講得頭頭是道，談他發現的重要資料見解。測試他能否透過視覺化工具和口語，運用數字與人溝通。
9. 留意應徵者是否與商業世界脫節太遠。當你問他們的研究可以如何應用到你的管理挑戰上，他們是否不知如何回答？
10. 問應徵者喜歡的分析或見解是什麼，以及如何繼續精進他們的技能。他們是否取得史丹福大學的線上機器學習課程進階證書、對開放原始碼計畫有所貢獻，或是曾建立並與人分享線上程式碼庫，例如在 GitHub 上？

他們當顧問是不錯的策略。但大部分顧問公司都還無法找到許多這類人才。連埃森哲（Accenture）、德勤（Deloitte）

和IBM全球服務（IBM Global Services）等大公司，也仍處於爲客戶推動大數據計畫的早期階段。它們擁有的資料科學家，主要是把他們的能力用來處理較傳統的計量分析問題。謬西格馬（Mu Sigma）等美國以外的分析服務公司，可能靠著他們資料科學家的力量，首次大舉進入美國。

但接受我們訪問的資料科學家表示，他們想要實際做一些事，而不只是向決策者提供建言。有個資料科學家形容，當一個顧問，就像是「踏進死亡地帶；你能做的事，就只是告訴某個人，根據分析，他們應該做什麼事」。提出可行的解決方案，他們才能造成更大的影響，並且建立名聲，成爲這個專業裡的先驅者。

## 護才與養才

把資料科學家規範得太緊，不會有好表現。企業應該給他們實驗和探索各種可能性的自由。不過，他們仍需要和企業其他單位建立緊密的關係。對他們來說，最重要的是要和負責產品與服務的高階主管建立關係，而不是和督導業務職能的人建立關係。正如葛曼的故事所顯示的，他們爲公司增加價值的最大機會，不在於寫出報告或向資深高階主管做簡報，而是在面對顧客的產品和流程上創新。

LindedIn不是唯一借重資料科學家，爲產品、功能和加值型服務提出各種構想的公司。財捷公司也要求資料科學家爲小型企業客戶和消費者尋求重要的見解，並向一位新設的資深副總裁報告，這位副總裁負責大數據、社群設計和行銷。奇異公司已經利用資料科學，使服務契約和工業產品維護間隔時間達到最佳化。Google 當然早就借重資料科學家的力量，改良核心的搜尋與服務演算法。Zynga運用資料科學家，來進行遊戲體驗的最佳化，以爭取玩家長期投入，並提高營收。網飛（Netflix）設立知名的網飛獎，頒給能以最佳方法改進公司電影推薦系統的資料科學團隊。考試準備公司卡普蘭（Kaplan）借重內部的資料科學家，來發掘效果良好的學習策略。

不過，要在快速變化領域裡擁有複雜技能的人，整天和負責一般管理工作的同事在一起，可能也會有缺點。因爲這麼一來，他們和類似專家互動的時間就會減少，而他們需要和專家互動，才能持續不斷磨練技能，並擁有最先進的工具。不管是在大公司內部，還是在公司外部，資料科學家都必須和實務社群聯繫。新研討會和非正式的社團組織不斷出現，以支持協同合作和技術分享。公司應鼓勵科學家去參加那些活動，因爲「一旦水漲高了，港內所有的船都會一起浮起來，同蒙其利」。

對資料科學家的期待愈多，他們通常會受到愈大的激勵。取得大數據和建立它們的結構，這方面的挑戰有時會使資料科學家不太有時間或精力去進行預測或最佳化等複雜的分析工作。但如果高階主管明白表示，光是簡單的報告還不夠，資料科學家就會投入更多心力去做進階分析。大數據不應該等同於「小量數學」。

## 當代的熱門工作

據說，Google的首席經濟學家哈爾·瓦里安（Hal Varian）曾說過：「未來10年很誘人的工作是當統計學家。別人聽了，可能以爲我在說笑，但有誰猜到電腦工程師是1990年代最誘人的工作？」

如果「誘人」的意思是指稀有卻需求殷切的素質，資料科學家已經是了。很難請到這種人，花費的代價也很高，而且由於市場上爭取這種人才的競爭非常激烈，因此也很難留住他們。既有科學背景，又有運算和分析技能的人，就是不多。

今天的資料科學家，就像1980和1990年代華爾街的「寬客」（quants）。那段時期，擁有物理學和數學背景的人，相繼投入投資銀行和避險基金，設計全新的演算法和資料策略。接著，許多不同的大學開設金融工程碩士班課程，培養出第二代人才，讓主流公司有更多人可用。1990年代稍後，搜尋引擎工程師也循著這個模式出現，不久後，電腦科學課程就開始教授搜尋工程師罕見的技能。

這個情況帶來的問題是：對有些公司來說，等到第二代資料科學家出現時再說，是否才是聰明的做法？因爲到那個時候，人選較多、較便宜、較容易審查和吸收到商業環境中。爲什麼不把尋找和培育特殊人才的麻煩工作，丟給大數據新創公司，和奇異、沃爾瑪等大公司去做？畢竟，這些公司採取的是積極策略，需要走在最前線。

這樣的推論有個問題，就是大數據的進展沒有減緩的跡象。如果企業因爲缺乏人才，而置身於這股趨勢的早期發展之外，就有落於人後的風險，因爲競爭對手和通路伙伴將取得幾乎無法抗衡的優勢。不妨把大數據想成是正要風起雲湧的巨浪，現在才剛開始準備要升至頂點。如果你想抓住這股浪潮，現在就需要能衝浪的人才。

---

（羅耀宗譯，轉載自2012年10月號《哈佛商業評論》）

---

**湯瑪斯・戴文波特**

美國貝伯森學院（Babson College）資訊科技與管理校聘傑出教授、牛津大學賽德商學院（Saïd School of Business）訪問教授，以及麻省理工學院數位經濟計畫（MIT Initiative on the Digital Economy）研究員、德勤人工智慧實務（AI practice）資深顧問。

**帕蒂爾**

被任命爲美國首席資料科學家，並曾在LinkedIn、eBay和PayPal領導產品開發部門，著有《資料柔術》（*Data Jujitsu*）。

— 2011 —

第十九章

# 成功人士與衆不同的9個做法

Nine Things Successful People Do Differently

海蒂・格蘭特（Heidi Grant）

爲什麼你可以非常成功的達成某些目標，其他目標卻難以達成？如果你想不通，請放心，絕不是只有你這樣。事實證明，就算是天資聰穎、成就非凡的人，也很難理解自己究竟爲何成功或失敗。直覺的答案可能就是你天生具備某些才能，而欠缺其他才能；但這個答案只是整個拼圖裡的一小塊。其實，數十年來針對「成就」的研究顯示，成功的人之所以能達成目標，並不只是因爲天生的才能，而比較常是因爲他們做了什麼努力。

## 目標明確

設定目標時，請設法盡量具體明確。「減重5磅（約2.26公斤）」會比「變瘦一點」更好，因爲前者能讓你清楚知道如何算是成功達成目標。明確知道自己想達成的目標，會持續激勵你直到成功。另外，請思考必須採取哪些具體的行動才能達成目標。只是承諾自己會「少吃一點」或「多睡一點」還太含糊，請清楚、明確的說明。「週間的晚上，我要在10點前上床」，這種說法就不會讓你疑惑該做什麼、是否眞的有做到。

## 抓住時機針對目標採取行動

大多數的人都非常忙，而且同時有許多希望達成的目標，因此不令人意外的是，我們總是會錯過針對目標採取行動的機會，因爲我們根本就沒有注意到那些機會。你今天眞的沒空去運動嗎？找不到一點時間回個電話？想要達成目標，就表示你得在機會溜走前好好掌握住它。

若要抓住機會，就請事先決定好，要在何時、何地採取你想採取的每一個行動。同樣的，請盡量設定得清楚而具體（例如，「星期一、三或五，我要在上班前運動30分鐘」）。研究顯示，在機會出現時，這樣的事前規畫有助於你的大腦偵測到並掌握住那個機會，讓成功的機率提高大約300%。

## 明確知道距離目標還有多遠

想達成任何目標，還必須定期、誠實的監看你的進展情形，這可以交由其他人監看，也可以由你自己負責。如果你不知道自己的表現如何，就無法據以調整自己的行爲或策略。請經常檢視計畫的進展，取決於你的目標，你可以每週檢視，甚至是每天檢視。

## 做個務實的樂觀主義者

在設定目標時，一定要很樂觀的思考達成目標的可能性有多高。相信自己有能力成功，對創造並維持你的動機非常有幫助。但無論你做的是什麼事情，都不要低估達成目標的困難度。大多數值得去達成的目標，都需要投入時間、規畫、努力與堅持。研究顯示，如果認爲一切都能輕鬆做到，會讓你對未來準備不足，大幅提高失敗的機率。

## 專注在「變得更好」，而不是「表現很好」

相信自己擁有能力可以達成目標很重要，相信自己能「獲得」這種能力也一樣重要。很多人相信自己的智慧、個性和體能是固定的，也就是說，無論我們做什麼都無法改善。因此，我們專注努力的那些目標，都是要「證明」自己，而不是培養與獲得新的技能。

幸運的是，數十年的研究顯示，認爲能力固定不變的想法是完全錯誤的，其實各種能力都有極高的可塑性。接受

「你可以做出改變」這個事實，能讓你做出更好的選擇，充分發揮潛能。如果把目標訂在讓自己變得更好，而不只是要做得好，這種人會從容面對困難，並珍惜過程，就像珍惜目的地一樣。

## 擁有恆毅力

恆毅力（grit）指的是願意致力於長期的目標，並在面臨困難時堅持下去。研究顯示，具有恆毅力的人在一生當中會接受更多教育，大學的成績也比較好。在西點軍校，恆毅力可以用來預測哪些學員能夠在艱難的第一年脫穎而出。事實上，恆毅力甚至可以用來預測全美拼字比賽（Scripps National Spelling Bee）的參賽者能晉級到比賽的哪一輪。

好消息是，如果你覺得現在自己不太有恆毅力，這裡有改進的方式。缺乏恆毅力的人，常常認爲自己就是欠缺成功人士天生擁有的那些能力。如果你也是這麼想……恕我直言：你錯了。正如我前面提到的，努力、規畫、堅持與良好的策略是成功所需的條件。認清這一點，不但能讓你更正確的看待自己和自己的目標，也能大大提升你的恆毅力。

## 鍛鍊意志力的肌肉

你的自我控制「肌肉」就像身體的其他肌肉一樣，如果不鍛鍊，就會逐漸變弱。但如果你妥善運用，常常訓練，它就會愈來愈強壯，更能協助你成功達成目標。

若要訓練意志力，請挑戰做一件你眞心不想做的事情。放棄高脂肪零食，一天做100次仰臥起坐，在你發現自己無精打采的時候抬頭挺胸，或是設法學習某項新技能。如果你發現自己想要投降、放棄，或者就是不想去做，請你別這樣，而要撐下去。一開始只做一項活動就好，並制訂計畫，先想好如果問題出現要如何解決（「如果我很想吃點心，就改吃1塊新鮮水果，或3個果乾」），這麼做開頭很難，但會愈來愈容易，而這就是重點。隨著你意志力的肌肉愈來愈強壯，你就能接受更多挑戰，增加這項自我控制訓練的強度。

## 沒必要，別冒險

不論你的意志力肌肉變得多麼強壯，重要的是，你一定要尊重人的意志力有限的事實；如果你讓意志力負擔過重，就會有突然失去動力的時候。因此如果情況允許，請不要嘗試一次挑戰兩項困難的任務（例如同時戒菸和節食），別讓自己陷入險境；很多人過度自信的認爲自己能夠抵抗誘惑，於是讓自己陷入有很多誘惑的情境之中。成功的人知道，別把目標變得更加困難。

## 專注在想要做的事，而非不想要做的事

你是否想要成功減重、戒菸、克制壞脾氣？那就請好好規畫如何用好習慣取代壞習慣，而不要只專注於壞習慣本身。關於思考抑制（thought suppression，例如「不要去想白熊！」）的研究已經證明，設法避免出現某個想法，會讓這個想法在腦中更活躍。行爲方面也是如此：試著不要去做某個壞習慣，會強化而非打破那個習慣。

如果想改變你的行爲，請問問自己：「我要改爲做什麼事？」舉例來說，如果你想控制脾氣，不再大發雷霆，也許可以這樣規畫：「要是我開始覺得生氣，就深呼吸3次，讓自己冷靜下來」。用「深呼吸」來取代「任由自己發洩怒氣」，你的壞習慣就會隨著時間過去而逐漸減弱，直到完全消失。

我希望你在閱讀成功人士與眾不同的9個做法之後，能夠大致了解自己一直以來做對了哪些事。更重要的是，我希望你能看出過去是哪些錯誤讓你失敗，並且從現在開始，根據這些了解來改正。請記住，你不必變成不同的人才能更加成功。重點絕對不在於「你是什麼樣的人」，而在於「你做了什麼事」。

---

（林俊宏譯，改編自2011年2月25日哈佛商業評論網站文章）

## 海蒂・格蘭特

社會心理學家，研究、寫作及演講主題是動機科學。她是安永美洲（EY Americas）學習研究與發展主任，並擔任哥倫比亞大學動機科學中心副主任。最新的著作是《好好拜託：哥倫比亞大學最受歡迎的社會心理課，讓人幫你是優勢，連幫你的人都快樂才是本事！》（*Reinforcements: How to Get People to Help You*），其他著作包括《成功人士一定會做的9件事情》（*Nine Things Successful People Do Differently*）以及《沒人懂你怎麼辦》（*No One Understands You And What To Do About It*）。

1974

第二十章

# 別再高喊沒時間

## Management Time: Who's Got the Monkey?

威廉・翁肯（William Oncken, Jr.）與
唐納德・華斯（Donald L. Wass）

**編輯附註**：本文最初發表在1974年11月至12月號《哈佛商業評論》，是有史以來最暢銷的一期。它分享授權員工解決問題的實用建議，現在來看，與最初出版時一樣重要。但在這近50年裡，我們已經意識到文章中使用的隱喻在解讀上可能會冒犯別人。雖然這不是本文的意圖，但我們承認會有這樣的擔憂，因此特別說明這只是承擔決策者的一個例子而已，沒有其他意思。

---

爲什麼主管總是沒時間，而部屬總是沒事做？本文將探討「時間管理」的意涵，其中涉及主管和上司、其他主管，以及部屬之間的互動。

具體來說，我們將討論三種時間管理：

**上司占用時間**（Boss-imposed time）：用於完成上司要求的工作，主管若不完成這些工作，很快就會直接受到處分。

**組織占用時間**（System-imposed time）：用於處理其他主管要求支援的任務。忽略這些要求，也會受到處分，但不見得像耽誤上司交辦工作的處分那麼直接或迅速。

**自身占用時間**（Self-imposed time）：用於處理主管自己提出或同意做的工作。其中一部分屬於部屬占用時間（subordinate-imposed time）；其他時間才屬於主管自己，稱爲自由支配時間（discretionary time）。自身占用時間不會招致任何處分，因爲無論上司還是公司，都不知道主管沒有完成自己原本打算完成的工作，也就無法約束。

主管要應付上述各種要求，就要控制好工作的時機和內容。主管若未處理好上司和組織的要求，可能招致處罰，因此不能忽視這些工作。如此一來，他們能調整的只有自身占用時間。

主管應盡量減少在自身占用時間中處理部屬問題，以增加自由支配時間。然後再利用增加的自由支配時間，加強妥善處理上司和組織的要求。大部分主管幾乎從未察覺，自己大部分時間都花在處理部屬的問題上。所以，我們要使用

「背上的猴子」這個比喻*，來解釋部屬如何占用時間，以及主管可以如何處理。

## 猴子在誰背上？

想像一下，有個主管正走過大廳，這時候，部屬瓊斯迎面而來。兩人碰面時，瓊斯打招呼說：「早安。順帶一提，我們遇到一個問題，你知道……」瓊斯繼續往下說時，主管注意到這件事與每個部屬提出的問題都有兩個共同點：主管聽了部屬的說明之後，（1）已經獲得足夠的資訊，但（2）當下無法提出解決之道。最後，主管說：「很高興你能提出這個問題。我現在很忙，讓我考慮一下再告訴你。」然後他就和瓊斯各自走開了。

讓我們分析一下這個情況。他們兩個人碰面前，「猴子」在誰的背上？部屬的背上。兩人分手後，猴子在誰的背上？主管的背上。一旦猴子成功地從部屬背上跳到上司背上，「部屬占用時間」就開始了，直到猴子回到眞正的主人那裡接受照料和餵養，部屬占用時間才結束。主管接收這隻猴子，等於自動成爲部屬的部屬，也就是說，這位主管替瓊斯做了兩件通常應該由部屬爲上司做的事情，那就是：主管從瓊斯那裡接下任務，並承諾向他報告工作進度。

---

* 編註：指「難以擺脫的棘手問題」

部屬爲了確保主管不會忘記這件事，事後會找時間到主管辦公室，愉快地詢問：「情況如何？」（這是「監督」。）

或者想像一下，那位主管和另一位部屬強森的談話。他們開完會，主管離開之前說：「好，傳給我一份備忘錄。」

讓我們分析一下這個情況。猴子目前在部屬背上，因爲接下來要採取行動的人是他，但猴子準備跳走了。好好觀察這隻猴子。強森盡職地寫好主管要求的備忘錄，放在公文傳送籃裡。備忘錄很快就送到主管的收件籃裡，他拿起來看。現在該輪到誰採取行動？主管。如果他不迅速採取行動，就會收到部屬送來的後續備忘錄（這是另一種形式的監督）。主管拖得愈久，部屬就愈灰心（他會一直白費工夫），主管也就愈內疚（他的部屬占用時間堆積的工作，也會愈來愈沉重）。

再看看另一位部屬史密斯的情況。那位主管和史密斯開會，要求史密斯寫一份公關活動規畫案，並承諾提供一切必要支援。散會時，主管說：「需要幫忙的時候，儘管告訴我。」

我們再來分析這個情況。同樣地，猴子本來在部屬背上，但會待多久？史密斯了解，要等到主管批准他的規畫案之後，才能「告訴」主管他需要哪些支援。根據經驗，他也了解，主管會把那份規畫案放在公事包裡，等到好幾個星期之後才會處理。這樣一來，究竟是誰得到那隻猴子？誰要查核誰的進度？白費工夫和瓶頸問題再度發生。

第四位部屬雷德剛從公司另一個部門調過來，負責推動和管理一項新業務。前述那位主管曾說，要盡快與雷德碰面，爲雷德的新任務訂出一組工作目標，還說：「我會草擬一份初稿和你討論。」

我們也分析一下這個情況。部屬（透過正式指派）得到新職務，並（透過正式授權）負有全部責任，但主管要負責下一步的行動。在他採取那個行動前，猴子都在他背上，而部屬也無法開展工作。

爲什麼會發生這種情況？因爲在上述每一種情況裡，主管和部屬一開始都自覺或不自覺地認爲，他們考慮的問題是兩人共同的問題。每次猴子都跨坐在兩人之間，一隻腳在主管背上，另一隻腳在部屬背上，牠只要移錯其中一隻腳，兩腳都站到主管背上，部屬瞬間就機敏地消失了，而主管的猴子籠裡，又多了一隻猴子。當然，主管可以訓練猴子不要移錯腳，但更容易的解決辦法是，一開始就防範猴子跨坐在兩人的背上。

## 誰為誰工作？

假設上述四位部屬都體貼地考量到上司的時間有限，所以盡量維持每天從自己背上跳到主管背上的猴子不超過3隻。如此一來，一週五個工作天裡，主管會得到60隻尖叫的猴子，根本無法逐一處理。所以，他把部屬占用時間花在處理「優先要務」上。

週五下午快下班時，主管在辦公室裡閉關，以便思考眼前的情況，部屬則等在門外，希望能抓住週末前的最後機會提醒他「快做決定」。想像一下，部屬們在門外等待時，會怎樣彼此悄悄議論：「眞的遇到瓶頸了。他根本沒辦法做任何決定。眞不知道像他這種沒能力做決定的人，怎麼會爬到那麼高的位子。」

最糟的是，那位主管無法做出任何「下一步行動」，因爲他所有的時間，幾乎都花在應付上司和制度的要求上。要完成這些事，他需要自由支配時間，而當他忙於應付這些猴子時，也就失去自由支配時間。主管陷入惡性循環，但時間卻被浪費了（這還是保守的說法）。主管用對講機告訴祕書，讓她轉告那幾位部屬，他要等到星期一早上才能見他們。晚上7點，他從公司開車回家，下定決心隔天要回辦公室，利用週末處理事情。隔天一早，他回到辦公室，卻從窗口看見附近的高爾夫球場上有四個人正在打球，猜到是誰了吧？

這下好了。他現在知道誰眞的在爲誰工作了，而且也明白，如果他這個週末完成原本打算完成的任務，部屬就會士氣高漲，每個人都會多送一些猴子到他背上。簡單來說，他現在終於看清全局：他愈被糾纏不放，工作進度就會愈落後。

因此，他像躲瘟疫一樣，飛快離開辦公室。他打算做什麼？一件多年來一直沒有時間做的事：和家人共度週末（這是「自由支配時間」的眾多形式之一）。

週日晚上，他享受長達10小時的安穩睡眠，因爲他對週一已有清楚的計畫。他要擺脫部屬占用時間，把那些時間轉爲自由支配時間，其中有一部分會花在部屬身上，以確保他們學會困難但極有價值的管理藝術，也就是「猴子的照料和餵養」。

那位主管也會有大量的自由支配時間，可用於控制「上司占用時間」和「組織占用時間」的時機和內容。這或許需要幾個月的時間，但和之前的情形相比，會有很大的改善。他的最終目標則是管理自己的時間。

## 擺脫猴子！

週一早上，主管很晚進辦公室，所以四位部屬都聚集在他的辦公室門口，等著詢問猴子的問題。他把他們逐一叫進辦公室。他和每個人談話時，都會拿出一隻猴子，放在兩人之間的辦公桌上，共同思考部屬的下一步行動應該是什麼。有些猴子也許很不容易處理，因此部屬的下一步行動很難定奪，此時主管或許可以暫時決定，先讓猴子在部屬背上過夜，請部屬在隔天早上約定的時間，把猴子帶回到主管辦公室，繼續探討部屬應該採取哪些更實質的行動（在部屬和主管的背上，猴子都睡得一樣香）。

—— 1999 ——

# 把時間花在大猩猩上

## Making Time for Gorillas

史蒂芬・柯維（Stephen R. Covey）

翁肯在1974年寫下這篇文章時，各家企業的主管正面臨一大困境：他們希望設法能擠出更多時間，但當時的管理主流就是「命令與控制」（command and control），也就讓他們覺得不能把決策權「授權」給部屬，這樣做太危險、風險太高。因此翁肯的論點：「讓猴子回到眞正的主人那裡。」其實是相當重要的典範轉移，現今許多主管實在都該好好感謝他。

而且這樣講還算客氣了。在翁肯提出激進的建議之後，情況就有了巨大轉變。如今已經沒人再談「命令與控制」這種管理哲學；在競爭激烈的全球市場上，「授權」才是當今多數組織奉爲圭臬的管理方式。然而，命令與控制在實務上仍然很常見。管理學家與高階主管在過去10年間發現，上司不能只是把猴子丟回去給部屬，以爲自己從此就能樂得輕鬆。授權部屬是件困難又複雜的工作。

原因就在於，想把問題丟回給部屬，得先確定他們眞的具備解決問題的意願與能力，但每位高階主管都知道，事實並非一定如此，而且還會帶來一連串新的問題。授權往往代表你得培育人才，而培育的初期會比你親自解決問題還更耗時間。

同樣重要的是，授權要成功，整個組織都得配合，也就是正式的制度與非正式的文化都必須予以支持。而在主管下放決策權、培育人才的時候，也必須給予肯定，否則授權的程度會因爲每個主管的觀念與做法不同而異。

但關於授權最重要的一點或許在於：必須是主管與部屬彼此信任，才能做到翁肯所提倡的有效委任。翁肯的論述在當時看起來或許很前衛，但仍然是相當專制的做法，基本上就是要求上司「把問題丟回去！」如今，我們認爲這種方式本身也太過獨裁，主管想有效地委任部屬，就必須建立持續溝通的管道與夥伴關係。畢竟一旦部屬害怕在上司面前出錯，就會不斷回頭求救，而無法眞正主動負責。

翁肯的文章中也沒有談到一項我在過去20年來非常有興趣的委任問題：許多主管其實都**急著**把部屬的猴子接過來。我訪談過的主管幾乎都認爲，他們的部屬在目前的職位上還沒有充分發揮。但就連一些最成功、看起來頗有自信的高階主管，也談到要把控制權放給部屬實在不簡單。

在我看來，人之所以渴望控制，是由於一種普世而難以改變的觀念：覺得生活中難以得到肯定、得到了又太容易失去。很多人是在家庭、學校或運動上和別人比較，從這種比較當中建立自己的身分。於是，看到別人得到權力、資訊、金錢或認可，就會經歷心理學家馬斯洛（Abraham Maslow）所說的「匱乏感」，也就是覺得似乎有什麼東西被奪走了。這樣一來，也就很難眞正爲了別人的成功而感到開心，即使是心愛的人也不例外。翁肯暗示，主管大可輕易地把猴子還給別人，或是乾脆拒絕接收猴子，但許多主管在潛意識裡仍會擔心，要是讓部屬主導，似乎自己就顯得弱了一點、不再那麼堅不可摧。

所以主管要怎樣才能在心裡有安全感、不要感到匱乏，進而能夠放手、讓部屬得以成長發展？我研究許多組織運作後發現，如果是價值體系有原則的主管，行得正、坐得直，最有可能維持授權式的領導風格。

考量到翁肯這篇文章當時的時代背景，不難想像他的論點可以引起眾多主管的迴響，但他天賦異稟的敘事能力也肯定有幫助。我最早是在翁肯1970年代的巡迴演講認識這個人，他總能把概念講得活靈活現、細節有聲有色，就像呆伯特（Dilbert）漫畫一樣幽默詼諧，直接說到主管充滿挫折的心坎裡，使他們萌生想要奪回時間控制權的想法。而且對翁肯來說，「背上的猴子」除了是他提出的隱喻，還成爲他的個人象徵。我有好幾次在機場看到他，肩膀上還眞的放了一隻猴子玩偶。

我不難想像，爲什麼翁肯的文章成爲《哈佛商業評論》最熱銷的兩篇文章之一。就算過了25年，我們對於授權又增加許多理解，但這篇文章生動的論點，在現代的重要性與實用性不減反增。像是我對於時間管理的研究，也是以翁肯的見解做爲基礎，請受試者依據急迫性與重要性，來分類自己的各項活動。而高階主管就常常告訴我，他們大多時間處理的就是些緊急但不重要的事，困在處理別人猴子的無限迴圈，又不想要幫助那些人挺身負責，結果就是常常忙到沒時間對付組織裡眞正的大猩猩。主管實在需要把工作有效委任給屬下，而翁肯的文章至今仍然像是敲響一記警鐘。

（林俊宏譯，轉載自1999年11月至12月號《哈佛商業評論》）

**史蒂芬・柯維**

富蘭克林柯維公司（Franklin Covey Company）副董事長，該公司是全球領導力開發和生產力服務及產品供應商，他也是《與成功有約》（*The 7 Habits of Highly Effective People*）的作者。

主管看見部屬帶著各自的猴子離開辦公室，覺得很滿足。接下來的24小時，不再是部屬等待主管，而是主管等待部屬。

接下來，主管打算在這段等待期間，做一些有建設性的事，於是踱步走到部屬辦公室門口，探頭進去，愉快地問：「情況如何？」（做這件事消耗的時間，對主管來說，是自由支配時間；對部屬來說，則是上司占用時間。）

在隔天約定的時間，背著猴子的部屬與主管會面，主管跟部屬約法三章，用字不一定是如此，但大意是這樣的：

「任何時候，當我幫助你解決各類問題時，你的問題都不該成爲我的問題。你的問題一旦成爲我的問題，你就不再有問題了，我不會幫助一個沒有問題的人。」

「問題既然是你帶進來的，這次談話結束後，問題還是應該由你帶出去。你可以在約定的時間向我求助，我們可以共同決定，看下一步是誰該採取什麼行動。」

「偶爾也許需要我採取行動，但要由你和我一起決定，我不會單獨採取任何行動。」

主管和每一位部屬的談話都是採用這樣的方式，一直談到上午大約11點。這時他突然明白，他不用關上辦公室的門，他的猴子全都不見了。當然，牠們都會回來，但僅限於約定的時間，他的行事曆會載明這一點。

## 轉移

我們用這個「背上的猴子」比喻來說明，主管可以把主動權還給部屬，並讓部屬一直保有主動權。我們試圖強調的是淺顯易懂的老生常談：主管在培養部屬的主動性之前，務必確保部屬**擁有**主動權。主管一旦把主動權收回，就不再擁有自由支配時間，一切又回到部屬占用時間了。

同樣地，主管也無法與部屬同時有效地擁有主動權。「老闆，我們有個問題」，這樣的開場白便暗示這種主動權的雙重性，也就是前面提過的，猴子跨坐在兩人背上，這種方式很難讓猴子迅速跳開。因此，我們花幾分鐘來探討所謂的「管理主動性剖析」。

經理處理自己和上司及組織的關係時，會有五個等級的主動性：

1. 等待對方告知（主動性最低）
2. 詢問該做什麼
3. 提出建議，然後採取定案的行動
4. 採取行動，但馬上提出建議
5. 自己行動，然後定期報告（主動性最高）

顯然，主管應該具有高度專業性，這樣在處理與上司或組織的關係上，就不致於會採取1和2級主動性。採取1級主動性的主管，無法控制上司占用時間，以及組織占用時間的時機或內容，因而喪失抱怨的權利。採取2級主動性的主管，可以控制時機，卻無法控制內容。而採取3、4、5級主動性的主管，可以控制時機和內容，採取5級主動性的主管，控制程度最高。

面對部屬時，主管有雙重任務。首先，應該禁止部屬採取1和2級主動性，這樣部屬就不得不學習、並嫻熟「員工完整的份內工作」。其次，應確保員工帶著問題離開主管辦公室時，雙方已經就問題的主動性等級達成共識，並敲定下一次會面的時間及地點，記載在主管的行事曆上。

## 如何照料猴子？

爲進一步釐清「背上的猴子」與「指派和控制的流程」之間的類比關係，我們用主管的會面時間表來說明。主管的會面時間表應該採用五項嚴格的規則，來規範「猴子的照料與餵養」（違反這些規則會使得主管失去自由支配時間）。

### 規則1

若不餵猴子，就把牠殺了，否則牠們會餓死，主管還得浪費大量寶貴時間來驗屍或急救。

## 規則2

根據主管可以餵養猴子的時間，來決定猴子的數量上限。部屬會盡量找時間餵養猴子，但不會再找額外時間來餵養。飼養一隻正常狀況的猴子，時間不應該超過5到15分鐘。

## 規則3

只能在約定的時間餵養猴子。主管不應該四處尋找飢餓的猴子，抓到一隻餵一隻。

## 規則4

餵養猴子時，應該面對面處理或透過電話，不要透過郵件進行（記住，如果是透過郵件餵養，就會變成由主管採取下一步行動）。餵養程序當中也許可以納入文件紀錄，但文件不能取代餵養行動。

## 規則5

應該確定每隻猴子下次餵養的時間和主動性等級。可以隨時由雙方共同決定修改餵養時間，但要明確說明。否則，猴子說不定會餓死，或者最後會跳到主管的背上。

---

談到時間管理，「控制好工作的時機和內容」是很好的建議。主管首先該做的事，是排除部屬占用時間，增加自由支配時間；其次是利用這些新增加的自由支配時間，監督每位部屬是否確實擁有主動權，也知道如何採取主動；最後，經理人把新增加的另一部分自由支配時間，用於上司占用時間和組織占用時間，並決定這類工作的時機和內容。所有這些步驟，都會提高主管的時間運用效率，花在控制時間管理上的每個小時所創造的價值，可以增加好幾倍，而且理論上沒有上限。

---

（林麗冠譯，轉載自1999年11月至12月號《哈佛商業評論》，最初在1974年11月至12月號發表）

---

**威廉・翁肯**

曾擔任威廉翁肯公司（William Oncken Corporation）董事長，1988年去世，目前由他的兒子威廉・翁肯三世（William Oncken III）負責公司營運。

**唐納德・華斯**

威廉翁肯德州分公司總裁，目前領導「主管委員會」（TEC）達拉斯華茲堡地區分會，TEC是企業總裁和執行長的國際組織。

—— 2013 ——

第二十一章

# 精實創業改變全世界

## Why the Lean Start-Up Changes Everything

史蒂夫・布蘭克（Steve Blank）

創立一家新公司，無論是高科技新創公司、小型企業，或是大型公司中的內部創業，都是一個「不成功便成仁」的課題。根據套用幾十年的公式：你必須先擬妥商業計畫書、說服投資人、找好團隊、推出產品，接著就是竭盡所能推銷產品。然而，在整個過程中，你或許會在某個點遭遇致命的挫敗，幸運之神棄你而去：哈佛商學院的施卡爾・高希（Shikhar Ghosh）在一份新的研究指出，75%的新創公司最後都宣告失敗。

但近期出現另一派重要的勢力，可以降低創立公司過程中的風險。這是一種稱爲「精實創業」（lean start-up）的方法，比起精心計畫，它更重視實驗；比起直覺，它更重視消費者回饋意見；比起傳統「一開始就設計完整」的方式，更重視迭代設計。雖然這個方法只出現幾年的時間，但它的概念，像是「最精簡可行產品」（minimum viable product）和「轉向」（pivoting），已經在創業界占有一席之地，而各大商學院也紛紛開課來教授這套方法。

雖然精實創業運動目前尚未成爲主流，我們也還沒感受到它的全面影響力，但從許多方面來看，現在的精實創業就像5年前的大數據運動一樣，只有一個大家還不了解的術語，以及企業還摸不著頭緒的影響性。但當愈來愈多企業採行這套方法後，傳統的創業理論將徹底改變。所有新創公司都會遵循精實創業的原則，「快速失敗、持續學習」，來提高成功率。雖然這套方法的名字中含有「精實」兩個字，但長期而言，最大的受益者，可能是擁抱這套方法的「大」企業。

我將在本文中概略描述精實創業的方法及發展過程。更重要的是，我將解釋精實創業結合其他商業趨勢後，將如何引發一波新的創業經濟。

## 完美商業計畫的謬誤

根據傳統理論，每位創業家的第一步是擬定商業計畫書，也就是一份靜態的文件，說明機會的市場大小、欲解決的問題，以及新創公司將提供的解決方案。典型的商業計畫書包含5年的營收、獲利與現金流量預測。基本上，商業計畫書是創業家遠在建立產品之前，獨自撰寫的一份研究作業。背後的假設是，早在你去籌資與眞正落實一個新想法之前，可能會事先知道一個企業即將面臨大部分的未知狀況。

一旦創業家帶著具說服力的計畫書，成功地從投資人身上募得資金後，他就會開始用類似的狹隘方式開發產品。開發者投入數千個工時，將產品開發出來，卻少有消費者的參與。只有在產品開發完成並上市後，創業家才有機會得到消費者的大量回饋意見，因爲這時銷售人員已經開始推銷產品。往往在經過數月，甚至數年的產品開發後，創業家才殘酷地學習到，顧客並不需要或不想要大部分的產品功能。

這幾十年來，看過數千家新創公司踩過相同的足跡，我們至少學會三件事：

1. 首次接觸顧客之後，商業計畫書多半就失效了。就像拳王麥克・泰森（Mike Tyson）曾評論對手的賽前策略：「直到被迎面痛擊之前，每個人都是有計畫的。」
2. 除了創投基金與已解體的蘇聯之外，沒有人需要用5年計畫來預測全然的未知。這些計畫就像虛構小說，要發揮想像力來拼湊出這些計畫，簡直就是浪費時間。
3. 新創公司並非大公司的縮小版，他們並不會依總體規畫按部就班地發展。那些最終成功的企業，都是快速地從一個失敗跳到另一個失敗，從實踐最初的想法，再一路根據他們不斷從顧客身上學到的東西去修正，並改善想法。

既有公司與新創公司有一點最大的不同：既有公司「執行」商業模式，新創公司則「尋找」商業模式，而這也正是精實創業的核心。它點出新創公司的「精實」定義：一個暫時性組織，主要任務是尋找一個可重複、可擴展的商業模式。

精實法有三個主要原則：

首先，創業家並不會花好幾個月做計畫與研究，他們能接受自己一開始只擁有一連串未經驗證的假設；也就是說，是好的猜測。因此，創業者不需要寫一份錯綜複雜的企業計畫書，而是將他們的假設重點，整理在一個「商業模式圖」（business model canvas）的架構中。基本上，這是一個圖表，顯示出公司如何爲自己與顧客創造價值（見表21-1）。

第二，精實創業採取「走出象牙塔」的方式，稱爲「顧客開發」（customer development），來測試他們的假設。創業家走出去詢問潛在的使用者、購買者和合作伙伴，有關這套商業模式中的所有要素，包括產品特色、定價、銷售通路，以及爭取有消費能力顧客的策略。強調的是敏捷與速度：新創公司快速展示最精簡可行產品，並立即得到消費者的回饋意見。接著，他們運用消費者的回饋意見修正假

## 勾勒出你的假設

商業模式圖讓你能在一張紙上，同時檢視公司的九大重點區塊，而每一個重點區塊，都涵蓋一連串需要進一步測試的假設。

| 主要合作伙伴 | 主要活動 | 價值主張 | 顧客關係 | 顧客區隔 |
| --- | --- | --- | --- | --- |
| 誰是你的主要合作伙伴？<br>誰是我們的主要供應商？<br>我們從合作伙伴取得何種關鍵資源？<br>合作伙伴從事哪些關鍵活動？ | 我們的價值主張需要哪些主要活動？<br>我們的配售通路？<br>顧客關係？<br>收入來源？ | 我們想提供顧客哪種價值？<br>我們協助顧客解決哪種問題？<br>我們對每個市場區隔，提供哪種產品與服務組合？<br>我們滿足顧客哪種需求？<br>什麼是最精簡可行產品？ | 我們如何贏得、留住及增加顧客？<br>我們建立哪種顧客關係？<br>這些顧客關係如何與商業模式的其他部分整合？<br>建立顧客關係的成本多高？ | 我們為誰創造價值？<br>誰是我們最重要的顧客？<br>這些顧客的典型為何？ |
| | **主要資源** | | **通路** | |
| | 我們的價值主張需要哪些主要資源？<br>我們的配售通路？<br>顧客關係？<br>收入來源？ | | 顧客群希望我們透過哪些通路和他們接觸？<br>其他公司目前透過哪些通路與顧客接觸？<br>哪些通路最有效？<br>哪些通路最具成本效益？<br>如何將這些通路與例行顧客服務整合？ | |

| 成本結構 | 營收來源 |
| --- | --- |
| 我們的商業模式中最主要的成本為何？<br>哪些主要資源的成本最高？<br>哪些主要活動的成本最高？ | 我們的顧客真正願意付費的，是哪一項價值？<br>顧客目前真正付費取得的是哪些價值？<br>營收模式為何？<br>定價策略為何？ |

資料來源：見 www.businessmodelgeneration.com/canvas，商業模式圖的概念是由亞歷山大・奧斯瓦爾德和伊夫・皮尼厄所開發。

設，然後重覆整個循環，測試重新設計的產品，進行小幅調整（迭代），或是進行「轉向」，也就是大幅修正不受青睞的想法（見圖21-1）。

第三，精實創業採行「敏捷開發」（agile development），

圖21-1

## 聽聽顧客的聲音

在顧客開發階段，新創公司必須尋找有效的商業模式。如果顧客回饋意見顯示，公司原先的商業假設有誤，則要修正假設或轉向到全新的假設。一旦商業模式經證明有效，新創公司便開始執行，並建立正式組織。每個顧客開發步驟都可以迭代：每個新創公司可能歷經多次失敗後，才能找到正確的模式。

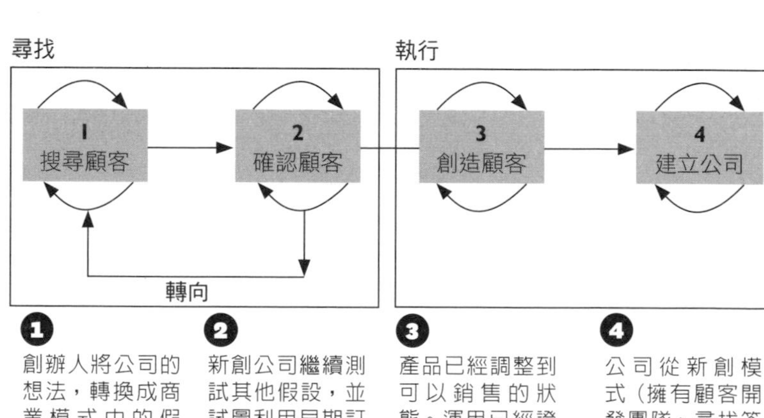


1. 創辦人將公司的想法，轉換成商業模式中的假設、測試有關顧客需求的假設，然後創造「最精簡可行產品」，試探顧客對公司將提供的解決方案有何反應。
2. 新創公司繼續測試其他假設，並試圖利用早期訂單或產品使用結果，來確認顧客的興趣。如果顧客興趣不大，新創公司可以轉向，修改一個或多個假設。
3. 產品已經調整到可以銷售的狀態。運用已經證實的假設，新創公司快速拉高行銷與銷售費用來建立需求，並擴大經營規模。
4. 公司從新創模式（擁有顧客開發團隊、尋找答案），過渡到擁有功能性部門組織，以執行商業模式。

這個觀念源自軟體業。敏捷開發與顧客開發相輔相成。傳統的產品開發流程可能長達一年，並假設公司已經了解顧客的問題和產品需求；敏捷開發則以迭代開發產品和逐漸改善的方式，減少不必要的時間與資源浪費，這正是新創公司用來設計最精簡可行產品的流程（見圖21-2）。

喬治・赫洛（Jorge Heraud）和李・瑞登（Lee Redden）創立藍河科技公司（Blue River Technology）時，他們還是我在史丹福大學的學生。他們的計畫是替商業公共空間建造自動割草機，但在10週內會談超過100位顧客後，他們發現原先設定的目標顧客「高爾夫球場」並不重視他們的解決方案。隨後他們轉而和農夫談，結果發現不用化學藥劑，而採自動化去除雜草的需求相當龐大。滿足這樣的需求，變成他們新的產品焦點。藍河科技在10週之內做出產品原型並進行測試。9個月後，這家新創公司已經取得超過300萬美元的創投資金，而創業團隊則預估，再過9個月的商業化，產品就會問世。

## 祕密模式漸失吸引力

精實方法已經改變新創公司描述本身工作的語言。在網路爆炸時代，新創公司通常以「祕密模式」（stealth mode）運作，避免驚動潛在競爭者來爭奪市場機會，只有在緊密結合各部分做測試時，才會對顧客展示他們的產品原型。精實

圖21-2

## 快速回應的產品開發

傳統產品開發的每一階段，是依照線性次序開發，必須耗時數月，而敏捷開發則以較短，而且重複的週期設計產品。新創公司生產「最精簡可行產品」，就是只擁有最重要的產品特色；藉著這個產品蒐集顧客意見，接著再開始設計「修正後最精簡可行產品」。

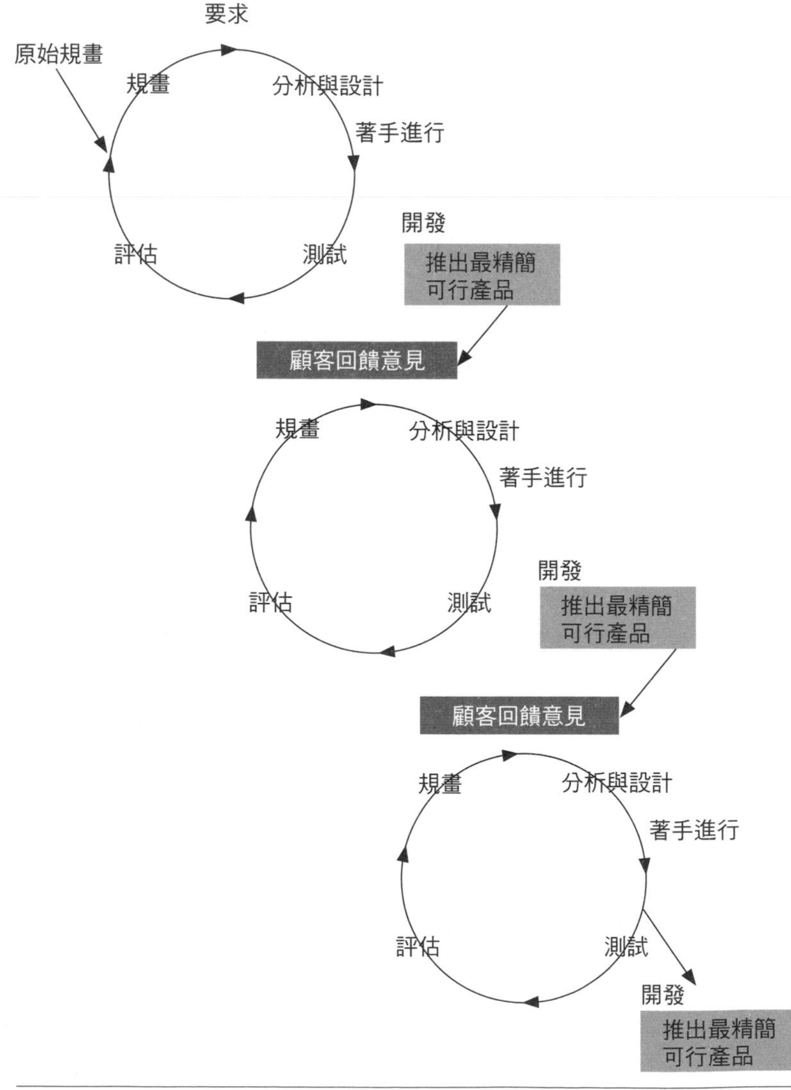

創業方法讓那些觀念顯得過時，因爲精實創業認爲在大部分產業中，「顧客回饋意見」的重要性遠勝於機密性，而「持續回饋意見」帶來的效果，遠大於一步步地公諸於世。

這兩大原則在我過去創業時就看得異常清楚（我曾擔任8家新創公司的共同創辦人或初期員工）。當我10年前轉換跑道開始教書時，提出前面談到的「顧客開發」這個概念。2003年之前，我已經在加州大學柏克萊校區哈斯商學院（Haas School of Business at the University of California at Berkeley）的一門課中，描繪出整個程序。

2004年，我投資一家由艾瑞克・萊斯（Eric Ries）和威爾・哈維（Will Harvey）成立的新創公司，並提出一個但書，我堅持他們必須上我的課，我才會投資。

艾瑞克很快就發現，科技產業傳統採行的「瀑布式開發法」（waterfall development）那種線性開發方式，應該改爲迭代敏捷技巧的開發方式。艾瑞克也看出這套新創業準則，與大家耳熟能詳的豐田「精實生產」系統之間的共同點，因此，將這套結合顧客開發與敏捷反應的方法稱爲「精實創業」。

這些工具因爲一連串的暢銷書而逐漸廣爲人知。2003年，我寫了《頓悟的四個步驟》（*The Four Steps to the Epiphany*），第一次明白指出新創公司並非大型企業的縮小版，並列出顧客開發的詳細步驟。2010年，亞歷山大・奧斯瓦爾德（Alexander Osterwalder）和伊夫・皮尼厄（Yves

Pigneur）在《獲利世代》（*Business Model Generation*）裡，提供創業家商業模式圖的標準架構。2011年，艾瑞克出版《精實創業》（*The Lean Startup*）一書，提供大家一個整體概念。而在2012年，我和鮑伯・多夫（Bob Dorf）一起整理我們學到的「精實」技巧，寫了一本可按表操課的手冊《創業者手冊》（*The Startup Owner's Manual*）。

目前已經有超過25所大學在教授精實創業的方法，美國線上教育機構Udacity.com也開了一門頗受歡迎的線上課程。除此之外，你幾乎隨時可以在每個城市找到類似「創業週末」（Startup Weekend）這樣的機構，向數百個未來創業家介紹精實方法；在這樣的聚會中，滿屋子的創業團隊，在幾個小時的時間裡，討論五、六個潛在產品創意。對未曾參加過這類聚會的人來說，或許覺得不可思議，但眞的有人在星期五晚上的活動中成立企業，到星期天下午開始有實際收入。

## 創造以創業家精神、創新為基礎的經濟

有些擁護者宣稱，精實流程會讓個別新創公司更成功，我想這恐怕有些言過其實。決定成功的因素很多，單靠一個方法並不足以保證某間新創公司會成爲贏家。但就我看過數百家新創公司、眾多教授精實原則的課程，以及採行精實方法的既有公司經驗，我可以鄭重聲明：一群採行精實方法的

## 精實創業的不同做法

精實創業者不從商業計畫書出發，而是從尋找商業模式開始。經過一連串快速的實驗與回饋意見，找出一個可行的模式後，精實創業家就轉而著重於執行。

| | 精實 | 傳統 |
|---|---|---|
| 策略 | **商業模式**<br>由假設驅動 | **商業計畫**<br>由實踐驅動 |
| 新產品開發 | **顧客開發**<br>走出辦公室、驗證假設 | **產品管理**<br>經過線性、一步一步的計畫後，為市場準備好產品 |
| 工程設計 | **敏捷開發**<br>以迭代和逐漸修正的方式來開發產品 | **敏捷或瀑布式開發**<br>以迭代的方式開發，或是早在開發產品前就完整定義產品 |
| 組織 | **顧客開發與敏捷開發團隊**<br>雇用肯學習、敏捷與快速的人 | **功能性部門**<br>雇用有執行經驗與能力的人 |
| 財務報表 | **重要指標**<br>爭取顧客的成本、顧客終身價值、顧客流失率、傳播速度（viralness） | **會計**<br>損益表、資產負債表、現金流量表 |
| 失敗 | **常態**<br>可經由產品概念的迭代，或從失敗的產品概念轉向另一個概念的方式來解決 | **例外**<br>經由解雇高階主管來解決 |
| 速度 | **迅速**<br>利用剛好足夠的資料來經營 | **謹慎**<br>利用完整資料來經營 |

新創公司失敗率，會低於一群採行傳統方式的新創公司。

新創公司失敗率較低，可能帶來相當深遠的經濟效果。在現今這個世界裡，破壞性力量、全球化、法規等，都在衝擊每個國家的經濟。現有產業正在快速削減職位，而且其中許多工作機會將永遠消失。21世紀的就業成長，必須來自新企業，所以我們當然希望能孕育一個環境，讓這些新企業能成功、茁壯，並雇用更多員工。創造一個由快速擴張新創公司帶動的創新經濟，已經刻不容緩。

過去新創公司的家數增加不多，除了失敗率外，還有五個因素：

1. 獲得第一位顧客的代價高昂，而產品錯誤的代價更高。
2. 技術開發過程漫長。
3. 僅有少數人願意接受創業的風險，或在新創公司工作面臨的高風險。
4. 創投基金業的結構：在這行裡，少數幾家公司必須在一小群新創公司中投入大量資金，才能獲得可觀的報酬。
5. 創設公司的專業知識過於集中；比方說，美國集中在東西兩岸，歐洲和其他地方的問題可能比較小，但也有創業熱門地點。

運用精實方法可以降低前兩項限制，因爲這套方法可以幫助新創公司，以遠比過去快速而便宜的方式，推出顧客眞正想要的產品，針對第三項，精實創業則可讓風險降低。精實創業方法提出的時候，剛好碰上其他商業與科技趨勢也在改變，以試圖剷除創業的障礙，因此，這幾股力量結合之後，正逐漸重塑創業的風貌。

現在像GitHub這樣的開放原始碼軟體，以及Amazon Web Services這樣的雲端服務，已經讓開發軟體的成本從數百萬美元降爲數千美元。生產硬體的新創公司不再需要建立自己的廠房，因爲找到海外代工廠輕而易舉。其實，愈來愈常見到採用精實方法的新科技公司，是透過網路來傳送所銷售的軟體商品，或是在公司成立幾週後，就開始銷售在中國生產的硬體。以Roominate爲例，這家新創公司的目標是要啟發女孩在科學、科技、機械，以及數學方面的自信和興趣，當創辦人測試和迭代他們設計的「附電路自行組裝玩具屋組」（wired dollhouse kit）後，便將產品規格寄給中國的簽約廠商，三個星期後，第一批產品就送達。

另一個重要的趨勢是籌資管道分散。創投基金以往都是由一群聚集在矽谷、波士頓、紐約的正式公司，形成緊密俱樂部，而在現今的創業生態系統中，新超級天使基金（super angel fund）的規模，遠遠小於傳統數億美元基金規模的創投，卻可進行早期階段投資。全球數百家像YCombinator和TechStars之類的育成創投業者，已經開始把種子投資（seed investment）變成正規的做法。而群眾募資網站Kickstarter，則爲新創公司提供另一種更大眾化的融資管道。

即時資訊的取得，也對今日的新創公司有推波助瀾的效果。在網路問世前，新公司的創辦人只有在有機會與老經驗投資人和創業家喝咖啡時，才能獲得寶貴的建議。今天，最大的挑戰反而是整理排山倒海而來的創業建議，而精實概念提供一個架構，幫助你去蕪存菁。

最初，精實創業技巧是爲創立快速成長的新科技公司而設計，但我相信這個概念對創立一般小企業同樣適用。而小企業在經濟體中占有相當比例。我強烈懷疑，如果所有小企業都能採行這套方法，必能大大提升成長率與效率，對GDP與就業也會有直接而立即的影響。

其實，目前已經有些跡象顯示這樣的情況已經發生。2011年，美國國家科學基金會開始在「創新團隊計畫」（Innovation Corps）中運用精實方法，將基礎科學研究商業化。全美目前有11所大學已經對數百組資深研究員傳授這套方法。

MBA學程也開始納入這些方法。多年來，他們一直教導學生將大企業的做法，像是追蹤營收和現金流量的會計制度、管理的組織理論，用在新創公司，但新創公司面對的卻是截然不同的議題。現在各大商學院終於體認到，新企業需要他們自己的管理工具。

一旦各商學院接受管理面的執行，與尋求商業模式之間不同後，他們便放棄將商業計畫書視爲創業教育的範本。在過去十幾年中，「商業計畫競賽」一直是MBA課程裡最著名的一部分，現在已被「商業模式競賽」取代（最近做出這種改變的學校是哈佛商學院，時間是2012年）。史丹福、哈佛、柏克萊和哥倫比亞大學正領先群倫擁抱精實創業課程。我在史丹福爲教育人員開設的「精實互動課程」（Lean LaunchPad course），一年訓練超過250位大學講師。

## 21世紀的企業新策略

顯然，精實創業並非專爲新科技企業量身訂作。

企業已經花了20年的時間藉由降低成本來提升效率，但現在只是專注在改善現有商業模式都嫌不足。幾乎每一家大企業都明白，他們必須持續創新，以應付日益強大的外部威脅。爲了確保生存與成長，企業必須持續投資在新商業模式，而這樣的挑戰，需要全新的組織結構與技巧。

大企業該如何改善創新流程，多年來，已經有多位管理專家提出很多想法，像是克雷頓．克里斯汀生、莉塔．麥奎斯、維傑．高文達拉簡、亨利．伽斯柏（Henry Chesbrough）、伊安．麥克米蘭、亞歷山大．奧斯瓦爾德、艾瑞克．馮希培（Eric von Hippel）。但在過去3年中，我們卻見到包括奇異、高通（Qualcomm）、財捷等大企業，紛紛採行精實創業的方法。

舉例而言，奇異的能源儲存部門，就是利用這套方法改變創新方式。2010年，部門總經理普雷斯科特・羅根（Prescott Logan）發現，該部門研發的新電池有潛力顛覆整個產業，但羅根並未採用傳統的產品延伸做法，也就是準備建立工廠、擴大生產規模、然後推出新產品（後來命名爲Durathon），反而選擇運用精實方法。他開始尋求適當的商業模式，並努力發現顧客。他和團隊與數十位全球潛在顧客會面，以探尋潛在新市場與新應用。那些會面並非推銷：他們並未帶著簡報資料，只是專心傾聽顧客使用現有電池的問題與沮喪情緒。他們深入了解顧客如何購買工業用電池、多常使用這些電池，以及實際操作狀況。掌握這些回饋後，他們大幅調整設定的目標顧客。他們刪除原先的目標客群之一，就是「資料中心」，卻發現一種新客戶，也就是「電力公司」。此外，他們也將原先設定的廣泛客群「電信公司」，縮小爲「未有穩定供電來源的開發中國家手機供應商」。最後，奇異投資1億美元，在紐約州斯克內塔第（Schenectady）成立一個世界級的電池生產廠，2012年開始運作。根據媒體報導，新電池的需求非常強勁，奇異已經累積許多未交貨訂單。

前100年的管理教育，著重在爲既有企業的運作與效率，建立策略與工具。現在我們爲新創公司提供第一套尋找新商業模式的工具，而這套工具，也正好幫助既有企業應付接踵而來的破壞性力量。在21世紀裡，這些競爭與挑戰，會促使包含新創公司、小企業、大企業，以及政府機構等各式組織裡的人，都感受到迫切改變的壓力。精實創業會幫助他們正面迎擊、快速創新，並在需要時改造企業。

---

（吳佩玲譯，轉載自2013年5月號《哈佛商業評論》）

---

**史蒂夫・布蘭克**

史丹福大學兼任教授、哥倫比亞大學資深研究員、加州大學柏克萊校區講師。他曾是8家高科技新創公司共同創辦人或早期員工，並協助成立美國國家科學基金會創新中心（National Science Foundation Innovation Corps），以及協助設立「駭客國防」計畫和「駭客外交」學程。他的部落格網址是：www.steveblank.com。

— 2014 —

第二十二章

# 將敏捷工作法帶進整個組織

## Bring Agile to the Whole Organization

傑夫．高瑟夫（Jeff Gothelf）

軟體已經吞食整個世界，而且隨著軟體持續破壞許多不同的新產業，它也正在改變企業的經營方式。無論我們提供的是什麼產品或服務，我們全都身處於「軟體產業」中，這迫使我們重新檢視如何形塑與管理我們的組織。

我每次詢問經理人，他們的組織是否有實施敏捷工作法，得到的幾乎都是肯定的答案。如果更深入一點探詢就會發現，他們的敏捷做法多半僅限於產品開發團隊，特別是軟體工程團隊，很少有人提到「人資團隊的敏捷法」或「財務團隊的持續改善」。然而，敏捷法就是必須在這些基礎的領域裡扎根，才能支持軟體驅動的業務。

隨著軟體開發持續轉向「持續交付」（continuous delivery）的方向發展，我們得以創造一種與市場對話的新類型，那就是「持續對話」。我們現在能夠在幾小時內進行產品的部署、觀察、衡量、訪談、學習與最佳化，而不必花幾個月來做這些事。我們可以迅速做出決定，方向可以一夕轉變。為了支持業務快速、反覆的優化，負責配置、資助、管理與獎勵我們員工的各個內部單位，也必須展現同樣程度的敏捷。「我們一向的做事方法」開始造成管理階層與那些執行團隊產生直接衝突。

讓我們先看看人資的情況。人資單位運作的核心目標，就是徵人。傳統的徵人做法，通常就是列出必須具備的一系列工具和能力，再搭配一些像是「態度主動」、「有團隊精神」之類的模糊說詞。職務說明的內容，是為了填補特定部門（例如軟體工程團隊或設計團隊）的某個職缺。招募人員為了儘快找人補上職缺，於是快速查閱所有履歷表，尋找列出的那些技能組合，以確保進入下一輪的人都能「符合所有條件」。3年的Rails開發經驗？符合。GitHub經驗？符合。符合條件的人選名單會傳送給聘雇經理，接著聘雇經理必須儘快做出決定，以確保人資團隊達成設定好的聘雇效率目標。

這種聘雇方式無法培養組織敏捷度，反而會強化各個部門之間的障礙，並讓合作減至最少。因此與上述做法相反，人資團隊必須開始尋求有創意、能協作、有好奇心的人，他們必須找出不墨守成規的人，也就是不容易落入框架的求職者。這些人都是具有創業精神的通才，有多元面向、喜歡動手做事，擁有某個領域的專長，例如原本專精於設計，但後來成爲優秀的程式設計師。他們是團隊裡的懷疑論者，總是反抗現狀，迫使企業重新思考自身在顧客眼中的形象。公司必須實施新的聘雇方法，以吸引這樣的人選。公司也應該徹底重新思考面試的架構與做法，因爲幾乎不可能透過1小時的問答，就能評估應徵者的協作技能。我們得改變什麼，才能知道這位新的應徵者會不會是未來能推動公司向前的創新者？我們要如何確保，隨著公司業務的性質逐漸演變發展，我們的聘雇方式也能持續改善？

如果我們眞的找來了有好奇心、有創業精神的人加入團隊，接下來該問的就是要如何激勵、留住這些人才？在過去，我們會直接指派他們加入某個團隊，把某個專案交給他們去建立，如果他們能夠在預定時間與預算之內完成（或至少差距不太遠），就能得到某種獎勵。不過現在這麼做已經不夠。對這些人來說，財務報酬並不是主要的動機。建立某種有意義的事物，可以讓他們認爲這是屬於自己的成就，會更有價值得多。我們是否能夠重新考量薪酬結構，發股票（或至少是提供獲利機會）給我們協作團隊裡提出構想的員工？

如何爲專案提供資金，是必須符合新現實的另一個大挑戰。財務長會想知道，提撥經費給某項計畫能回收什麼效益？雖然從不欠缺這個問題的答案（畢竟你想要爭取經費），但很少有人說出眞正的答案（其實我們眞的不知道）。軟體開發過程中會有不確定性，讓我們難以預知結果。只要是超過4到6週的產品路線圖，如果複雜程度出乎意料、市場出現動盪、顧客行爲改變，就會面臨迅速成爲過時產品的高風險。

不妨向新創公司學習，財務部門必須開始將公司的每個團隊視爲內部的新創公司，也就是一組負責解決某個商業問題的人員。那個商業問題會有一個客觀、可衡量的目標，最終用來判斷這個團隊是否成功。而在每次撥款期結束時，各個團隊都必須向財務部門展示成果，來獲得再次撥款。這麼做會爲組織的決策方式注入一種有節奏的復原力，讓組織能夠投入一些短期事項，然後根據即時的市場現況，來決定是否要進一步推動那些事項，而不是根據可能永遠無法成眞的美好預測來做決定。

最後，決策階層也必須改變。傳統上，決策會經過層層管理關卡，確保在方向改變前獲得所有人的認同。這些流程十分緩慢，而且如果有某個人犯了錯，這種做法可以提供掩飾，讓人不容易看出來。企業的敏捷性在於制定決策時愈貼近顧客回饋愈好。負責產品的團隊必須根據持續得到的市場見解，迅速決定如何向前邁進。不應該把犯錯當成死罪。相反的，公司應該迅速分析那些錯誤，並納入新的資訊，作爲制訂下一波戰術的參考。

獎勵誘因應該要有助於衡量工作成果、根據證據做出決策，以及學習。軟體開發團隊的文化能夠做到這一切，但如果沒有組織的支持，團隊就無法充分善用這一切。到頭來，團隊每一天做出的戰術決策，不該是經理人要考量的事情。相反的，經理人應該專注在策略性商業目標的進展。爲了減輕主管的焦慮，並確保整體的策略更爲一致，團隊有責任要盡量與組織溝通，主動報告自己的戰術、學習心得、進展以及後續步驟。然而，如果沒有足夠的心理安全感，敢於報告整個流程的情況，不隱瞞任何問題，大多數團隊會選擇追求安全和可預測性，實質上削弱企業的敏捷度。

隨著所有企業逐漸成爲高度聚焦的軟體企業，我們必須改變管理企業的方式。24小時持續流入的顧客見解與回饋意見，推動持續學習的環境，這樣的環境要求團隊、環境、決策結構與提撥資金的模式，都展現「敏捷」這個詞的眞正含義，也就是有復原力、迅速回應與學習。

---

（林俊宏譯，改編自2014年11月14日哈佛商業評論網站文章）

---

**傑夫・高瑟夫**

協助組織打造更好的產品，也協助高階主管建立能夠打造更好產品的文化。他與人合著獲獎著作《精實UX設計》（*Lean UX*）、哈佛商業評論出版社所出版的《感知與回應》（*Sense & Respond*），以及他的著作《恆常就業力》（*Forever Employable*）。他擔任主管教練、顧問和演講人，協助企業彌合企業敏捷度、數位轉型、產品管理和人因設計之間的落差。

2019

第二十三章

# 創新公司的三種領導人類型

The There Types of Leaders of Innovative Companies

柯特・尼基希（Curt Nickisch）訪問

黛博拉・安康納（Deborah Ancona）與凱特・艾薩克（Kate Isaacs）

指揮與控制已經失去它的魔力。現今，如果你想要建立一個創新組織，沒有人會告訴你要打造一個僵化的官僚體制。但是，你應該打造什麼樣的組織？要怎麼樣才能有創意又不致陷入混亂？

我們今天的來賓黛博拉・安康納深感興趣的正是這個問題。黛博拉是麻省理工史隆管理學院教授，也是麻省理工學院領導力中心（MIT Leadership Center）的創辦人。另外還有凱特・艾薩克（Kate Isaacs），她是中心的研究人員。她們想要爲理想的公司勾勒更清楚的圖像，於是著手檢視兩家組織：一家是PARC，也就是全錄的研發單位；另一家是戈爾公司（W.L. Gore & Associates），這是一家材料科學公司，最知名的產品就是Gore-Tex。

在這個訪談中，她們描述這些組織裡有三種不同類型的領導人，根據一套規定，有彈性的共事。她們稱之爲「靈敏領導」（nimble leadership）。

**柯特：你們為什麼挑選這兩家公司**？

**黛博拉**：我們對於我們常說的「分布式領導」（distributed leadership）這個觀念非常感興趣，現在我們稱它爲「靈敏領導」。我們想要檢視的公司，一方面要處於頂尖創新前緣，另一方面也要在內部有創業行爲，但是沒有很多科層組織，也沒有繁複的規定。

它們也不是新創事業，它們是已經營運很長一段時間的組織。如果要說的話，它們代表一個已經驗證的概念，也就是一個可以不斷調適來適應變動的環境，並一直保持高度創新，持續擁有對工作非常投入、振奮無比的員工的組織。我們選的公司算是這種組織的原型。

**柯特：當你們拜訪這些地方時，你是否立刻感覺到自己身在一個不同類型的公司**？

**黛博拉**：一點也沒錯。我在許多不同類型的組織與員工做過訪談，有些訪談相當恐怖，員工對自己的工作非常疏離，他們不喜歡來上班，而在有些訪談裡，我們的受訪者眞的哭了出來。

但每兩個月拜訪一次戈爾公司卻是完全不同的體驗，那裡的人精神是如此昂揚。「我們剛發明了這個」、「這是我們在忙的新東西」、「我們剛創造一個商業模式的新概念，它能重新塑造組織的營運方式」。那裡有豐沛的能量、滿滿的振奮情緒，隨時都在變動，但是不慌不亂。員工做了很多事，而且對自己做的事感到心滿意足。

**柯特：當大家聽說有那樣一家公司，那裡的人可以發揮創意，卻不混亂，有些人可能會想：「噢，想必那裡有位真的了解他們在做什麼的執行長。」你認為戈爾公司與這類公司的祕密是什麼？**

**凱特**：嗯，戈爾公司裡當然有領導人，他們有執行長。但其實是體現那些原則的文化，讓它能維持這樣的運作方式。個人領導力、職場文化以及企業結構，這些都是讓整個體制運行的條件。而它的運作方式所仰賴的原則，從一開始就在那裡，而且會隨著時間而精進。

**柯特：我讀你在《哈佛商業評論》發表的文章〈靈敏領導〉（Nimble Leadership）的時候，有一點令我印象深刻，那就是你們提到，靈敏領導指的是在這些公司裡，有比例很高的人描述自己是領導人，這就是分布式領導的概念。你為什麼認為靈敏領導能更貼切描述這些組織的情況？**

**凱特**：我一向不喜歡分布式領導這個名詞，因爲它讓我想到一杯水滴了一滴紅色食用色素，整杯水都變成淡粉紅色。我認爲，「分布」讓人聯想到的是所有事情都被稀釋一點。那不是我們所說的「分布」。

我們所說的是，在這些組織裡，每個人都感覺到自己獲得授權。他們可以挺身而出，在他們的專業領域領導，甚至會踏出專業領域，拓展新經驗，而且這麼做能得到支持。所以，這些組織有一個持續的發展過程，而組織文化、他們的同儕以及其他贊助者都支持這個過程。

因此，我們使用「靈敏」這個詞，我們的意思是，無論組織當下有何需要，都會有適切的領導作爲，而且整個組織能迅速調適，以應對變動的市場狀況，以及他們從顧客那裡感知到的需求。如果顧客不滿意，他們能夠迅速回應，因爲每個人都被授權可以挺身而出，根據他們的策略與顧客的需求，去做需要做的事。

**柯特：聽起來，那裡幾乎每一個人都與公司策略同調。**

**黛博拉**：沒錯，而且策略不只是某些人學來的罕見名詞，它眞的有其深度：「這是我們做的產品類型，這是我們賺錢的方法。」讓我們感到驚奇的是，如果你到其他組織，雖然那裡的人也做專案，但他們不見得想過這樣做能不能在市場上獲得成功。然而，在這些組織裡，那裡的人眞的理解他們的商業模式爲何，他們所創造的成果如何促使組織成功。

**凱特：**他們把策略分解成員工在自己領域可以理解的要素，無論他們在組織裡的工作是什麼。以戈爾公司爲例，他們有一條簡單的原則，叫做「合用」，意思是無論你在做什麼，無論你在創造什麼產品，都必須合乎你想要它發揮的用途。他們不想把一個會失靈的天線送進太空；他們不想要有人穿著有縫隙的外套登上珠穆朗瑪峰。

所以，那會帶動廣泛的測試、對品質的持續關注，以及與顧客的持續溝通，藉此了解產品實際的性能。這是一條簡單的原則，在組織策略層面與產品開發層面都是如此。而這些原則將高層策略與整個組織裡的人在各個角落實際從事的工作，結合在一起。

**柯特：你們為組織不同層級的領導人類型建構一套分類學。創業型領導人在較低層級，是在專案層級領導；促成型領導人稍微高一點，而架構型領導人又在此之上。告訴我們更多這三種不同的分類。**

**黛博拉：**創業型領導人是爲組織創造活力旺盛、不斷湧現創新的人，而他們之所以能這麼做，是因爲他們不斷冒出新產品的構想、新商業模式，還有企業的新編組方式。這能吸引別人追隨他們，與他們一起爲某個構想而努力。創業型領導人是團隊的創造者，這些團隊爲整個組織帶來新構想。而且重要的不只是有構想，也要能把握機會，在組織裡推動構想。

**柯特：他們還有很大的自由度可以離開專案，加入其他專案。**

**黛博拉**：因此這會在組織裡形成一種預測市場，因爲員工可以自由加入他們認爲在這個環境裡成功機率較高的產品計畫。這就像是用腳投票，員工自己選擇加入的專案。我只想說，經理人要當心，哪些是最佳專案，不是由坐在房間裡的主管說了算，而是員工用腳投票選出來的。

**凱特**：因此，專案團隊的領導人必須願意讓人才在其他團隊間流動，而不是綁住人才。整體而言，我們發現經理人都知道：「好，那裡有一個非常棒的專案，對組織的發展有雄厚的潛力，但這個人眞的很有能力，所以我想把他留在我的團隊；不過我也知道，雖然他留在這裡能做出很多貢獻，但他想要在那個新專案工作；我無法違背當事人的心願和更大的組織利益而把人才留在這裡。」所以，領導人會不斷注意怎麼做對整體組織最好，對個人也最好。

**柯特：黛博拉，你剛剛說「經理人要當心」，那正是人們擔

**心會失去控制權的地方嗎？**

**黛博拉**：我做過很多經理人的培訓，我們看過的企業，幾乎每家都想要擺脫科層體制、指揮控制，轉而成爲更靈敏、分布式學習網路的組織，不管你用的是什麼名詞。這點與現在進行中的許多研究相符：經理人認爲未來三年他們身處的產業和環境會出現重大變化：有76%的經理人都這麼認爲，相較於去年僅有26%經理人這麼認爲。人們感覺到環境會加速變動，因此勢必會需要不同類型的組織。

但由於大家害怕不知道該做什麼，因此隨之而來的是極度焦慮，甚至是行動的惰性：「我不知道如何建立這樣的系統，這表示我會失去當主管的權力。如果我放掉權力，會發生什麼事。」這是我們在這些經理人身上看到的深切恐懼。這點讓人害怕。

**柯特：你們把促成型領導人描述為指導與管理資源的人，聽起來非常像中階管理者。這個類型有何不同？**

**黛博拉**：促成型領導人要協助創業型領導人。通常創業型領導人的經驗稍微不足，他們不一定能夠做到所有必須做的事，因此促成型領導人要插手幫助他們，但不是透過命令的方式，而是透過引導和提問，那是非常不同的領導方式。

**柯特：提問的方式比較像是：「你認為你應該朝哪個方向前進？」「你認為機會在哪裡？」或是「你是否想過和哪個部門的哪個人談一下？」諸如此類的？**

**黛博拉：**一點也沒錯。不是「做這個」或「做那個」，而是「你想過這樣做嗎？」或是「你想過那樣做嗎？」這是較偏向開放式問答的方式，幫助其他人透過思考一個問題來發展自己的獨立思維。促成型領導人的工作沒有僵硬的規定。

我們常把組織形容成一個個小盒子，人們住在盒子裡，那個盒子會告訴你可以做這個，或是你可以做這個、這個、還有這個，然後就沒有別的了。然而，促成型領導人更爲靈活，他們會以任何符合需要的方式提供協助。所以，如果他們需要強化企業文化的某些地方，他們可以這麼做。如果他們必須在闡釋企業策略部分扮演更吃重的角色，他們可以那麼做。如果他們得捲起袖子分擔團隊工作，他們也可以辦到。這是非常彈性、流動、應變的關係。

促成型領導人也是連結者，他們多半有廣大的人脈，也會到處旅行，認識許多不同的人。所以，他們將團隊（創業型領導人與組織中的其他團隊）連結起來，以產生我們所說的「創意衝擊」（creative collisions），這些與其他專業之間的衝擊有助於創新的成長。

**凱特：**我想針對這點補充：想像一個傳統的階層組織，頂端是高階領導人，然後中間有一層中階管理者，而他們像一層黏土，所有資源、批核、所有事物都要透過這一層上傳或下達到基層實際工作者。

**柯特：我聽過某個組織裡有人形容那一層是永凍土。**

**凱特**：永凍土，形容得眞好，我喜歡。你明白你會卡在永凍土那一層，而如果你去鑽挖，最後讓你的訊息上達高階管理者，那麼或許你的計畫或聰明構想總有動起來的一天。但等你得到一些預算、一些關注的時候，時機可能已經過去，而你的競爭者已經先馳得點。

所以，我們選擇用「促成型領導人」這個名稱，因爲一如黛博拉的描述，他們的職責是確保第一線人員擁有他們所需要的一切，以推動他們的構想、回應顧客的疑難雜症，並解決製作上的問題。他們的職責是確保第一線的工作進行，而非設立限制。他們確保資源、注意力、指導、網絡、關係的流動，確保第一線領導人的需求得到滿足。

**柯特：我們來談一下架構型領導人，在其他地方會稱之為高階領導人或是經營管理團隊。是什麼因素使這類型的領導人與衆不同？**

**黛博拉**：首先、也是最重要的，架構型領導人是棋盤的建造者。我們所說的棋盤是指能讓創業型領導人創造、貫徹他們的構想，還有讓促成型領導人善盡職責所需的結構和文化。他們是文化的守護員，他們非常留意組織的價值觀以及做事的規則。

諷刺的是，雖然架構型領導人是架構變革的人，但是他們在身處的組織裡卻不是發號施令的人，因爲這不是這些組織運作的方式。因此，在他們能夠推動變革之前，他們必須先建立自己的聲譽，成爲別人眼中關心公司的卓越領導人。

其次，他們會與群體成員進行大量諮詢，確保他們理解爲什麼這種變革有其必要，還有爲什麼改變是個好主意。面對不認同變革的人，架構型領導人必須聽取他們的意見，並回應他們。一個有趣的例子是，有個執行長對於從高層啟動變革非常緊張，因此醞釀好長一段時間，時間長到連組織裡都出現抱怨的聲音說：「OK，已經拖夠久了，讓我們撕掉OK繃，開始做正事。」因爲這是必要的過程。

**凱特：**架構型領導人的功能之一就是將新產品的構想與創新的新點子整合到一貫的組織策略中。套用黛博拉長久以來一直在發展的語彙，架構型領導人必須是優秀的「意義創造者」，因爲位居高層的人要放眼全球、市場、技術與經濟趨勢。

這些不是組織裡每個人都會關注的事情。架構型領導人要把這些資訊都放在腦袋裡，然後觀察從組織各個角落源源冒出的所有創新構想，並把所有構想整合進一個新興的策略流程。

**柯特：有些人可能會覺得這聽起來頗為鬆散，但是事物的建構方式裡其實有很多原則。**

**凱特：**沒錯，確實有很多原則。不過，這是與高層管理者做決策不同的原則類型。它更偏向集體得多，它更深入員工對於組織內部策略、何謂合乎文化行爲的觀點。此外，正因爲人員高度自主，優秀的人才會堅守出色的構想。

我們談過預測市場的觀念。如果你有好構想，它將吸引人才。如果你是專案的支持者，而且這是個好構想，那麼在你不斷談論這個構想之時，這個構想將傳遍組織，人們將蜂擁而至。但如果這是個糟糕的構想，你就無法吸引推動這個構想所需的人才，因爲大家終究會發現，基於種種原因，這個構想行不通。人才是否會繼續留下來？他們是否會選擇加入你的計畫？在這個過程裡，控制權就這樣以另一種方式成形。

**柯特：所以，這些架構型領導人不會去判斷市場力量，並試著指揮回應，他們基本上是讓市場力量在整個組織裡運作。**

**凱特：**沒錯，那就是差異所在。

**黛博拉**：這種組織不適合膽小的人。這很複雜。爲了幫助大家摸索這個變革方向，我發明一種卡片練習。這裡有21張卡片，每張卡片上都有敏捷組織的一項特質。我告訴參與者：「挑選卡片，你的組織現在具備什麼特質？你希望你們具備什麼特質？而在你希望具備的特質裡，有哪三件最重要的事你現在就可以去做，進而啟動變革？」

練習的結果眞的很耐人尋味。有時候，組織裡的人對於他們現在具備的特質有相同的看法，有時卻有歧見。Google的人認爲他們每一項都有，雖然不是每一項都達到他們認爲的理想水準，其他人則認爲他們一項都沒有。不過這個練習能刺激大家思考整個體系的現況，他們又該如何一小步、一小步的開始，做出朝新方向前進所需的變革。

**柯特：靈敏領導在任何地方都行得通嗎？**

**凱特**：有很多組織正在實驗這種工作方式。有一家成功的荷蘭銀行ING改用「敏捷式工作法」，看起來非常近似我們在文章裡的描述。他們重新編組人力，成爲350個9人的跨領域團隊，他們也建立跨團隊聯繫的機制。那家銀行裡的領導人表示：「沒錯，我有點控制狂，而我覺得這種工作方式對我來說非常困難，因爲我必須放手，給別人更多自主權。」

但根據這家銀行的報告，在那裡工作現在變得更有趣。他們解決客戶問題的速度也快得多。這可是一家銀行，它從事的是抵押證券之類的業務。所以如果一家銀行做得到，這個模式應該可以在產品創新領域之外，移轉到許多其他產業。

**黛博拉**：在《哈佛商業評論》的文章裡，我們也談到薩帝亞·納德拉（Satya Nadella）以及微軟的變革。那是一家有12萬5000名員工的企業，而微軟這個例子也顯示，公司即使不必對我們討論的領導系統照單全收，也有其他方法可以把組織帶往同樣的方向。

納德拉在微軟實踐的其實是一種改造。他在2014年加入微軟，當時這家公司屬於科層結構，各單位隨時都在爭奪資源分配的順位，因而扼殺合作、創意與創新。他認爲，這不是組織的成長與發展之道，於是他提出一些措施，非常類似我們所描述公司裡的做法。新棋局就此展開，高階領導團隊新登場。他們擺脫排名式的績效管理制度，取而代之的是更偏向指導式、培育式的方法，就像你在戈爾公司或PARC可以看到的做法。

**柯特：它也給基層主管更多權限，可以調整薪酬以及許多原本偏向中央管理的事項。**

**黛博拉**：一點也沒錯。他們給員工更多自由，爲維持創新活水做必要的事。他們還將企業文化重新聚焦於所謂的「成長心態」。這個概念借自史丹福心理學家卡蘿・杜維克（Carol Dweck）的研究。這個觀念是說，人們並不受限於他們能學習什麼以及如何發展，相反的，他們可以成長。人們永遠可以學更多。他們可以從失敗中振作，並說：「我可以從這次失敗中學到什麼，我下次該如何做得更好。」而不是就停留在原地。

這裡沒有怪罪文化，這裡的文化是：「我們要如何做得更好？我們下一次可以怎麼創新？」納德拉非常努力要把成長心態的觀念灌輸到整家公司。他採取許多措施，讓公司更接近我們指出的那種模式。

---

（周宜芳譯，改編自2019年7月9日*HBR IdeaCast*的Podcast節目）

---

**黛博拉・安康納**

麻省理工學院Seley管理傑出教授（Seley Distinguished Professor of Management)，史隆管理學院講座教授、組織研究教授，也是麻省理工學院領導力中心（MIT Leadership Center）創辦人。她與亨利克・布萊斯曼（Henrik Bresman）合著《X小組》（*X-Teams*），另外與人合著〈不完美領導力〉（In Praise of the Incomplete Leader）刊登於《哈佛商業評論》。

**凱特・艾薩克**

麻省理工學院領導力中心研究員，對話創生資本（Dialogos Generative Capital）合夥人，以及更大雄心領導力中心（Center for Higher Ambition Leadership）執行研究員。她透過以信任爲基礎的關係，幫助公司和多方利益關係人合作創造社會與經濟價值。

## 柯特・尼基希

《哈佛商業評論》資深編輯，並在哈佛商業評論製作Podcast節目，擔任*HBR IdeaCast*的共同主持人。之前他是美國國家公共廣播電臺《市集》（*Marketplace*）節目、WBUR電台與《快公司》（*Fast Company*）雜誌記者，他會講流利的德語，並熱中歷史類Podcast節目。他的Twitter是：@CurtNickisch。

2019

第二十四章

# 你的企業是否已準備好迎接零碳未來？

Is Your Company Ready for a Zero-Carbon Future?

奈傑爾・托平（Nigel Topping）

公眾呼籲迅速過渡至零碳經濟的聲浪日益高漲，但光是全球各地出現抗議活動、青年發起氣候大罷課，還不足以推動改變。我們需要企業加入行動。目前的危機除了對地球造成嚴峻的威脅，也已經讓企業愈來愈感覺對業務造成重大風險。

美國金融官員羅斯汀・貝納姆（Rostin Behnam）已經表示，氣候變遷對金融造成的風險，如同引發2008年金融危機的次貸危機。[1] 2019年稍早，已經因爲氣候災難損失8.47億美元的AT&T宣布，將爲美國能源部提供經費，追蹤未來幾年間可能破壞基礎設施的氣候相關事件。

企業如果將減碳明確納入策略考量，不但能夠降低這些風險對企業造成的影響，更能見到明顯的好處：提升創新、競爭力、風險管理與成長。

目前已經有超過900家跨國企業（市值超過17.6兆美元）透過全球商業氣候聯盟（We Mean Business）的「採取行動」（Take Action）活動，確保業務策略既能推動成長、也能減少排放。（全球商業氣候聯盟是一個非營利聯盟，本人目前擔任執行長。）這項活動有超過560家企業參與，致力於制定理想遠大、基於科學的減排目標，其中更有超過175家致力於100%改用可再生能源。除此之外，各家企業也開始發揮影響力，透過支持的氣候政策來加速人類經濟轉型，目標是在2050年達到淨零排放。另外也有企業正要求供應鏈廠商都必須採取氣候行動。

你的企業也該負起責任，成爲解決方案的一部分，否則將會影響未來吸引人才、管理風險，以及爲求成長而創新的能力。以下是你能夠採取的幾項重要步驟，能夠讓企業在零碳未來獲得成功。

## 讓企業符合巴黎協議的要求

科學從未有過如此清楚的結論。2018年的聯合國政府間氣候變遷小組（IPCC）特別報告指出全球升溫1.5°C的影響，在在令我們了解必須讓減排量達到巴黎協議的目標，並努力在2050年之前實現淨零排放。[2]

在各家企業設定減排目標（包括直接業務與整個價值鏈上的合作對象）的時候，應該以基於科學的溫室氣體減排目標做爲黃金守則。現在各家企業所設定的目標，可以用符合限制全球升溫不超過1.5°C所需的減排程度爲標準。這些目標雖然需要十分努力才能達成，但對於能在2050年實現淨零排放至關重要，而這也該是所有企業的最終目標。

如果你還在猶豫，就請想想不作爲會帶來怎樣的風險：規模達1兆美元的挪威政府退休基金（Government Pension Fund）是全球最大的主權基金，而該基金已證實將從與化石燃料相關的投資當中撤資約130億美元，這是全球將繼續遠離化石燃料的許多跡象之一，讓我們看到企業的投資計畫必須考量資產的碳排放影響，否則持有的資產可能會迅速損失價值。以科學爲基礎來設定目標，就能確保所有的策略性決定都已經考量到氣候風險與機會分析，讓企業的業務計畫不被未來淘汰。同時，這也能推動零碳創新，並有助於避免擱淺資產（stranded assets）的問題。

直到目前爲止，已加入採取行動的超過560家公司當中，多數都指出在品牌名聲與投資人信心方面得到提升。消費者和投資人都愈來愈意識到，自己的選擇會對環境造成影響。於是，致力於這些目標的企業就會在自身業務的許多領域取得競爭優勢。

## 加入轉型計畫

承諾要在2050年之前實現淨零排放，無疑是一項遠大的目標。而目前有幾項方案，能爲企業提供協助。

氣候組織（The Climate Group）的EP100倡議是個很好的開頭，集合愈來愈多的智慧節能企業，致力於更有效運用能源，希望減少溫室氣體排放、加速清潔經濟（clean economy）。企業加入EP100，就能致力於使能源生產力（energy productivity）倍增，並透過「零碳建築承諾」（Net Zero Carbon Buildings Commitment）達成零碳建築。

參與EP100倡議的企業繳出節省成本、減少排放的成績。像是位於威斯康辛州的江森自控（Johnson Controls）就提升能源生產力，使公司的溫室氣體排放強度降低41%，每年節能超過1億美元。

此外，像是由世界企業永續發展委員會（World Business Council for Sustainable Development）所率領的低碳技術夥伴倡議（Low Carbon Technology Partnerships, LCTPi），也能夠讓企業同心協力，讓特定產業部門的完整價值鏈共享自然氣候解決方案。LCTPi的焦點主要在於農業、能源和交通運輸產業，而這些倡議能爲企業帶來更多資源與創新，協助開發新的市場。

## 致力於做到100%

如果你致力於完成某項工作、做到100%、沒有任何藉口，就會向所有利害關係人發出一個強大的訊號。要是你致力於使用100%的再生能源，而不是20%或甚至50%，公司內外的人都能夠清楚了解你的目標。

全球有超過175家最具影響力的企業，已經透過全球企業龍頭計畫RE100做出這項承諾。等到這些RE100企業完全改用100%再生能源，每年會需要1,840億度的再生電力，超過阿根廷和葡萄牙兩國的用電量總和。這件事正在推動再生能源的需求，讓全球電力系統的需求模式逐漸遠離化石燃料。

目前已經達到這項目標的企業包括有Google、Autodesk、Elopak與Interface等等，使用100%再生能源，不但推動了改革，更因爲風能與太陽能價格不斷下降而節省資金。這些企業告訴所有利害關係人（包括投資人、顧客與決策者），他們看到的是一個由再生能源推動企業的未來。

交通運輸產業也正在做出同樣的努力。未來，預計全球各地將會透過各種空氣品質法案，對城市中造成汙染的車輛做出愈來愈多的限制，而這也讓企業意識到，不妨未雨綢繆，轉型使用電動車。目前已有愈來愈多企業致力於透過EV100這項全球倡議將車隊改爲電動車，例如擁有180萬輛汽車的租車公司LeasePlan，就預計在2021年前將員工車隊全數改用電動車，向在2030年實現淨零排放的大目標邁進一步。改用電動車除了能帶來環保效益，還可以大幅降低車隊成本，原因就在於行駛成本的電費低於油錢，而且保養成本也較低。德國郵政（Deutsche Post DHL）也已經因爲採用電動車StreetScooter，節省60％至70％的燃油成本、60％至80％的保養成本。

## 檢視所屬的產業協會

屬於同一個產業協會的企業會有共同的業務範圍，而產業協會就該謀求這些企業的策略利益。要是產業協會並未嚴肅看待氣候危機，等到全球要達成淨零排放，就有可能讓整個產業遭到淘汰。別讓已經過時的立場限制你的企業。

就目前的時勢看來，企業都該檢視自己所屬的產業協會，確保眾人的氣候行動目標一致。如果眾人還沒有達到共識，就該發揮自己企業的影響力、改變整個產業協會的立場，又或是決心離開那個協會，而讓政府了解你的堅持。要相信德不孤、必有鄰。

例如福斯（Volkswagen）就告知德國汽車製造商遊說團體VDA，如果VDA不改變對汽車業轉型的立場、開始支持電動車，福斯就會離開。此外，殼牌（Shell）也因爲美國燃料及石化生產商協會（American Fuel and Petrochemical Manufacturers Association）不支持巴黎協議而準備離開。最後，聯合利華（Unilever）執行長喬安路（Alan Jope）也向相關的所有同業公會提出要求，希望確認它們在氣候方面的遊說立場與聯合利華一致。

## 掌握氣候治理的智慧

面對氣候變遷，就算有了萬全的計畫，也必須有適當的治理方式才能成功，這代表著董事會與管理團隊都必須具備適當的知識與技能，能夠體認到氣候危機帶來的風險與契機。

例如假設你經營一家全球食品公司，就該自問：我的企業是否跟得上EAT與刺胳針（Lancet）合作報告的發現？對於社會正轉向遠離肉食，我們的董事會是否具備相關專業，企業的發展又是否符合這個方向？我們能不能向員工與顧客說明我們的業務模式如何演化，變得要保護自然，而不是傷害自然？

爲了提供這方面的協助，Ceres與B團隊（The B Team）針對需要應對氣候變遷的董事會準備一份入門刊物，其中也討論氣候相關財務揭露（Task Force on Climate-related Financial Disclosures, TCFD）各項建議的適應力與重要性。這些指導原則既強調與氣候相關的財務風險，也指出這會如何影響各項業務策略。

## 發言支持氣候政策

透過面對面的對話，你的企業就能鼓勵立法者訂定更積極、更遠大的氣候政策。這種做法在2015年的巴黎協議談判發揮極大作用，當時各大企業組織的代表與決策者共聚一堂，公開討論不同的政策會給企業帶來怎樣的挑戰與契機。而這場對話還需要繼續。

許多企業的立場都很適合根據自己過去減排的經驗，爲不斷進行中的政策討論提供意見。有些確實採取行動、協助改善氣候緊急狀況的企業，能夠透過他們努力取得的成就，證明氣候行動可行，而且證明不作爲最後只會付出高昂的代價。

在日本就有93家企業（總營業額約6,700億美元、總耗電量約360億度），呼籲日本政府設定在2050年之前達到淨零排放的目標。在那之後，日本政府已經勾勒出減排策略，希望大約在這個時程讓經濟達到「碳中和」。另外也有數百家企業呼籲歐盟承諾，最晚在2050年實現溫室氣體淨零排放。英國政府已經宣布準備立法在2050年前達成淨零排放，歐盟也正面臨是否要跟進的壓力。

## 傳達你的使命

如果有愈來愈多的企業透過報告與對外通訊分享其努力，就愈能提高這一切在決策者、顧客與員工眼中的能見度。立下這種典範，就能讓更多人有信心訂定更遠大的氣候目標、推動市場轉型，進而激發競爭與創新。

或許這一切最大的好處，就是能夠讓長期的氣候政策開始落實；企業也就能清楚了解如何用更迅速、更聰明的方式完成產品和服務的去碳化（decarbonize）。

讓大眾看到企業的努力，也有助於企業吸引並留住新一代的人才。千禧世代有大約75％希望雇主能夠應對氣候危機，而最近的研究顯示，Z世代對於氣候議題的立場也同樣強烈。[3]

企業如果希望能夠掌握氣候行動帶來的好處，就必須挺身而出，致力採取這些關鍵步驟，而且別忘了爲善就是要大聲讓別人都知道。激勵大家都努力實現零碳的未來，會是推動創新最佳的方式，而且也能確保你在其他人失敗的時候繼續成功向前。我們都應該要負起責任，應對氣候危機、協助推動對經濟和地球都好的解決方案。

## 註釋

1. Coral Davenport, "Climate Change Poses Major Risks to Financial Markets, Regulator Warns," *New York Times*, June 11, 2019, https://www.nytimes.com/2019/06/11/climate/climate-financial-market-risk.html.
2. Intergovernmental Panel on Climate Change, "Special Report: Global Warming of 1.5°C," 2019, https://www.ipcc.ch/sr15/.
3. Glassdoor Team, "New Survey Reveals 75% of Millennials Expect Employers to Take a Stand on Social Issues," Glassdoor, September 25, 2017, https://www.glassdoor.com/blog/corporate-social-responsibility/; Kim Parker, Nikki Graf, and Ruth Igielnik,"Generation Z Looks a Lot Like Millennials on Key Social

and Political Issues,"Pew Research Center, January 17, 2019, https://www.pewsocialtrends.org/2019/01/17/generation-z-looks-a-lot-like-millennials-on-key-social-and-political-issues/.

---

（林俊宏譯，改編自2019年6月21日哈佛商業評論網站文章）

---

## 奈傑爾・托平

全球商業氣候聯盟（We Mean Business）執行長，該聯盟運用企業龍頭推動各項創新與政策，加速應對氣候變遷的行動。托平過去曾擔任碳揭露專案（Carbon Disclosure Project, CDP）執行董事，並有18年的製造業工作經驗。

2008

第二十五章

# 跟愛迪生學創新

Design Thinking

提姆・布朗（Tim Brown）

愛迪生發明電燈泡，進而創造出一個以電燈泡爲中心的產業。電燈泡是愛迪生最著名的發明，但他知道，如果沒有發電和傳輸系統，燈泡只不過是個新奇的小玩意，沒有什麼實際用處，所以他也發明發電與傳輸系統。

由此可見，愛迪生的天才在於他能構思出一個完整發展的市場，而不只是發明一項器物而已。他會預先構思人們想要如何使用他發明的東西，然後根據這一點來設計研發。他不見得總是有先見之明（原先他以爲留聲機主要是用來作爲事務機器，可錄下並播放口述內容，供聽寫之用），但他總是仔細考量使用者的需求和偏好。

愛迪生的做法，其實就是現今所謂「設計思考」（design thinking）的先例，這種方法根據以人爲本的設計精神，深深融入各種形態的創新活動之中。我的意思是說，要推動創新，靠的是直接觀察，徹底了解人們生活中的需求，以及他們對某些產品的製造、包裝、行銷、銷售與服務方式的好惡。

許多人認爲愛迪生最偉大的發明是現代化的研發實驗室，以及實驗研究方法。愛迪生不是只擅長某一個狹隘領域的專才科學家，也是具有精明商業頭腦的通才。當年他的實驗室在紐澤西州門羅公園市（Menlo Park），和他並肩工作的除了實驗人員外，還有精通修補東西的人，以及很會就地取材的好手。他創立以團隊爲基礎的創新方法，打破「孤獨的天才發明家」模式。雖然爲愛迪生著書立傳的人都寫到這個團隊志同道合、大家興致勃勃，但實驗過程中也充滿數不盡的嘗試與錯誤，也就是愛迪生對天才所下的著名定義：99%的汗水。他的做法，不是爲了驗證預先建立的假設，而是要協助實驗人員從一次又一次的試驗中，學到某些新事物。創新是很辛苦的工作；愛迪生揉合藝術、工藝、商業頭腦，加上對顧客和市場的敏銳了解，讓創新成爲一項專業。

設計思考直接傳承那個傳統，簡單的說，設計思考就是一種專業手法，運用設計師的敏銳感觸和方法，推出技術上可行、透過商業策略可以轉化爲顧客價值與市場商機的事物，以符合人們的需求。設計思考往往需要賣力工作，猶如愛迪生痛苦的創新過程。

我認爲，設計思考對企業界會有很大助益。在企業界，大多數的管理構想和最佳實務都可以免費取得，並仿效運用。現今的領導人指望創新可以帶來差異化和競爭優勢，若在創新流程的各個階段中都能納入設計思考，成效可能會很好。

## 設計，不只是包裝

過去，設計一直被視為開發流程下游的一個步驟。進行到這個步驟時，設計師才開始參與，為創新的點子設計美麗的包裝，在這個階段之前屬於創新初期的工作，設計師都沒有參與。這樣的做法確實能使新產品或技術具有美感魅力，更吸引消費者，或是透過聰明、打動人心的廣告和傳播策略，強化品牌認知（brand perception）。許多領域都用這種方式刺激市場的成長。例如，20世紀後半葉，在消費性電子產品、汽車、消費性包裝產品等產業，設計變成競爭的資產，而且價值愈來愈高；但在大多數其他產業，依然在開發流程晚期才會納入設計。

不過，如今情況已大不相同，企業不再像過去那樣，要求設計師讓已發想完成的點子變得更具有吸引力，而是要求他們想出更符合消費者需求與欲望的點子。前一種角色是戰術性的，只能創造出有限的價值；後一種角色是戰略性的，能帶來驚人的新形態價值。

此外，隨著已開發世界的經濟體從製造轉移到知識和服務業，創新的領域也在擴大，創新的目標不再只是有形產品，而是新類型的流程、服務、資訊技術推動的互動服務、娛樂，以及溝通與協同合作的方式。這些都是以人為本的活動，其中，設計思考可能造成決定性的變化（見〈設計思考者的特質〉）。

來看看大型醫療集團凱瑟醫療中心（Kaiser Permanente）的例子，它打算全面提升病患與醫務人員經驗的品質。通常，服務業的公司能在創造與提供服務方面做出重大創新。凱瑟醫療中心安排護士、醫師和行政人員學習設計思考的技巧，希望能促使這些人員想出新點子。有好幾個月之久，凱瑟醫療中心的團隊在我的公司（IDEO）和一群凱瑟教練的協助下，參與專題研討會，會中產生許多創新的構想，其中有許多構想正在公司全面推行。

其中一項專案是重新安排護理人員在凱瑟集團旗下四家醫院輪班工作，這項專案充分展現出創新「產品」更廣闊的特質，以及整體設計手法的價值。核心專案小組包括一位策略師（先前是護理人員）、一位組織發展專家、一位技術專家、一位流程設計師、一位工會代表，還有數名IDEO的設計師。集團內四家醫院第一線醫療人員也組成創新團隊，與專案小組共同合作。

在專案最早期，核心小組和護理人員協同合作，找出輪班作業中的一些問題。其中最大的問題在於，按慣例護理人員每回值班的最初45分鐘都待在護理站，向交班的同事簡報病人的情況，以便接手。但四家醫院護理人員交換資訊的

## 設計思考者的特質

很多人都以爲，設計思考者總是穿著怪裡怪氣的鞋子，或是黑色的高領毛衣，其實不見得是如此。雖然大多數的專業設計人士多少都受過設計訓練，但設計思考者並不一定出身設計學校。根據我的經驗，在設計以外的領域，也有許多人天生就有設計思考的能力，只要經過適當的開發和歷練，就能發揮這種能力。我們來看看設計思考者有些什麼特質：

### 同理心

他們會從各種不同的觀點來想像這個世界，包括同事、客户、終端使用者和顧客（目前和未來的顧客）的觀點。設計思考者採取「個人優先」的做法，想像人們眞正想要的解決方案，並符合外在或潛在的需求。偉大的設計思考者對世界觀察入微，會注意到別人沒有注意到的事物，根據深入的見解來激發創新。

### 整合式思考

他們不僅仰賴分析流程（那些流程可以提供二擇一的選擇），還能在錯綜複雜的問題中，看出最顯著（有時是矛盾）的層面，從而超越既有的選擇，創造更新、更好的解決方案（見羅傑・馬丁〔Roger Martin〕《決策的兩難：釐清複雜問題，跨越二選一困境的思維模式》〔The Opposable Mind: How Successful Leaders Win Through Integrative Thinking〕一書）。

### 樂觀

他們認爲，無論面對的問題有多大的限制，至少會找到一個可能的解決方案，可以勝過既有的選擇。

### 實驗精神

漸進式改善不會帶來重大的創新。設計思考者提出問題，然後以充滿創意的方式，朝各種全新的方向去探索。

### 協同合作

產品、服務和經驗愈來愈複雜，因此跨領域的熱忱合作，取代創意天才孤身奮鬥的神話。最佳的設計思考者不僅和其他專業人士合作，大多數人本身就有跨領域工作的重要經驗。在IDEO，我們有些員工是工程師，**也是**行銷專家；是人類學家，**也是**工業設計師；是建築師，**也是**心理學家。

方法各不相同，從口述錄音到面對面談話都有。而且他們整理這些資訊的方式也都不太一樣，例如，有些人隨手拿一張紙在背面草草記下要點，有些人甚至寫在護士服上。雖然花了很多時間，那些護理人員往往還是無法得知對病患最重要的事情，例如病患在前一個班次的情況如何，哪些家人陪伴他們，以及是否做了某些檢驗或治療。

專案小組發現，對許多病患來說，每一次換班就像是對他們的照護出現漏洞。創新團隊觀察交班的重要時刻，獲得一些深入的資訊，並且透過腦力激盪和快速原型製作法（rapid prototyping），探討可能的解決方案（服務創新的原型當然不是實體的，但是必須很明確具體。圖像能讓我們了解大家透過原型製作學到什麼，因此，我們經常會拍攝原型服務的表現，製成影片，在凱瑟集團也是如此）。

原型製作不一定很複雜、昂貴。在另一個醫療專案中，IDEO協助一群外科醫生開發靜脈竇手術（sinus surgery）使用的新器械。就在那些外科醫生描述這項儀器理想中應該具備哪些特色時，一位設計師拿了一支白板筆、一個底片保存筒和一個衣夾，用膠帶把它們黏在一起。他問道：「你說的是像這樣的東西嗎？」有了他手中那個粗略的原型，那些外科醫生就能更精準描述最終的設計應該是什麼樣子。

製作原型花費的時間、心力與投資應該恰如其分，只要能產生有用的回饋意見，使點子逐步形成即可。原型愈接近「完成」階段，製作原型的人就愈不可能注意到別人的回饋意見並從中獲益。製作原型的目標不是要「完成」原型，而是要了解構想的優、缺點，並找出下一個階段的原型應採取哪個新方向。

護理人員輪班的新設計，讓護士換班時在病人面前交接，而不是在護理站交接。僅僅一週內，創新團隊就建立一個工作原型，包括新作業程序和一些簡易軟體，讓護士可以用電腦顯示先前班次交接時寫的筆記，並加入新筆記。他們可以在當班的過程中隨時輸入病患的資訊，而不是到了交班前才匆匆記錄。那套軟體可以在每一個班次一開始時，就專門爲每位護士把資料整理成簡易格式，結果不但知識傳輸的品質較高，也減少預備作業的時間，讓護士掌握更多資訊，更早與病人接觸。

凱瑟集團針對這個變化做了一段時間的評量後，發現從護士到班，到和病人首次互動的平均時間間隔，縮短一半以上，大大增加四家醫院的護理時間。與縮短時間同樣重要的，也許是對護士工作經驗品質的影響。一位護士評論說：「我抵達後不過45分鐘，工作進度卻已經超前一小時。」另一個說：「（這是）第一次，我在值班結束時就可以下班離開了。」

如此一來，一群護士不但大大改善病人的醫療經驗品質，也同時改善自己的工作滿意度和生產力。他們運用以人爲本的設計方法，在流程上做了相當小的創新，但創造的影響卻很大。目前整個凱瑟醫療集團都開始採用新的值班交接方式，集團的電子病歷方案也把眞實記載病人重要資訊的功能，納入電子病歷系統。

如果凱瑟集團旗下各家醫院的每個護士、醫師、行政人員，都覺得自己有權沿用這個小組的做法去解決問題，可能會發生什麼情況？爲了找出答案，凱瑟集團創立加菲德創新中心（Garfield Innovation Center），由凱瑟原先那個核心小組來管理，爲整個組織提供諮詢和建議。這個中心的任務是提出一些創新做法，以改善病人接受診療時的感受，並且進一步規畫凱瑟對「未來醫院」的願景。這個中心爲整個凱瑟體系引介創新的工具與設計思考。

## 創意，設計出來的

直到現在，大家還深信創意要靠天才，以爲聰明的頭腦才能靈光乍現，產生偉大而完整的構想，他們充沛的想像力，遠非凡夫俗子所能及。但凱瑟護理團隊的成就，既不是乍然出現的突破性進展，也不是有如電光石火閃現的天才靈感，而是辛苦工作的成果，其中包括以人爲本的創意發現流程，以及隨後反覆進行的原型製作、測試、改善等工作。

設計思考流程的最佳比喻是一套空間系統，而不是一連串預先定義清楚、有秩序的步驟。這些空間分隔不同種類的相關活動，把這些活動聚集起來，就構成一連串的創新。第一次進行設計思考的人，可能會覺得這個做法很混亂，因爲

—— 2015 ——

# 化設計思考為策略

## How Indra Nooyi Turned Design Thinking into Strategy

殷阿笛（Adi Ignatiu）訪問盧英德（Indra K. Nooyi）

幾年前，盧英德升任百事公司（PepsiCo）執行長，當時沒有人知道她能不能坐穩這個位子。在許多投資人眼中，百事公司規模龐大卻虛有其表，主力品牌的市占率節節敗退。盧英德把重心轉向更具健康概念的產品線，招致不少批評。行動派投資人尼爾森・佩爾茲（Nelson Peltz）當時千方百計要讓百事公司一分爲二。

時至今日，盧英德信心滿滿。她上任9年以來，百事公司的營收持續成長；股價原地踏步數年之後，最近也開始攀升。佩爾茲甚至同意休戰，條件是讓他的一位盟友進入董事會。

這些進展給予盧英德更大的發揮空間，讓她致力於公司創新的動力：設計思考。2012 年，她延攬莫洛・波契尼（Mauro Porcini）出任百事公司第一位設計長（chief design officer）。盧英德指出，現在，百事公司幾乎每一個重要決策，都會納入「設計」考量。

**殷阿笛問（以下簡稱問）：妳推動百事公司重視設計思考，**

**是想解決什麼樣的問題？**

**盧英德答（以下簡稱答）：**身爲執行長，我每個星期都會造訪一個市場，看看我們在貨架上的表現如何。我不斷捫心自問，不是以執行長的身分，而是以母親的身分：「什麼樣的產品最能打動我？」但我發現貨架愈來愈擁擠凌亂，因此我認爲必須針對消費者，重新思考創新流程與設計經驗，從產品概念到實質產品都是如此。

**問：妳剛開始如何推動這樣的變革？**

**答：**首先，我給每一位直屬部屬一本空白相簿與一部相機，要他們看到任何好的設計都拍照存證。

六星期之後，只有少數幾位同事交回相簿，有些人請妻子代勞，許多人繳白卷。他們根本不知道什麼是設計。每當我在公司裡想討論設計，人們總是想到包裝：「我們是不是該換一種藍色？」這就像幫一頭豬擦口紅，而不是重新設計豬這個動物。我因此體認到，百事公司必須延攬一位設計師。

**問：延攬波契尼出任設計長的過程順利嗎？**

**答**：我們尋尋覓覓，發現波契尼在3M公司的表現非常傑出，於是請他過來，跟他談百事公司的願景。他說他需要資源，要求設立一個工作室，還要在董事會占一席之地，我們全都答應。現在，我們的團隊透過公司整個體系來推動設計工作，包括產品研發、包裝、標示、產品在貨架上的呈現、消費者與產品的互動。

**問：妳如何定義「好的設計」？**

**答**：好的設計會讓你愛上它，但也可能厭惡它。好的設計會讓愛恨兩極化，但一定會引發真實的反應。最理想的狀況是，這樣的產品會讓你想在未來繼續與它互動，而不只是：「喔，我買了，我吃了。」

**問：妳說設計不只是包裝，但妳談到的一大部分還是包裝。**

**答**：設計的確不只是包裝。我們必須重新思考整體的體驗，從產品概念、產品在貨架上的呈現，到消費者購買產品之後的體驗。以我們新推出的觸控式螢幕飲料販賣機「Pepsi Spire」爲例，其他公司的販賣機都著重增加按鈕、增加口味，但我們的設計人員基本上認爲，要在消費者與機器之間營造一種不一樣的互動經驗。我們等於是把一具巨大的iPad，裝在一部未來風格的機器上，而且它會跟你說話，請你與它互動。Pepsi Spire 還會追蹤你的購買紀錄，因此，下一回你輸入身分資料時，它會提醒你上一回嘗試的口味，並建議你換換新口味。此外，Pepsi Spire會顯示漂亮的產品圖片，因此當你選擇萊姆或蔓越莓口味時，不只是按個按鈕、等產品出來而已，你會看到這些口味如何添加，**感受**到它們注入的過程。

**問：百事有沒有發展出其他設計導向的重要創新？**

**答：**我們正在針對女性研發新產品。過去，我們的做法是「把產品縮小，或是變成粉紅色」。例如，把多力多滋（Doritos）裝進粉紅色的蘇珊科曼（Susan G. Komen）袋子，以爲這樣就可以打動女性。這樣做是不錯，但關於女性喜歡怎麼樣吃零食，還有更多學問。

**問：好，女性喜歡怎麼吃零食？**

**答：**男性快吃完一袋零食的時候，會把剩餘部分直接倒進嘴巴，但女性不會這樣做。女性會擔心零食弄髒手，也不會像許多男性那樣到處亂抹。我們在中國推出一種洋芋片，罐子裡附有一個碟子，女性想吃的時候可以打開抽屜，倒在碟子裡，吃完之後再收起來。洋芋片吃起來的聲音也不會那麼吵：女性不喜歡人家聽到她們吃得嘎吱嘎吱。

**問：基本上，妳特別注重使用者體驗。**

**答：**的確如此。過去我們並不在意使用者體驗，但現在，對口感、滋味，以及各項條件的深入研究，促使我們重新思考產品形狀、包裝、形態與功能，這些因素都會影響我們決定要使用哪一種設備，來生產塑膠碟子或伸縮袋。我們正在把設計思考貫徹到供應鏈之中。

**問：一提到設計思考，我會想到快速開發產品原型、快速進行測試，百事公司也會這麼做嗎？**

**答：**我們在美國不太這麼做，但在中國與日本，這種做法是主力：測試、驗證、推出。如果你快速推出產品，失敗會變得更頻繁，但沒有關係，因爲在這兩個市場，失敗的代價並不高。回到美國，我們往往會按部就班，依循非常嚴謹的程序來推出產品。不過，中國與日本的模式，未來也有可能應用於美國市場。

**問：這種模式在美國不是已成為常規？至少在矽谷是如此吧？**

**答：**許多小型公司會採用這種做法，對他們來說，失敗的代價可以承受。我們比較謹慎一點，對大品牌尤其是如此。產品線擴展沒有問題，如果你推出的新口味多力多滋不受歡迎，撤掉就是了。但如果你推出的是全新的產品，就一定要先進行充分的測試。在日本，我們每隔三個月就會推出一款新的百事可樂：綠色的、粉紅色的、藍色的，最近登場的是小黃瓜口味。這三個月是新產品的考驗期，賣不好我們就下市，然後進行下一個產品的開發。

**問：妳的設計做法能不能為百事公司帶來競爭優勢？**

**答：**身爲一家企業，我們必須做到兩件事：讓頂級產品線保持5%左右的成長，讓後段班產品線以更快的速度成長。產品線擴展會讓顧客群持續擴大，而且我們不斷尋找明星產品，就是二或三個熱銷產品，協助我們的頂級產品線，在特定國家或市場區隔（segment）突飛猛進。山露（Mountain

Dew）品牌系列的Kickstart就做到了，它是很不一樣的產品：果汁成分較多、熱量較低、新口味。我們用不同的方法來構思這項創新。過去我們只會推出新口味的山露，但Kickstart換上比較細長的罐子，外觀和滋味都與過去的山露不同。它爲這個品牌帶來新顧客：女生會說：「嗯，這種果汁產品的熱量只有80卡，而且包裝很好攜帶。」短短兩年，Kickstart帶來超過2億美元營收，在我們這一行可說是難能可貴。

**問：這算是設計思考的範例嗎？或者，只能算是創新過程的一部分？**

**答**：創新與設計之間有一道細微的界線。在理想的狀況中，設計會引發創新，創新則需要設計。我們才剛起步，以

它的結構不同於其他商業活動慣常採用、以階段性目標爲基礎的線性流程。但經歷過設計思考專案的整個流程之後（就像凱瑟醫療體系的專案小組），參與者就會逐漸發現，這個流程是有意義的，也能創造成果。

設計專案最終必須通過三個空間（見圖25-1）。我們分別稱之爲「靈感」、「構想成形」、「執行」。靈感是指企業

去年來説，創新占我們9%的淨營收，但我希望把這個數字提高到15%上下，因爲我覺得整個市場愈來愈重視創意。想要達成目標，我們必須願意承受更頻繁的失敗，並縮短產品的調適期。

（閻紀宇譯，節錄自2015年9月號《哈佛商業評論》文章〈化設計思考爲策略〉）

**盧英德**

2006到2018年擔任百事公司董事長與執行長，目前擔任亞馬遜與油田服務公司史倫伯格（Schlumberger）董事。

**殷阿笛**

《哈佛商業評論》英文版總編輯。

所處的狀況促使企業尋求解決方案，所謂的狀況可能是指問題或商機，也可能兼具兩者；構想成形指的是產生、發展與測試構想的過程，這些構想可能產生解決方案；執行則指規畫把構想推到市場的途徑。專案進行過程中，在不斷改進構想、採取新方向之際，會重複回到這些空間多次，尤其是前兩個空間。

圖25-1

## 靈感、構想成形、執行

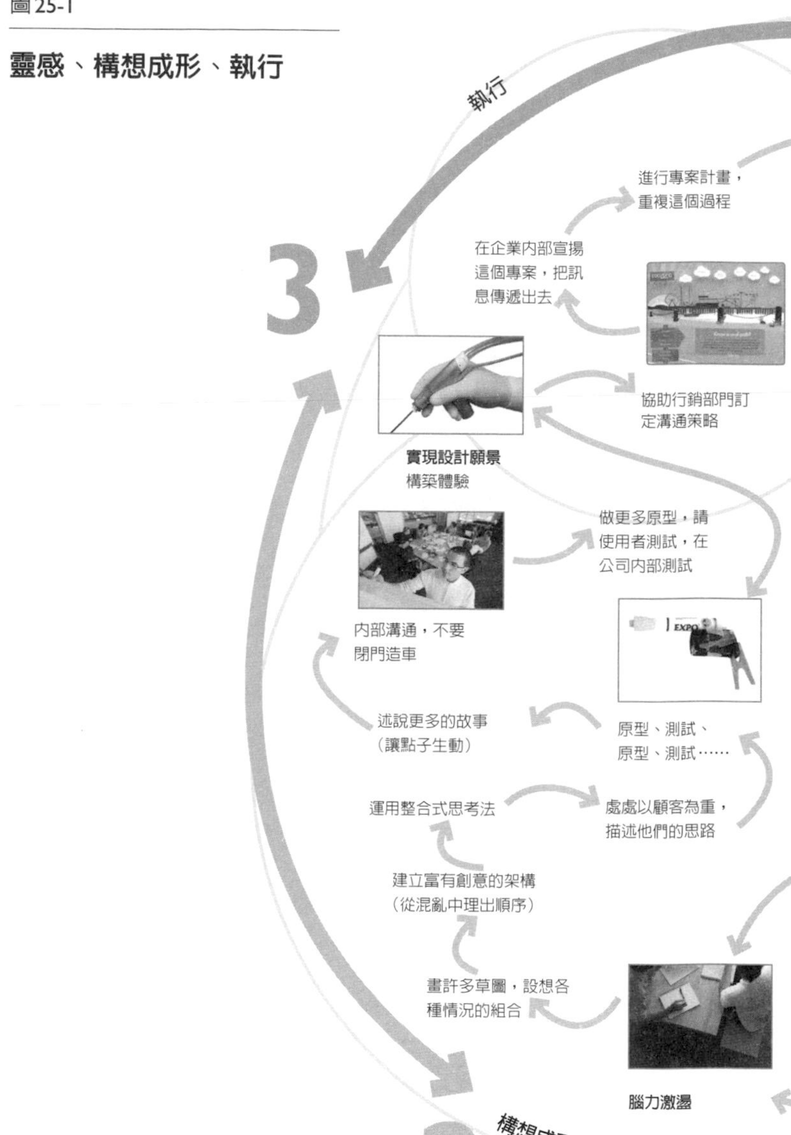

**靈感**

**期待成功**

把執行的資源納入計畫中

企業面臨的問題是什麼？有什麼機會？什麼事情已經改變（或可能即將改變）？

檢視外在世界：觀察人們在做什麼，他們如何思考，他們想要什麼，需要什麼

企業受到什麼限制（時間不夠、資源不足、欠缺顧客基礎、市場萎縮）？

一開始就讓多種專業人員參與（例如工程師與行銷人員）

密切注意「極端的」使用者，例如孩童或老年人

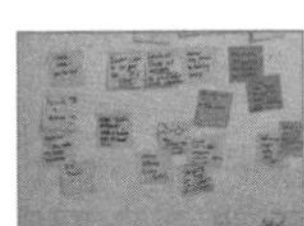

要有一個專案室，讓大家分享所知所見與經驗

如何使用新科技來協助專案

企業內是否潛藏著有價值的點子、資產和專業技能？

組合資訊，並把各種可能性整合起來（述說更多故事）

專案的啟動，有時候是因爲領導人體認到企業的狀況出現嚴重變化。2004年，日本的自行車零件製造商禧瑪諾公司（Shimano），面臨傳統高檔公路競賽車與越野登山車在美國市場成長衰退的問題。這家公司向來憑技術創新推動成長，當然會試圖預測下一個創新可能來自何處。這一次禧瑪諾認爲，以戰後嬰兒潮爲訴求對象的高檔休閒自行車，應是值得探索的領域，IDEO應邀在這個專案上和他們協同合作。

在「靈感」階段，IDEO和禧瑪諾的員工組成跨領域團隊，成員包括設計師、行爲科學家、行銷專家和工程師，努力找出專案面臨的限制。一開始，團隊直覺認爲創新的範圍應該更廣，不只局限在高檔市場，因爲高檔市場可能不是成長的唯一來源，也不是最佳來源。所以，這個團隊嘗試了解，爲什麼有90%的美國成年人不騎自行車。團隊成員花時間觀察各式各樣的消費者，尋找思考這個問題的新方式。他們發現，幾乎每個人在孩提時代都騎自行車，而且對騎車有一些快樂的美好回憶。他們也發現，今天有許多美國人不敢騎自行車，是因爲他們在零售店的感受不太好，被嚇到了，例如，在大多數獨立經營的自行車店裡，那些穿著萊卡彈力纖維衣賣東西的年輕運動員，讓他們有壓迫感；有時候是因爲自行車、配件與專用衣物的複雜度和高價格，讓他們裹足不前；他們也會擔心在非自行車專用道上騎車很危險，憂慮以精密技術製成、卻不常騎的自行車如何維修。

這種以人爲本的探索，深入了解禧瑪諾核心顧客群以外的人，結果發現有一個全新的自行車領域，也許可以讓美國消費者重溫孩提時的經驗，同時消除他們害怕騎車的根本原因，如此一來，就開發一個廣大的新市場。

這個設計團隊負責探索顧客經驗的每個層面，想出「滑行」（coasting，一種變速裝置）的概念（見圖25-2）。「滑行」的目的是吸引不再騎自行車的人，再度從事簡單、直接、有趣的騎車活動。滑行式自行車主要功能是帶來樂趣，而不是讓人運動，在手把處沒有操縱裝置，車架上沒有蜿蜒的纜線；而且跟我們許多人早年騎的自行車一樣，倒踩踏板也可以煞車。在電腦控制下，一個極簡約的三段變速器會在自行車加速或減速後自動換檔。這類自行車的特色包括：有襯墊的座位可以舒服乘坐、容易操作、不太需要維修。

三大自行車製造商：崔克（Trek）、萊禮（Raleigh）和捷安特（Giant）開發的新型自行車，都採用禧瑪諾的創新零件。但設計團隊不只思考自行車的問題，也爲獨立的自行車經銷商規畫店內的零售策略，部分原因是爲了讓自行車新手感到更自在；這類零售店原本是專爲服務自行車發燒友而設立的，會讓來店的新手感到不自在。這個團隊設計一個品牌，強調騎滑行式自行車是一種生活的享受（口號是「輕鬆。探索。遊蕩。閒逛。一馬當先沒好事。」）。它還設計一個公關活動，和各個地方政府與自行車組織合作，找出安全的騎車地點。

圖25-2

## 滑行

**草圖**（頂部、座椅和安全帽行李箱）和**原型產品**（中圖）顯示滑行式腳踏車的要素。禧瑪諾的滑行**官網**（下圖）將使用者導引至安全的自行車道

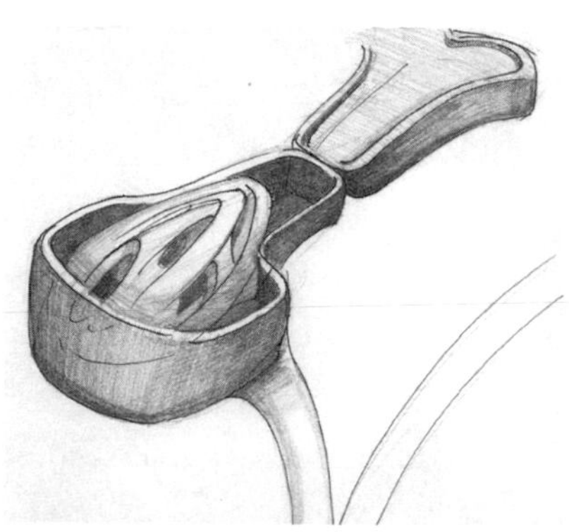

雖然進行到「執行」階段時，還有許多人加入這個團隊，但在創新的最初階段就採用設計思考，才是獲致最後完整解決方案的關鍵因素。至於自行車的外觀，也就是大家期待設計團隊負責的唯一事項，則刻意被延到開發流程的後期才進行，IDEO和禧瑪諾團隊提供一份外觀設計，供那些自行車公司的設計團隊參考。滑行式自行車在2007年成功推出後，另有七家自行車製造商簽約，從2008年開始生產滑行式自行車。

## 選項，可以有創意

全世界最成功的品牌中，有許多品牌在深入了解消費者的生活之後，提出突破性的構想，並且運用設計原則去創新與創造價值。有時候，創新必須考慮到文化與社會經濟條件的重大差異。在這種情況下，設計思考可以提出一些不同於已開發社會既有想法的其他選擇。

印度的艾拉文得護眼系統公司（Aravind Eye Care System）可能是全球最大的眼科服務供應商。從2006年4月到2007年3月，艾拉文得服務超過230萬位病人，施行27萬件以上的手術。艾拉文得是文卡塔斯華米醫師（Dr. G.Venkataswamy）在1976年創立，公司的使命是要透過優質的護眼服務，盡量避免患者失明，尤其是鄉間貧民（見圖25-3）。（公司有一個口號是「人人都可以得到高品質的服

圖25-3

## 艾拉文得

艾拉文得經常帶著基本的**診斷工具**（上圖和中圖）與先進、可衛星連線的**遠距醫療車**（下圖）到印度偏遠地區為農村病患服務。

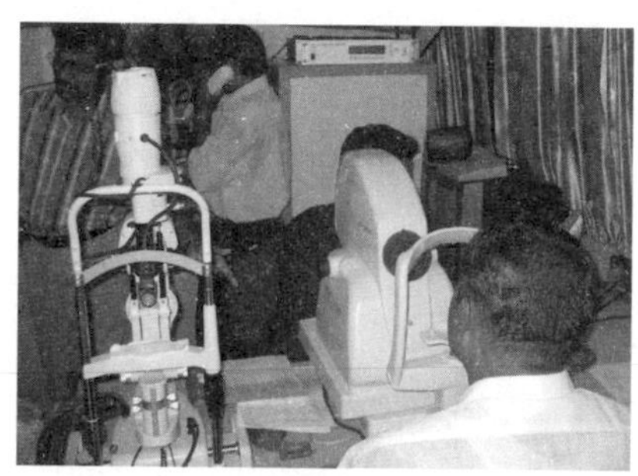

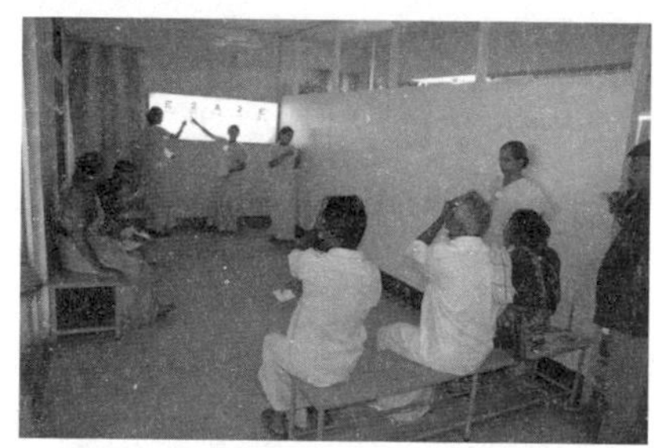

務」)。艾拉文得公司最早設在文卡塔斯華米醫師的住所,只有11個床位,如今已經發展成爲一個大集團,旗下有五家醫院(另有三家醫院委由艾拉文得管理)、一家眼科產品製造廠、一個研究基金會,還有一個訓練中心。

艾拉文得在執行本身的模式與使命方面,有些地方很類似愛迪生對電力供應系統採取的整體概念。艾拉文得面臨的挑戰是如何提供醫療服務:艾拉文得旗下的醫院都位於市中心,如何讓遠離市區的居民也能得到護眼服務?艾拉文得自稱是「護眼系統」,原因之一是它的業務不僅限於提供眼睛的照護,還讓過去無法接受醫治的人,也能得到專家的治療。所以,艾拉文得視旗下的醫療網是個起點,而非終點。

它在許多創新上的努力,都著重在鄉間地區實施預防性的照護與診斷式的篩檢。自1990年以來,艾拉文得在印度的鄉間地區舉辦「眼睛營」,目的是登記病人,進行眼睛檢查,教導護眼知識,並找出可能需要動手術或接受先進診斷的人,或是有狀況而需要持續追蹤的人。

在2006年和2007年初,艾拉文得的眼睛營篩檢超過50萬名病人,其中有將近11.3萬人需要動手術。鄉間地區普遍缺乏交通工具,所以艾拉文得提供巴士,把需要進一步治療的病人載到位於市區的醫院,治療之後再送他們回家。這些年來,艾拉文得爲了強化集團的診斷能力,派出遠距醫療服務車到鄉間,這種醫療車讓人在市區醫院內的醫生,也能透過通訊設備提供意見,協助診斷鄉間的病人。近幾年來，艾拉文得分析篩檢資料之後，爲某些族群設立專門的眼睛營，例如學齡兒童、產業工人與政府員工；艾拉文得也舉辦眼睛營，專門篩檢和糖尿病相關的眼科疾病。其中大約有60%的人無力付費，艾拉文得都免費提供服務。

在發展照護系統時，艾拉文得一再展現設計思考的許多特質。它把原本限制本身發展的兩項因素，當成創意發想的起點；這兩項限制因素爲：顧客貧窮、居住地區偏遠，以及艾拉文得無法提供昂貴的解決方案。例如，一對人工晶狀體（治療白內障用）在西方國家要價200美元，使得艾拉文得無法服務很多病患。艾拉文得並沒有試圖說服供應商改變做事方式，而是自行設法想出解決方案：在旗下一家醫院的地下室設立製造廠。最後它發現可以運用相當便宜的技術，生產出一對4美元的人工晶狀體。

艾拉文得自創立以來，一直受限於貧窮、無知與大量病患需求，但它仍然針對複雜的社會與醫療問題，建立完整的解決方案。

## 產品，要觸動情感

前文中我強調，設計思考能帶來超越美學的創新，但我的意思不是說，形式和美學不重要。許多雜誌喜歡刊登最新穎、最時髦的產品照片，正是因爲那些產品很有魅力，能夠觸動我們的情感。偉大的設計能同時滿足我們的需求和渴望。我們往往會因爲對某個產品或影像產生情感連結，而願意購買。成功的產品不一定最先上市，卻是最早在情感上與功能上吸引顧客，這樣的例子屢見不鮮。換句話說，它們成功地在情感與功能上展現吸引力，所以我們很喜愛它們。例如，iPod就不是最早上市的MP3播放器，但它是最早令人覺得愉悅的產品。塔吉特百貨（Target）的產品透過設計而在情感上吸引消費者，同時透過價格在功能方面吸引消費者。

這種觀念在未來會變得更重要。正如丹尼爾・品克（Daniel Pink）在《未來在等待的人才》（*A Whole New Mind*）書中所述：「物質的富饒已滿足了、甚至過度滿足數百萬人的物質需求，因而提升美麗與情感的重要性，並加速個人對意義的追尋。」我們有更多的基本需求獲得滿足後，就會愈來愈期待獲得複雜的體驗，滿足我們的情感，並讓我們覺得有意義。簡單的產品無法提供這種體驗，而要靠產品、服務、空間與資訊的複雜結合，包括我們得到教育、娛樂、維持健康、與人溝通分享的各種方式。設計思考是一種工具，用來想像這些體驗，並賦予它們令人嚮往的形式。

有一家金融服務公司，就是體驗式創新（experiential innovation）的好例子。2005年底，美國銀行（Bank of America）推出一個新的儲蓄帳戶服務，稱爲「保留零錢」（Keep the Change）。IDEO和美國銀行的一個團隊合作，協助他們找出許多消費者都有的行爲，那就是把用現金購物之

## 設計思考的創新練習

- **一開始就用設計思考**：要在創新流程一開始，尚未決定任何走向時，就讓設計思考者參與。比起其他方法，設計思考可以協助你更快探索更多新點子。
- **凡事以人為本**：在創新時，除了考量商業和技術層面，也應該考慮人類行爲、需求與偏好。以人爲本的設計思考，尤其若是配合以直接觀察爲基礎的研究時，就能獲得原先沒預期到的深入見解，更精準地反映消費者想要的創新。
- **早早試、常常試**：讓團隊成員期待快速進行實驗與製作原型。鼓勵團隊成員在專案展開的第一週就製作原型。用一個指標來衡量進展，例如，做出第一個原型平均所花的時間，或是在專案進行期間，接觸到原型的消費者人數。
- **尋求外部協助**：尋求與顧客及消費者合作創造的機會，以擴大創新的生態系統。運用Web 2.0網絡來擴大創新團隊的有效規模。
- **融合大小專案**：管理一個創新組合，其中包括較短期的漸進式構想，以及較長期的革命性創新。期待各個事業單位推動漸進式創新，並支應所需經費，但企業最高層必須願意展開革命性的創新。

- **依創新速度編預算**：設計思考進展得很快，不過走向市場的途徑很難預測。不要讓累贅的預算編列週期，限制你的創新速度。隨著專案的進展，以及團隊成員發現更多機會，你要重新思考如何籌措和運用經費。
- **求才不遺餘力**：從跨領域的計畫當中尋找設計思考者，例如，新設立的史丹福設計學院（Institute of Design at Stanford），以及多倫多大學羅特曼（Rotman）管理學院之類的先進商學院。讓具有傳統設計背景的人，也可以推出遠超乎你預期的解決方案。你甚至可以訓練本身不是設計師、但有正確特質、且在設計思考方面表現卓越的人。
- **設計週期**：許多行業每12到18個月就會調動員工的職務。但有些設計專案從開始到執行花費的時間更長。公司指派員工任務時，必須讓設計思考者經歷「靈感」、「構想成形」與「執行」的整個週期。設計師如有整個週期的完整經驗，就能做出較佳判斷，爲企業創造更長久的利益。

後找回的零錢放進一個罐子裡；一旦罐子滿了，人們就會把罐子裡的零錢拿到銀行，存入儲蓄帳戶中。很多人都認爲這是個簡易的儲蓄方式。美國銀行的創新做法是，配合這種儲蓄方式，讓客戶開立簽帳卡帳戶（debit card account）。客戶使用簽帳卡買東西時，可以選擇付出一個最接近價錢的整數，然後把差額存在他們的儲蓄帳戶中。

這項創新的成功，在於它訴諸一種本能的欲望：我們想用不麻煩的無形方式來存錢。「保留零錢」創造一種很自然的消費者體驗，因爲它仿效的是我們大多數人早就有的行爲。爲了讓這項新服務更吸引人，鼓勵客戶試用，於是美國銀行在頭三個月相對提撥客戶儲蓄的等額款項，之後則提撥全年儲蓄額5%的款項（最高上限爲250美元）。但眞正的報酬其實是情感上的：客戶看到每月對帳單時，覺得不費吹灰之力就存到了錢，因而充滿喜悅與滿足。

不到一年，這個計畫就吸引250萬名客戶，也帶來70萬個新的支票帳戶和100萬個新的儲蓄帳戶。參加者總計超過500萬人，總共存了5億美元以上。「保留零錢」方案顯示，設計思考可以找出某一種行爲，將它轉化之後爲顧客帶來好處，並創造商業價值。

在大多數人心目中，愛迪生代表美國創新的黃金年代，在那時，新點子改變我們生活的各個層面。而今，我們比過去任何時候都更需要轉型。放眼望去，到處是必須透過創新才能解決的問題，像是人們負擔不起、或無法獲得的健康照護服務；數十億人天天只靠寥寥數美元維生；能源的使用超出地球所能供應；教育制度未能教好許多學生；企業原有的市場遭到新科技或人口變遷破壞。這些問題的核心都是人，在在需要以人為本、有創意、反覆進行和實用的方法，來找出最佳點子和最終的解決方案。設計思考，正是這樣的創新方法。

---

（侯秀琴譯，轉載自2008年6月號《哈佛商業評論》）

---

**提姆 · 布朗**

國際設計顧問公司IDEO執行長暨總裁，著有《設計思考改造世界》（*Change by Design*）。

—— 1960 ——

第二十六章

# 行銷短視症

Marketing Myopia

希奧多・李維特（Theodore Levitt）

每個主要產業，都曾是成長的產業。但目前正在成長浪頭上的一些產業，已經陷入衰退的陰影之中。另有一些大家視爲成熟的產業，實際上已經停止成長。無論是哪一種情況，成長面臨威脅、減緩或停止的原因，都**不是**因爲市場飽和，而是因爲管理不善。

## 決定性的目的

管理不善，是在高層出了問題。從最近的分析看來，應該爲此負責的，正是那些負責廣大目標與政策的高階主管。因此：

- 過去鐵路公司停止成長，並不是因爲乘客和貨物的運輸需求衰退。當時，這兩者的需求是成長的。今日鐵路公司陷入困境，並**不是**因爲其他行業（汽車、卡車、飛機，甚至是電話）滿足客運、貨運的需求，而是鐵路公司沒有滿足這些需求。鐵路公司任由其他公司搶走顧客，因爲它們認爲自己屬於鐵路業，而不是運輸業。它們會對自己的業務範圍界定錯誤，是因爲他們以鐵路爲導向，而不是以運輸爲導向；是以產品爲導向，而不是以顧客爲導向。

- 好萊塢也驚險逃過遭電視取代的命運。既有的電影公司，全都歷經過大幅的組織改造。有些公司甚至消失無蹤。各家電影公司陷入困境，並非因爲電視大舉入侵，而是因爲它們的眼光短淺。好萊塢就像鐵路公司一樣，對自己的事業範圍界定錯誤，以爲自己做的是電影事業，其實是娛樂業。「電影」是一種具體、有限的產品，讓電影公司產生不切實際的自滿，從一開始就把電視當成威脅。其實，好萊塢不該排斥電視，反而應該好好運用，當成擴大娛樂事業的商機。

現在，電視這個產業，已經比當年定義狹隘的電影業更爲龐大。如果好萊塢當年採取顧客導向（提供娛樂），而非產品導向（生產電影），是否就不會遭逢後來的財務困境？我不禁這麼想。最後救了好萊塢的，是一群新銳年輕作家、製片和導演，他們先前在電視業大放異彩，讓許多老舊的電影公司關門歇業，也讓許多電影大亨垮台。

因目的設定不當，以致前景堪慮的產業，還有許多比較不明顯的案例，下文中我會進行較詳細的討論，並分析是哪些政策導致這種困境。現在我們來看看，完全以顧客為導向的高階經理人如何維持產業的成長，甚至在商機已經明顯消逝後，還可以有所作為。我們討論的這兩個案例是早已存在多時的尼龍業和玻璃業，明確地說，就是杜邦公司（E.I. du Pont de Nemours and Company）及康寧玻璃廠（Corning Glass Works）。

這兩家公司都有強大的技術能力，也都絕對是以產品為導向。但光是這樣，無法解釋他們的成功。因為，沒有公司比當年新英格蘭的紡織業更加產品導向，但那些紡織業者早已全軍覆沒。杜邦和康寧成功的主要原因，不是以產品或研究為導向，一直以來，他們都以顧客為導向。他們持續不斷觀察商機，運用本身的技術知識，來創造讓顧客滿意的用途，因而能源源不斷推出成功的新產品。如果沒有用縝密的眼光來觀察顧客，他們大多數的新產品可能都不會受歡迎，銷售方法再好也沒有用。

鋁業也一直是成長的產業，這要歸功於兩家戰時創立的公司持續努力。這兩家公司是凱瑟鋁業化學公司（Kaiser Aluminum & Chemical Corporation）和雷諾茲金屬公司（Reynolds Metals Company），它們致力研發讓顧客滿意的用途，如果沒有它們的努力，現在我們對鋁的總需求會少得多。

## 不缺商機，只缺膽識

有些人可能會說，拿鐵路業和鋁業比較，或以電影業和玻璃業對照，是件很愚蠢的事。鋁和玻璃不是本來就用途廣泛，因此，這兩個產業一定會比鐵路業和電影業有更多成長機會嗎？這個觀點剛好犯了前面談到的錯誤：用很狹隘的方式來定義產業、產品，或是一組專門知識，造成它提早趨於成熟。我們提到「鐵路」時，務必要確定我們指的是「運輸」。鐵路是運輸業的一環，依然很有機會大幅成長；它們不會受到鐵路業本身的限制（其實我認爲，鐵路這種運輸工具的潛力，比一般人想的要大得多）。

鐵路業缺乏的不是商機，而是管理上的想像力與膽識，來讓鐵路業發達興旺。即使是像賈克斯・巴任（Jacques Barzun）*這種不太了解這一行的人，也能看出鐵路業欠缺的是什麼，他說：「我擔心看到上個世紀最先進的實體組織與社會組織，由於缺乏當初締造它們的那種廣泛想像力，而走上窮途末路。它們缺乏的，是以創意與技巧求生存、並滿足大眾需求的意志。」[1]

---

* 編註：文化史學家。

## 成長光環，籠罩陰影

凡是重要的產業，一定都曾經被貼上「成長產業」這個神奇的稱號。一般都認爲，這類產業的強項在於優勢產品，似乎沒有其他產品能取代，而它本身曾經成功取代別的產品。然而這些著名的產業，卻一個接一個籠罩在陰影中。我們來檢視幾個這類產業，這回舉的是一些較不受注意的例子。

### 陰影產業1：乾洗業

乾洗業曾是前景大好的成長產業。在羊毛衣物當道的時代，終於能輕鬆地把衣物洗得乾淨又不變形，實在很吸引人；乾洗業一片榮景。但興盛30年後，這個產業陷入困境。競爭對手是誰？是較好的清洗方式嗎？不，對手是合成纖維和化學添加物，它們讓乾洗的需求減少了。不過，這只是個開始而已，在旁邊虎視眈眈、準備讓化學劑乾洗法完全落伍的，是威力強大的魔術師：超音波。

### 陰影產業2：電力事業

這是另一個大家認爲「沒有替代品」的產業，向來被視爲成長性無可匹敵。白熾燈問世時，煤油燈走入歷史。後來，水車和蒸汽引擎在電動馬達靈活、可靠、簡單與容易取得等特質的衝擊下，毫無招架之力。人們在家中持續添購各種電氣設備，因此，電力事業的榮景持續擴大。電力事業沒有競爭對手，未來一定會持續成長，投資這一行怎麼會出錯？

但如果再多想一下，就不會那麼樂觀了。有一、二十家不是電力事業的公司，正在開發一種效力很強的化學燃料電池，進展很大，這種電池可以放在每個家庭隱蔽的角落，默默地釋出電力；原本在許多住宅區裡顯得很不雅觀的電線，將會消失無蹤。暴風雨期間街頭電線受到摧殘、電力中斷的情況也會絕跡。另一種將要問世的能源是太陽能，這也不是電力事業公司開發的。

誰說電力事業公司沒有競爭對手？他們今日也許得天獨厚可以壟斷市場，明日卻可能走到窮途末路。爲了避免這種景況，他們也必須開發燃料電池、太陽能和其他能源。爲了生存，他們必須籌畫如何讓目前賴以爲生的產品走入歷史。

## 陰影產業3：雜貨店

許多人覺得很難理解，「街頭小店」也曾有蓬勃發展的風光時候。後來，超級市場以強大的效能取代這些商店。獨立經營的超級市場野心勃勃地擴張，差一點就完全取代1930年代的大型食品業連鎖店。第一家眞正的超級市場是

1930年在長島的牙買加市（Jamaica）開張的。到了1933年，超級市場在加州、俄亥俄州、賓州等地如雨後春筍般蓬勃發展。然而，既有的連鎖店並不以爲意；等到他們覺得應該留意這些超級市場時，就用「便宜貨」、「老舊過時」、「簡陋」，以及「不道德的機會主義者」等詞語來攻擊它們。

當時一家大連鎖店的主管指出：「很難相信人們會開好幾哩路的車去採購食品，犧牲享受連鎖店提供個人化服務的機會，因爲消費者早已習慣連鎖店完善的個人化服務。」[2]遲至1936年，全美批發雜貨商大會（National Wholesale Grocers Convention）和紐澤西零售雜貨商協會（New Jersey Retail Grocers Association）還宣稱，沒什麼好怕的；他們說，超市吸引的是重視低價的消費者，這個市場很小，限制業者的規模；超市必須能吸引方圓好幾哩內的顧客，一旦有業者跟進仿效，銷售量下滑，就會有多家超市倒閉。他們認爲，超市的高銷售量是因爲有新鮮感；但人們希望在居住的社區裡有方便的雜貨店，只要社區附近的商店「和供應商合作，注意成本，並改善服務」，就能平安度過競爭，等到風浪止息。[3]

但風浪從未停止。連鎖店發現，要存活就必須經營超市業務。也就是說，他們投資在開設街頭店面，以及既有配銷與經營方式的大筆金錢，全都報銷。那些懷著「信念的勇氣」的公司，毅然決然堅守街頭小店的經營哲學，雖然維持自尊，最後卻一敗塗地。

## 自欺循環，黯淡收場

但人的記性是很差的。例如，現在很有信心稱讚電子與化學這兩大救星產業的人，很難了解這些飛速成長的產業會出什麼問題。他們可能也無法明瞭，任何通情達理的商人，怎麼可能像20世紀初那位知名的波士頓百萬富翁那樣短視；他指定所有的財產只能投資電車股票，結果竟導致繼承人窮困潦倒。他死後公布的聲明說：「對高效率的城市運輸（亦即電車），永遠都會有很大需求。」這些話安慰不了他的後人，他們後來在加油站工作維生。

不過，我對一群聰明的商界主管做過一項非正式調查發現，其中有近一半的人同意，如果把自己所有財產都投資在電子業，後代子孫應該可以生活無虞。接著，我拿波士頓電車的案例來問他們，他們異口同聲說：「那不一樣！」眞的不一樣嗎？兩者的基本情況不是完全相同嗎？

其實，我認爲「根本沒有成長產業」，眞正的情況是，有組織、善於經營的企業，會創造並充分利用成長商機。以爲自身會自然而然成長的產業，必定會陷入停滯的狀態。每個已消逝或沒落中的「成長」產業，在發展過程中都展現自欺的循環：大肆擴張後，默默地衰敗。若有以下這四種情況，通常就逃不掉這個循環：

1. 相信只要人口愈來愈多、愈來愈富足，市場一定會成長。

2. 相信該產業的主要產品，沒有具競爭力的其他產品可以取代。
3. 過度相信大量生產，認爲隨著產量提升，單位成本快速下降，就會帶來優勢。
4. 專注在一項產品，而這項產品需要審慎的科學實驗、改良和降低生產成本。

接下來，我要一一檢視這些情況。爲了盡可能大膽說明我的觀點，我要舉三個產業的例子：石油業、汽車業和電子業。我會特別著重在石油業上，因爲它的歷史較長，興衰變遷較大。這三個產業不僅普遍受到民眾稱道，受到精明投資人的青睞，而且一般認爲這三個產業的管理階層，在財務控管、產品研究和管理訓練方面的想法很進步。如果連這些產業都會沒落，任何產業都可能會有這樣的結果。

## 人口迷思

每個產業都堅信，人口愈來愈多、愈來愈富裕，企業就一定能獲利，這個信念降低大家對未來的憂慮。如果消費者愈來愈多，也向你購買愈多產品或服務，你就能更放心地面對未來，不必擔心市場會萎縮。市場持續擴大，製造商就不必費心思量或發揮創意。如果思考是對某個問題的理智回應，沒有問題時就不必思考。如果你的產品有個會自動成長的市場，你就不會費心思考如何擴大市場。

一個最有趣的例子是石油業。石油業可能是最古老的成長產業，過去締造令人羨慕的佳績。雖然目前石油業對本身的成長率有些疑慮，但它向來是樂觀的。

不過我認為，有些證據顯示，石油業正在經歷一場根本、但很典型的變化。石油業不僅不再成長，而且相較於其他產業實際上還在走下坡。雖然大家普遍沒有察覺這個情況，但遲早就會發覺，石油業和曾經繁榮的鐵路業處境很相似。石油業在很多方面都是先驅，像是設計並運用現值法（present-value method）進行投資評估、員工關係、與開發中國家合作，但它是個可悲的例子，顯示業者因一味自滿，而把大好商機變成近乎災難。

這些產業深信，人口增加會帶來許多好處，各家公司的產品都差不多，而且似乎沒有具競爭性的產品，足以取代這些一般性的產品。這種產業的一個特質是，各家公司都在設法改善本身的產品，以勝過對手。當然，如果我們假定銷售量和本國人口數有密切關聯，那樣做是有道理的，因為顧客只能比較不同產品的各項特色。例如，我認為很重要的一點是，從約翰・洛克斐勒（John D. Rockefeller）把煤油燈免費送給中國後，石油業就再也沒做過真正能為產品創造需求的傑出行動。即使在產品改良方面，它也沒有特別出色的表現。四乙基鉛（tetraethyl lead）這項最重大的改良成果，並不是石油業發展出來的，而是通用汽車和杜邦公司開發的。石油業本身的重大貢獻，僅限於石油探勘、生產與提煉的技術。

## 定義狹隘，自找麻煩

換句話說，石油業的努力重點，在於改善取得與製造產品的**效率**，而不在於眞正改善這種一般性產品或行銷。此外，它的主要產品一直採用最狹隘的定義：汽油，不是定義爲能源、燃料或運輸。這種態度造成下列現象：

- 改良汽油品質的主要工作，往往不是由石油業開始進行。開發更優良的替代燃料，也是石油業以外的產業開始的，下文中會談到。
- 汽車燃料行銷方式的重大創新，來自新的小型石油公司，他們不只著重石油的生產和提煉。就是這些公司首創快速擴張的多泵（multipump）加油站，寬廣、乾淨的場地設計，快速、高效率的車道服務，提供低價的優質汽油。

因此，石油業任由其他產業的對手跨行競爭，其實是自找麻煩。在虎視眈眈的投資人與創業家環伺下，石油業者遲早會遭遇威脅。接下來要談許多主管的另一個危險信念，更可以看出這種威脅極可能發生。我沿用同一個例子來說明第二個信念，因爲這個信念與第一個信念息息相關。

## 誤信產品不可或缺

石油業人士深信，沒有任何具競爭力的產品，足以取代他們的主要產品，也就是汽油。即使有，也會是原油的衍生物，例如，柴油或煤油噴氣燃料（kerosene jet fuel）。

這個假設包含許多一廂情願的想法。問題在於多數的煉油公司擁有大量的原油礦藏；用石油製造的產品有市場需求時，這些儲油才有價值。但石油業者固執地相信，由原油製成的汽車燃料可以持續保有競爭優勢。

儘管所有的歷史證據都不支持這個想法，石油業者仍堅信不移。那些證據顯示，石油不管用在哪些用途，優勢的地位都不長久，而且，石油業也從來不是眞正的成長產業。相反地，石油業向來跟其他產業一樣，會歷經成長、成熟和衰退的歷史週期。石油業到現在仍然存在，是因爲它屢次奇蹟般地逃過被淘汰的命運。它總是在最後一分鐘出乎意料的逃過劫數，有如電視劇《寶琳歷險記》（*The Perils of Pauline*）的情節。

## 關關難過，關關過？

爲了說明這點，我只描繪主要情節。首先，原油大體上就像專利藥品，但石油業在「專利期限」結束之前，也就是用油的風潮消逝前，需求卻突然大增，因爲大家開始使用煤油燈。「點亮全世界油燈」的前景，讓石油的成長前景大爲看好。這就像現在石油業看好汽油在已開發國家外的需求可望大增，業者迫不及待地希望未開發國家的每個車庫中都有汽車。

在煤油燈時代，各家石油公司彼此競爭，並試圖改善煤油的照明功能，與煤氣燈對抗。突然間，不可能的事發生了。愛迪生發明一種完全不必用到原油的燈，白熾燈的問世，原本很可能讓石油不再是成長產業，幸好那時候小型暖器機使用煤油的用量增加，才挽救石油業。否則，石油除了用於輪軸潤滑油外，不會有太多其他用途。

石油業接著歷經另一場災難，所幸又化險爲夷。兩大創新問世了，都不是來自石油業。首先，是家用燃煤中央暖氣系統的成功開發，淘汰小型暖器機。就在石油業步履蹣跚時，出現最重大的助力：內燃機，這也是其他產業發明的。1920年代，汽油銷量的成長又開始趨緩，還好出現中央燃油加熱器，奇蹟般地讓它再度倖免於難。這一次，石油業又是靠其他產業發明和開發的產品脫困。等到那個新市場變弱時，戰時對航空燃料的需求成爲新救星。戰後，民航業的擴張、鐵路改用柴油，以及汽車與卡車用油量暴增，讓石油業保持高度成長。

中央燃油暖氣系統才展現榮景不久，就陷入與天然氣的激烈競爭。雖然天然氣也爲石油公司所擁有，但天然氣革命卻不是石油業啟動的，而且直到現在，石油業也沒有因爲天然氣而大幅獲利。發動天然氣革命的，是當時剛成立的天然氣輸送公司，他們積極行銷天然氣。起初他們不顧石油公司的勸阻，執意推動新業務，後來遭逢石油公司的勸阻，仍努力對抗，終於開創一個龐大的新產業。

不論從哪一個角度來看，都應該由石油公司啟動天然氣革命才對。因爲他們不僅擁有天然氣，也是唯一擁有處理、淨化、使用天然氣經驗的人，也只有他們嫻熟管線和輸送技術，了解暖氣的問題。但石油公司知道，天然氣會和他們自己銷售的暖氣燃料油競爭，因此輕忽天然氣的潛力。最後，天然氣革命是由一些油管公司主管發動的，他們無法說服自己服務的公司跨足天然氣，於是辭職並組成天然氣輸送公司，獲得極大的成功。儘管他們的成功令石油公司很懊惱，石油公司還是沒有開始經營天然氣輸送業務。原本該屬於他們的數十億美元生意落入別人手中。一如以往，石油業只專注在一項產品和原油儲量的價值，這麼狹隘的觀點，造成他們不太重視顧客的基本需求和偏好。

石油業在戰後歲月並沒有任何改變。第二次世界大戰剛結束時，市場對石油業傳統的系列產品需求激增，業者大受鼓舞，認爲前景可期。1950年，多數公司預估，至少到1975年，每年的內需擴增率大約是6%。在美國，原油儲備與需求的合理比例大約是10比1，當時自由世界的這個比例已經達到20比1，但石油探勘公司仍因市場需求擴增，而繼續尋找更多的石油，沒有充分考慮未來的展望如何。1952年，他們在中東探勘到龐大油藏，使得儲備與需求比飆到42比1。如果原油儲備的增加總額（gross additions）維持在1960之前五年的平均值（每年370億桶），到了1970年時，儲備率將高達45比1。充裕的石油藏量，讓全世界原油與石油產品的價格疲弱不振。

## 製造好運，征服未來

另一個不是由主要石油業者開發出來的石油應用，就是石化產業。石化業快速擴張，但石油業的管理高層並未因此而感到安慰。美國生產的石化產品，總額相當於所有石油產品需求量的2%左右。雖然石化業目前預計每年會有大約10%的成長，仍無法彌補原油消耗量的減少。此外，雖然石化產品種類很多，而且持續增加，但務必記得，有些基本原料並非來自石油，像煤炭就不是。而且，許多塑膠可用相當少量的石油製造出來。一般認爲，維持煉油廠效率的最低產量是日產5萬桶。但日產5,000桶的化學工廠，規模就極爲龐大了。

石油從來就不是持續強勁成長的產業，它的成長是一陣一陣的。總是靠其他產業的創新與發展，奇蹟般地絕處逢生。石油業並未順利持續成長，是因爲每當它自認擁有絕佳產品，不至於被競爭對手取代時，這個產品就變成次級品，接著就慘遭淘汰。一直以來，汽油（至少是汽車用油）總是能夠設法擺脫這種悲慘的命運。但就像我們在下文中將討論的，它也可能日趨沒落。

所有這些現象的重點是，任何產品都無法保證不會被淘汰。如果公司沒有研究出新產品來淘汰自家既有的產品，別家公司也會淘汰它。除非某個產業特別幸運，就像至今依然走運的石油業，否則可能很容易會陷入一片赤字中，跟鐵路業、馬鞭製造商、街頭雜貨連鎖店、多數的大型電影公司，以及其他許多產業一樣。

一家公司要走運的最好辦法，就是自行製造好運。這需要懂得事業成功的因素，但大規模生產卻妨礙公司了解這一點。

## 生產壓力

大規模生產的產業，受到一種要盡量生產最多產品的強大驅力推動。產量增加時，單位成本可望急遽下降，大多數公司往往無法抗拒這一點。由於獲利的可能性看起來很吸引人，公司所有的努力都集中在生產上，結果忽略了行銷。

經濟學家約翰・高伯瑞（John Kenneth Galbraith）認爲，實際情形正好與產業的預期相反。[4]產量這麼大，所有努力便都集中在產品銷售上，因此有了歌唱式的廣告、破壞鄉間景觀的廣告招牌，以及其他浪費或粗俗的做法。高伯瑞點出一個事實，卻忽略策略性重點。大規模生產確實讓企業感受到必須賣掉產品的強大壓力，但他們通常強調的是銷售，不是行銷。行銷是更精密、複雜的過程，卻被忽視了。

行銷和銷售不僅在語義上有差別，實質上也有差異。銷售著重賣方的需求，行銷則著重買方的需求。銷售專注在賣方的需求，以便把產品轉變成現金；行銷則是提供產品，以及與創造、交付、消費那個產品有關的一整套事情，來滿足顧客的需求。

在某些產業，全面大規模生產的吸引力非常強烈，因此，高層主管會告訴銷售部門說：「你們只管賣，獲利問題由我們來操心。」相形之下，有心做好行銷的公司，會試圖創造有價值的商品和服務，而且是消費者會想購買的東西。它銷售的不僅是一般性的產品或服務，還包括以什麼形式、何時、在什麼情況下和什麼買賣條件下，讓顧客取得產品。最重要的是，它銷售的商品不由賣方決定，而是買方決定。換句話說，賣方經由行銷活動了解買方的需求，然後據此創造產品，而反過來進行的，就不是行銷。

## 忽略需求，大廠沒落

這聽起來有點像是做生意的基本規則，但還是有很多公司違反這條規則，而且違反的比遵行的還多，汽車業就是一例。

在汽車業，大規模生產是最出名、最多公司奉行，也對整個社會影響最大。汽車業認爲，要賺錢，就要每年變化車款，在這個政策下，顧客導向變成特別迫切的要務。因此，汽車公司每年花費數百萬美元研究消費者。但是，新的小型車在上市第一年就非常暢銷，代表底特律長期以來的大量研究，未能指出顧客要的到底是什麼。底特律的大汽車廠一直以爲，他們生產的就是人們想要的，直到小型車製造商搶走數百萬名顧客，那些大汽車廠才發現其實不然。

這種不了解消費者需求的狀況令人難以置信。這種狀況怎麼會持續這麼久呢？相關研究爲何沒有在消費者做出購物決定前，先了解消費者的偏好？消費者研究的目的，不就是要在事情發生前先找出會發生什麼事情嗎？答案是，底特律那些大汽車廠從未眞正研究過消費者要什麼；只是研究在業者決定提供的產品中，消費者比較喜歡哪個產品，因爲他們主要是產品導向，不是顧客導向。即使大汽車廠發現消費者有需求待滿足，通常也表現得好像只要修改產品，就能完全滿足消費者了。有時候，他們也會把注意力放在融資上，不過他們的目的主要是銷售，而不是讓消費者有能力購買。

至於照顧消費者的其他需求，業者做得不夠，沒什麼值得討論的。消費者最沒有獲得滿足的領域，業者都不太重視。業者頂多重視銷售當下，以及汽車的修理與維護事務，但底特律大汽車廠認爲這些都是次要問題，主要原因是，汽車製造商並不擁有，也不經營、掌控零售和服務業務。汽車一旦製造出來，就是經銷商的事了，但有些事情是經銷商無法處理的。雖然服務能大幅帶動銷售與獲利，但汽車製造商與經銷商間的關係並不密切，這可以從一件事看出來：雪佛蘭（Chevrolet）的7,000家經銷商中，只有57家提供夜間維修服務。

車主不斷表達他們對服務的不滿，以及對目前銷售組織的不放心。現在，人們買車和維修車時的顧慮與問題可能比許多年前更多、更嚴重。然而，汽車公司似乎並不聆聽消費者煩惱的心聲，也不揣摩他們的心意。即使他們傾聽顧客的心聲，也一定是懷著生產優先的想法去聽的。他們仍然認爲，行銷方面的努力，是推出產品後的必要結果；其實，應該要倒過來才對。那是大量生產帶來的觀念，狹隘地認爲，產能滿載的低成本量產才能創造獲利。

## 福特攻略：行銷至上

在高階經理人的規畫與策略中，總會考量大量生產在獲利方面的吸引力；但在此之前，務必要先認眞考慮到消費者。這是行事矛盾的亨利・福特帶來的啟示。在美國歷史上，福特可說是最聰明、也最愚蠢的行銷人員。說他愚蠢，是因爲他只肯生產黑色汽車給消費者。說他聰明，是因爲他發明一套生產體系，能滿足市場的需求。我們常因爲他的生產天賦而讚揚他，但他眞正的天賦其實是在行銷上。我們認爲他能降低售價，並以每輛500美元的價格賣出數百萬輛汽車，是因爲他發明的裝配線降低成本。其實，他發明裝配線，是因爲他計算過，若每輛汽車定價500美元，他就能賣出數百萬輛汽車。大量生產是低價賣車的**結果**，不是原因。

福特不斷強調這一點，但全美國以生產爲導向的企業經理人拒絕聽從他教導這寶貴的一課。他簡明表達自己的營運哲學如下：

> 我們的政策是降低價格，擴大營運，並改良產品。請注意，首先是降低價格。我們從來不把任何成本視爲固定成本，因此，首先降價到我們認爲可銷售更多汽車的價格點。接下來，我們試圖按照我們訂的價格來生產汽車，並不擔心成本的問題。新的售價會壓低成本。較常見的做法是，依據成本來決定價格；雖然狹義來說，這算是科學化的方法，廣義來說卻不是；因爲如果這種方法計算的結果顯示，你無法以某個物品賣得出去的價格來生產，那麼即

使知道成本又有什麼用？但更要緊的是，雖然我們會計算成本是多少，而且一切成本當然都經過仔細計算，但沒有人知道成本應該是多少。發現成本是多少的一個辦法……是訂出一個很低的價格，迫使公司裡每個人都達到最高效率。低價讓每個人努力追求利潤。我們用這個強制的方法在生產和銷售方面得到的收穫，比任何悠閒調查所能得到的結果還多。[5]

## 產品局限性

以爲低單位生產成本帶來的獲利相當誘人，這可能是最嚴重的自欺態度，足以傷害公司。尤其對「成長型」公司更是不利，因爲表面上看來，需求似乎一定會成長，往往會不夠重視行銷與顧客的重要性。

這種只關注所謂「具體事務」的狹隘心態，通常會導致產業衰退，而不是成長；這常意味著產品未能因應許多情況而調整，包括：消費者需求與口味的形態不斷變化；改良後的新行銷制度與方法；競爭或互補產業的產品開發。產業一心只關注自己的產品，以致於沒有發現它正逐漸被淘汰。

一個典型的例子是馬鞭業；不論產品做了多少改良，也躲不掉衰亡的命運。不過，如果當初這個產業定義自己屬於運輸業，而不是馬鞭業，也許就可以存活下來。要存活就得改變，即使它只是把本身業務定義爲提供動力來源的激勵物品或催化劑，可能就已經轉變成風扇皮帶或空氣清淨機而存活下來了。

將來可能會成爲更經典案例的是石油業。石油業之前已任由其他產業偷走一些絕佳的商機（包括前面提過的天然氣、飛彈燃料、噴射機引擎潤滑油），照理說，石油業應該會採取一些行動，絕不重蹈覆轍，但實際情況卻不是這樣。現在，燃料系統方面出現非常特別的新發展，那是專門針對汽車提供動力而設計。這些進展，都是由石油業外的公司所帶動，而石油業幾乎是刻意漠視它們，自滿於石油帶來的獲利。煤油燈對抗白熾燈的故事彷彿重演。石油業試圖改善碳氫燃料，而不是開發最適合用戶需求的**任何**燃料。最適合用戶需求的燃料，可能是用不同方法生產的，或是用石油以外的原料做成。

以下，是非石油公司正在努力研發的產品：

- 目前有十幾家公司有先進的能源系統試用機型，等到這個機型改良得很完善時，就會取代內燃機，不再需要汽油。開車的人常需要停車加油，既耗時又令人不耐，採用這些新系統就沒有這些問題。這類系統多半是燃料電池，無須燃燒，即可直接從化學劑產生電力，其中多數化學劑不是從石油提煉而來的，一般來說是氫和氧。

- 另有數家公司有先進的蓄電池機型，可提供汽車所需的動力。其中一家是飛機製造公司，正和數家電力公司合作。電力公司希望運用非尖峰時段的發電能力，在夜間爲充電電池提供電力。還有一家中型電子公司也採用電池，他們生產助聽器，在小型電池方面擁有豐富的經驗，目前正和一家汽車製造商合作。近期由於火箭中高能量微型蓄電設備的需求，業者即將製造出一種相當小型的電池，能承受很大的用電超載或電壓突波。鍺二極管的應用，以及使用燒結板（sintered plate）與鎳鎘技術的電池，可望在能源來源上掀起一場革命。
- 太陽能轉換系統也愈來愈受注意。一位向來謹慎的底特律汽車業主管最近大膽預言，太陽能動力車可能在1980年時就很普遍。

至於石油公司，它們或多或少有在「觀察發展情形」，一位研究部門主管這樣對我說。有幾家公司在做一些燃料電池方面的研究，但幾乎僅限於開發以碳氫化學劑爲動力的電池。沒有一家積極研究燃料電池、蓄電池，或是太陽能發電設備。他們只研究尋常普通的事物，像是減少汽油引擎燃燒室沉積物，沒有一家花一點點錢研究一些非常重要的領域。一家綜合性的大石油公司，最近試探性地研究過燃料電池後，做成結論說，「各家公司積極研究它，顯示他們相信它終究會成功……但何時才會眞正產生影響，影響又會有多大，目前仍難評估，所以我們還無法把它納入我們對未來的預測之中。」

當然，人們可能會問，那些石油公司爲什麼要做不同的產品？化學性的燃料電池、蓄電池和太陽能會終結現有的產品，不是嗎？答案是的確會，也正因爲這樣，石油公司才必須搶在對手之前開發這些動力裝置，以免整個產業衰亡。

如果石油業管理階層把自己視爲能源業，可能就比較會做一些必要的事，來保障自家公司的生存。但如果他們繼續堅守狹隘的產品導向思維，就算他們把自己視爲能源業，也還是不夠。他們必須界定公司的業務是照顧顧客的需求，而不是尋找、精煉或出售石油。一旦他們眞正認爲自己從事的生意是照顧人們在交通方面的需求，他們就能創造利潤豐厚的成長，沒有阻力。

## 滿足需求＞產品先進

這件事說來容易，做起來難，因此我們要說明這種思維會牽涉到什麼事情，以及會導致什麼結果。我們就從「顧客」這個源頭開始講起。開車的人很不喜歡購買汽油時的麻煩、等待的經驗，他們其實沒有買汽油，既看不到、嘗不著、摸不到、無法欣賞，也不能檢驗。他們買到的其實是繼續開車的權利。加油站就像稅務員，人們被迫定期支付稅金，這是使用汽車的代價。因此，加油站成爲不受歡迎的設施，永遠無法受到歡迎、令人愉悅，只會愈來愈討人厭。

若要徹底排除它不受歡迎的情況，就必須把它去除。沒有人喜歡稅務員，即使是討人喜歡的稅務員。也沒有人喜歡中斷行程，去買一種像幽靈一樣的產品，即使是向俊美少年或性感美女購買。因此，正在研究新奇的燃料替代物，讓人不必常去加油的公司，對那些惱怒的駕駛來說，正是投其所好，他們會張開雙手歡迎。這波風潮是無法避免的，不是因爲他們創造技術上較優越或更先進的產品，而是因爲他們滿足顧客強大的需求，而且消除有毒的氣味和空氣汙染。

一旦石油公司看出另一種動力系統能滿足顧客，就會明白自己沒有太多選擇，勢必要開發一種耐久、有效率的燃料（或找出一種不會讓車主感到麻煩的方式來加油）。同樣地，大型食品連鎖店除了跨足超市生意，也別無選擇；眞空管公司也只能選擇生產半導體。石油公司爲了自己的利益，必須摧毀自己獲利頗佳的資產。無論有什麼一廂情願的想法，他們仍免不了要進行這種「創造性破壞」。

我的措辭這樣強烈，是因爲我認爲管理階層必須非常努力打破傳統的窠臼。現在「全產能生產」（full production）的經濟心態，太容易主宰一家公司或一個產業的目標，使得該公司或產業走向偏頗、危險的產品導向。簡單來說，如果管理階層隨波逐流，不免會認爲自家公司的業務是生產商品與服務，而不是讓顧客滿意。雖然他們可能不會淪落到告訴業務員說：「你們只管賣；獲利問題由我們來操心。」但他們可能不自覺地採取走向衰敗的做法。一個又一個成長產業，都不免採取自殺式的偏狹產品觀念。

## 技術研發的危險思維

對持續成長的公司來說，另一個大危險在於，管理高層完全被技術研發的獲利可能性迷住了。首先，我要用另一個產業來說明：電子業，然後再回到石油公司的話題。我拿一個很新的例子和一個熟悉的例子來比較，希望讓大家更清楚看到上述危險思維普遍存在，而且危害很大。

### 危險思維1：行銷受忽視

在電子業的案例中，前景大好的新公司面臨的最大危險，不在於不夠重視研究和開發，而是太注意研發了。成長最快的電子公司把成功歸功於著重技術研究，是全然錯誤的。其實他們是因爲大量採用新技術概念而收穫豐厚。而且在軍方補助金與訂單確保市場無虞下，他們無疑可獲得成功。其實，許多軍方採購案是在製造產品的設備還付之闕如時，就已經下訂單了。換句話說，這些電子公司幾乎完全不必行銷，銷量就會自動擴張。

因此，他們是在一種危險的假象下成長的，以爲優良的產品能自動銷售出去。有些公司靠著生產優良產品而成功，管理階層自然就會持續以產品爲導向，並非以消費那項產品的人爲導向。這種公司會發展出一種經營理念：想要持續成長，就要持續進行產品創新與改良。

還有其他因素會強化這個信念：

1. 電子產品很複雜、很精密，因此會有許多工程師和科學家擔任主管，以致公司太著重研究與生產，忽視行銷。這種公司往往認爲自己是在製造物品，而不是要滿足顧客需求。行銷被視爲多餘的活動，是在創造與生產產品這類重要工作完成後，才去做的「其他事」。
2. 除了過分注重產品研發與生產之外，他們也偏好處理可控制的變數。工程師和科學家在機器、試管、生產線，甚至是資產負債表等具體世界中如魚得水。讓他們覺得親切的抽象概念，是那些可在實驗室裡試驗與操作的概念。就算不能試驗，也必須是功能性的，就像是歐幾里德定理（Euclid's axioms）。簡單來說，那些成長前景看好的新公司，管理階層往往偏愛可做仔細研究、實驗與控制的商業活動，也就是在實驗室、商店和書本中的眞實事物。

但是，**市場**中的眞實事物卻被忽視了。消費者是難以預測的，他們變化無常、愚蠢、短視、固執，而且通常很煩人。這些話，工程師出身的經理人不會說出口，但那卻是他們內心深處的想法。這也說明爲什麼他們會專注在他們了解，而且可以控制的事物上，也就是產品研究、設計與生產。一旦產品可用愈來愈低的單位成本來製造，強調生產就變得特別吸引人。除了讓工廠全力生產外，再也沒有更吸引人的賺錢妙方了。

今日，諸多電子公司偏頗的「科學－工程－生產」導向，運作得相當良好，原因是他們打進軍方帶頭開創、保證有市場的新領域。這些公司占據有利位置，只需要塡滿市場，不用尋找市場，也不必發掘顧客需求，就有顧客帶著具體的新產品需求自動找上門來。就算是專門指派一個專家團隊來設計一個商業環境，來阻遏顧客導向的行銷觀點出現和發展，產生的任何東西也都不會比上述那些情況更好。

## 危險思維2：消費者遭冷落

石油業是個驚人的例子，顯現出科學、技術和大量生產，如何讓業內全部的公司偏離主要任務。即使石油公司曾研究過消費者（就算有也不多），研究的焦點永遠在於取得改善現有做法的相關資訊。他們試圖找出更具說服力的廣告主題、更有效的促銷做法、不同公司的市場占有率、顧客喜歡或不喜歡加油站經營者和石油公司的哪些地方等等。似乎沒有人有興趣深入探索石油業可滿足人類哪些基本需求，倒是會深入探索公司使用的原料有哪些特性，希望讓消費者滿意。

很少人問到消費者與市場的基本問題。市場處於繼子般的地位：人們承認他們存在，需要照顧，但不值得多費心思或多加注意。石油公司看到顧客上門，遠不及發現撒哈拉沙漠有石油時那麼興奮。石油業刊物對行銷的處理方式，最能展現這個產業對行銷的漠視。

在1959年出版的《美國石油研究所季刊》（*American Petroleum Institute Quarterly*）百年特刊，慶祝賓州泰特斯維爾（Titusville）發現石油；特刊中有21篇專文，全都強調石油業的偉大。其中只有一篇文章論及這個產業在行銷上的成就，而且只是一篇圖像紀錄，顯示加油站的建築有何變化。這一期也包含一個特別企畫欄目「新視界」，展現石油未來在美國將扮演的重大角色。每篇文章都十分樂觀，全都沒有談到石油可能遭逢激烈競爭。即使談到原子能，作者也很欣喜地描述石油將如何協助原子能順利成功。沒有人擔心石油業的富足可能受到威脅，也沒有人建議在「新視界」當中提出一些更好的新做法，來服務現有的顧客。

下面這一系列短文，最能展現行銷在石油業受到冷落的待遇，主題是「電子的革命性潛力」。目錄中，屬於這個主題的文章包括：

- 〈探勘石油〉
- 〈生產作業〉
- 〈煉油流程〉
- 〈油管作業〉

值得注意的是，這個產業的每個主要功能領域都列出來了，**獨缺**行銷。為什麼？可能是因為他們認為，電子對石油的行銷不具革命性潛力（這是明顯的錯誤），或是編輯忘了討論行銷（這一點較有可能，也凸顯行銷在石油業受冷落的地位）。

這四個功能領域排列的順序，也透露出石油業和顧客有很深的隔閡。因為上述排序隱含的意義是，石油業的範圍始自石油探勘，終於煉油廠出貨後的配銷。

但依我看，石油業其實應該始自顧客需要它的產品；從這個最重要的位置，反向往愈來愈不重要的領域推展，最後終於石油探勘。

## 危險思維3：錯置的起始與終結

產業是滿足顧客的流程，而不是生產物品的流程，這是所有生意人都應該了解的重要觀點。一個產業始於顧客和顧客的需求，不是始於一項專利、一種原料，或是一個銷售技巧。考慮到顧客的需求後，產業應該逆向發展，首先要確實

**交付**讓顧客感到滿意的產品。接著進一步逆向倒推，**創造**在某種程度上讓顧客滿意的物品。這些物資如何創造，顧客並不在乎，因此，生產、加工等都不算是產業的重要層面。產業逆向倒推到的最後一步，是**找出**必要的原料來製造產品。

諷刺的是，以技術研發爲導向的一些產業中，位居高層主管的科學家，在定義公司整體的需求與目的時，完全不科學。他們違反科學方法的兩個首要原則：了解並定義公司的問題，然後就如何解決問題，發展可測試的假說。他們只有在對自己方便的事情上才符合科學，像是實驗室和產品試驗等。

顧客（以及他們最深切需求的滿足）沒有被視爲「最重要的問題」，並不是因爲公司確信沒有這種問題存在，而是主管在公司工作久了，無法從相反的方向來看問題。因此，行銷受到冷落。

我並不是說銷售受到忽視，絕不是這樣的。但我要再說一次，銷售不是行銷。如前所述，銷售是使用一些方法或技巧，讓人們用現金交換你的產品。銷售不在乎交易的價值何在，而且也不會把整個商業流程看做是一種密切整合的活動，來發現、創造、引發、滿足顧客的需求。而行銷卻總是如此。銷售導向者認爲，顧客就「在那裡」等著你，只要有一些手腕，就能要他掏出錢來。

事實上，在一些技術掛帥的公司，就連銷售也沒有很受重視。他們大量的新產品幾乎都已經有市場，因此並沒有眞的去了解市場是什麼，好像活在計畫經濟中一般，例行性地把產品由工廠送到零售據點。他們專注在產品上而獲得成就，往往就以爲自己很穩健，卻不知道烏雲正集結在市場上方。

## 瘋狂概念→實際構想

大約75年前，華爾街精明的投資人對美國鐵路業忠貞不二。歐洲王室大力投資在鐵路業上。大家都認爲，任何人只要能存幾千美元去買鐵路股票，就能享有無盡的財富。從速度、靈活性、耐用性、經濟性和成長潛力來看，運輸業中沒有其他行業比得上鐵路業。

正如賈克斯・巴任所說的：「在世紀之交，它（鐵路）是一種設施、男人的一種形象、一個傳統、榮譽的象徵、詩詞的來源、童年心願的溫床、童玩的極致、最莊嚴的機器（僅次於靈車），標記男性一生中各個值得紀念的時期。」[6]

即使在汽車、卡車和飛機問世後，鐵路大亨仍然自信滿滿。如果你在60年前告訴他們說，30年後他們會被擊敗、破產、請求政府補貼，他們會以爲你精神錯亂了。他們認爲，未來絕對不是這樣的，甚至可以說是不必討論的話題、不必詢問的問題，也不是任何正常人認爲值得思考的問題。然而，許多「瘋狂」的概念實際上已經被接受，像是以下這個構想：100噸重的金屬製品，在距離地面2萬呎的高空來去自如，裡面搭乘100位神志正常的傑出市民，悠閒地喝著馬丁尼酒。他們無情的重擊鐵路。

其他公司必須採取什麼具體做法，以免淪落到這個命運？顧客導向的做法涉及什麼？這些問題有一部分已在前述案例和分析中提出解答。若要詳細說明某些產業需要做些什麼，必須另外爲文探討。不論如何，要建立有效的顧客導向公司，涉及的絕不僅是良好的意圖，或是促銷的技巧而已，還需要有堅實的人性化組織和領導力。現在，我只提出一些概括性的建議。

## 發自內心的卓越感

顯然，爲求生存該做哪些事，企業就必須去做；適應市場的要求，而且愈早愈好。不過，只求能生存並不是什麼大志向。任何人都有辦法生存，即使是貧民窟的流浪漢也行。難得的是要活得堂皇漂亮，能掌握商業的澎湃衝勁：不僅能體驗成功的甜美滋味，而且有發自內心的企業家卓越感。

任何組織若缺乏一位精力充沛的領導人，懷著鍥而不捨、**追求成功**的意志努力前進，就無法達到卓越的境界。領導人必須具有恢宏的視野，能吸引許多熱切的追隨者。在商業界，追隨者就是顧客。

爲了吸引這些顧客，必須把整個企業視爲創造顧客與滿足顧客的機制。管理階層不能認爲自家公司是在製造產品，應該自認是在提供顧客對價值的滿意度。管理階層必須在組織內持續不斷盡全力推動這個概念（以及概念涉及的所有含義與要求），而且要設法激勵鼓舞組織中的人。否則企業只不過是由烏合之眾湊在一起的組織，不知道方向與目的。

簡單來說，企業必須學會自己不是在製造產品或提供服務，而是在**爭取顧客**，並採取行動，讓人**想要**跟它做生意。執行長不可逃避的責任，就是要創造這樣的環境、觀點、態度和抱負。執行長必須設定公司的風格、方向和目的，也就是說，很清楚了解他想要往哪個方向前進，並確保組織中每一個人都了解目的地在哪裡。這是領導力的第一個必要條件，因爲**領導人若是不知道要往哪裡去，可能就會隨波逐流**。

如果隨便選哪一條路都行得通，執行長大可收起公事包，釣魚去了。如果組織不知道或不在乎要往何處去，也就不需要任命一位有名無實的領導人，提醒大家這個組織找不到方向，因爲大家很快就會發現這一點。

## 註釋

1. Jacques Barzun, “Trains and the Mind of Man,” *Holiday*, February 1960.
2. 更詳細的資訊，請參考M.M. Zimmerman, *The Super Market: A*

*Revolution in Distribution* (McGraw-Hill, 1955).
3. Ibid., pp. 45–47.
4. John Kenneth Galbraith, *The Affluent Society* (Houghton Mifflin, 1958).
5. Henry Ford, *My Life and Work* (Doubleday, 1923).
6. Barzun, "Trains and the Mind of Man."

---

（侯秀琴譯，轉載自2004年7月至8月號《哈佛商業評論》，最初在1960年7月至8月號發表）

---

**希奧多・李維特**

曾長期擔任哈佛商學院行銷學教授，後來擔任名譽教授。他的著作有《管理思維》（*Thinking About Management*）和《引爆行銷想像力》（*The Marketing Imagination*）。

第二十七章

# 商業太空時代來了

The Commercial Space Age Is Here

麥特・溫澤爾（Matt Weinzierl）與梅哈克・沙蘭（Mehak Sarang）

圍繞著商業太空產業的炒作宣傳一直都沒少過。但是，儘管技術領導人向我們承諾要建立月球基地和火星定居點，不過迄今爲止，太空經濟很明顯還局限在區域性，至少在宇宙意義上是如此。然而，2020年我們跨越一個重要的門檻：在人類歷史上，人類破天荒透過一家以平價太空移民爲目標的民營公司、而非政府所製造和擁有的飛行器進入太空。這是朝著**在**太空和**為**太空建立經濟邁出的第一大步，其中的意涵，不管是對商業、政策和整個社會而言，再怎麼強調都不爲過。

2019年，估計太空產業3,660億美元的營收中，有95％來自「太空爲地球」（space-for-earth）經濟：亦即，在太空中製造用於地球的商品或服務。「太空爲地球」經濟包括電信和網際網路基礎設施、地球觀測能力、國家安全衛星等。這個經濟正蓬勃發展，儘管從研究報告來看，它面臨每當企業爭奪稀有天然資源時往往會出現的過度擁擠和壟斷挑戰，但針對它的未來所做的預測都是樂觀的。[1]整體而言，發射和太空硬體成本的下降，吸引新進者進入這個市場，各行各業的公司已經開始利用衛星技術和進入太空的機會，推動其地球產品和服務的創新與效率。

相較之下，「太空爲太空」（space-for-space）經濟，也就是在太空製造並用於太空的商品和服務，例如在月球或小行星開採、並用來建造太空棲息地或供應燃料補給站的原料，一直努力要發展。早在1970年代，由美國國家航空暨太空總署（NASA）委託進行的研究就預測，太空經濟的興起將供應在太空中居住的數百、數千甚至數百萬人的需求，使得「太空爲地球」經濟（以及最終整個地球經濟）相形見絀。[2]這種願景若是實現，將改變所有人經商、生活和管理社會的方式，但迄今爲止，太空中從來沒有一次出現超過13個人，使得前述的夢想與科幻小說無異。

然而，現在我們有理由認爲，我們最終可能會達到眞正「太空爲太空」經濟的第一階段。SpaceX最近的成就（與NASA合作），以及波音（Boeing）、藍色起源（Blue Origin）和維珍銀河（Virgin Galactic）持續和大規模將人類送入太空的未來努力行動，標誌著民間公司引領的太空飛行開啟新篇章。這些公司有意圖、也有能力帶著乘客、遊客與最終成爲定居者的普通公民進入太空，爲多項產業打開大門，讓它們在未來數十年以大量的「太空爲太空」商品和服務，開始滿足那些人所創造的需求。

## 歡迎來到（商業）太空時代

在最近的研究中，我們檢視源自1960年代由政府主導的集中式人類太空活動模式，在過去20年中如何被一種新模式所取代，在這種新模式中，太空的公共計畫逐漸與民間的優先事項共享舞台。[3]由政府主導的集中式太空計畫，將不可避免地聚焦於符合公共利益的「太空爲地球」活動，例如國家安全、基礎科學和民族自豪。這是很順理成章的，因爲若要證明這些計畫的支出有正當理由，就必須表明對公民有利，而這些政府所代表的公民（幾乎）都在地球上。

與政府相比，民間部門熱中於將人們帶到太空，爲的是追求個人利益，而非國家利益，然後再滿足那些人創造的需求。這就是推動SpaceX公司的願景。SpaceX在第一個20年徹底顚覆火箭發射產業，獲得60%的全球商業發射市場，並建造愈來愈大的太空船，這些太空船的用途不僅是將乘客載送到國際太空站（ISS），也要載送到自己承諾的火星定居點。

今天，「太空爲太空」市場僅限於供應給已經在太空的人們：亦即美國NASA和其他政府計畫雇用的少數太空人。雖然SpaceX有支持大量民間太空旅行者的宏偉願景，但它們目前的「太空爲太空」活動都是爲了因應政府客戶（亦即NASA）的需求。不過，隨著發射成本降低，使SpaceX等公司能夠利用規模經濟，並將更多人送入太空，日益擴大的民間部門需求（亦即遊客和定居者，而非政府員工）可以將這些概念驗證計畫轉變爲可持續的大規模產業。

這種以最終創造並擴展到更廣大民間市場的種種希望，來向NASA推銷的模式，有個最佳例子是SpaceX，但SpaceX絕非唯一採取這種方法的業者。例如，雖然SpaceX聚焦於「太空爲太空」運輸，但這個新興產業的另一個關鍵部分將是製造業。

太空製造公司（Made In Space, Inc.）自2014年在國際太空站上以3D列印機列印出一個扳手以來，一直處於製造「在太空，爲太空」（in space, for space）的尖端地位。目前，這家公司正在探索其他產品，像是地球客戶可能願意付費，以便在零重力下製造的高品質光纖電纜。但這家公司最近也獲得一份價值7,400萬美元的合約，要在太空中3D列印出大型金屬結構梁，用於NASA太空船，未來民間部門的太空船必定會有類似的製造需求，太空製造公司希望能取得有利位置來滿足這個需求。正如SpaceX從供應NASA需求開始著手，但希望最終能服務更廣大的民間部門市場一樣，太空製造公司目前與NASA的合作，可能是邁向支持各種民間部門製造應用所跨出的第一步，就這些應用而言，在地球上製造並運輸到太空的成本將令人望而卻步。

「太空爲太空」投資方面的另一個主要領域，是建造和經營太空基礎設施，例如棲息地、實驗室和工廠。這個領域目前的領導廠商公理太空公司（Axiom Space）最近宣布，2022年將搭乘SpaceX的「載人龍飛船」（Crew Dragon Capsule）進行「首次全民間的太空商業任務」。公理太空公司也獲得NASA一項合約，將開發唯一與國際太空站模組相連的商業用太空艙，促進它爲太空站上（以及最終在太空站外）商業活動開發模組的計畫。

這種基礎設施可能會刺激在各種輔助服務上的投資，以滿足在太空中生活和工作的人們需求。例如，2020年2月，馬克薩爾科技公司（Maxar Technologies）獲得NASA價值1.42億美元的合約，將開發一種機器人建造工具，可在太空中組裝，用於近地軌道太空船。民間部門的太空船或定居點無疑需要各種類似的建造和維修工具。

當然，民間部門不僅僅與工業產品有關。物質享受也有望成爲一個快速成長的領域，因爲企業努力要在惡劣的太空環境中支持生活的人性面。例如，2015年Argotec和Lavazza合作製造一台可以在國際太空站零重力環境中使用的濃縮咖啡機，爲機組人員提供一點日常奢華。

可以肯定的是，人們一直夢想利用太空的眞空和無重力來取得或製造半個世紀以來在地球上無法製造的東西，但商業計畫一次又一次功敗垂成。產生懷疑是很自然的事。然而，那種失敗一直在「太空爲地球」的應用中出現。例如，2010年代兩家新創公司行星資源（Planetary Resources, Inc.）和深空工業（Deep Space Industries）很早就意識到太空採礦的潛力。然而，對這兩家公司來說，缺乏「太空爲太空」經濟意味著，它們的短期生存仰賴向地球上的客戶銷售所開採的礦產，包括貴金屬或稀有元素。當情況清楚顯示，需求不足以證明高成本的合理性時，資金就趨於枯竭，兩家公司均轉向其他投資事業。

這些都是「太空爲地球」商業模式的失敗，不過，一旦人類在太空居住，對在太空中開採建材原料、金屬和水的需求將是巨大的（因此供應成本要低得多）。換句話說，當人們在太空生活和工作時，我們很可能不會把這些早期的小行星採礦公司視爲失敗，而比較會將它視爲純粹是超越時代。

## 抓住「太空為太空」機會

「太空爲太空」經濟呈現的機會很龐大，但很可能稍縱即逝。爲了抓住這種時刻，政策制定者必須提供監管和體制的架構，使分散式、民間部門推動的太空經濟能夠承擔風險和創新。我們認爲以下三個特定的政策領域將尤其重要：

**使民間能比政府雇用的太空人承受更大的風險**：首先，太空產業變得更爲分散和市場導向，做爲這整體轉變的一部分，政策制定者應該要考慮允許民間太空遊客和定居者自願承擔大於政府雇用的太空人所能承受的風險。從長遠來看，確保高度的安全水準，對於說服更多人到太空旅行或居住至關重要，但在探索的初期，過度的風險趨避，將會在進展開始之前就加以遏阻。

從NASA與承包商的合作方式中，可以發現一個具有啟發性的類比：在2000年代中期，NASA從採用成本加成（cost-plus）合約（NASA承擔投資太空的所有經濟風險）轉變爲固定價格（fixed-price）合約（風險由NASA及其承包商平均分攤）。由於民間公司對風險的容忍度較高，這種轉變催生這個產業（有時被稱爲「新太空」產業）的一波活動。我們在民間部門太空人自願承擔風險的處理方式上可能需要進行類似的轉變，以便推動「太空爲太空」經濟。

**審慎落實政府監管和支持**：其次，與大多數市場一樣，發展穩定的太空經濟將取決於政府的明智監管和支持。NASA、美國商務部和國務院最近再次承諾「在（近地軌道）創造一個使美國商業活動能夠蓬勃發展的監管環境」，這是一個好跡象，顯示政府正走在與產業持續協作的道路上，只不過前面還有很長的路要走。[4]

政府首先應該闡明將如何管理有限資源的產權，例如火星上的水、月球上的冰或軌道的軌位（orbital slot，即太空中的「停車位」）。最近的步驟，包括美國NASA購買月球土壤和岩石的提議、去年4月的太空資源管理行政命令，以及2015年的商業太空發射競爭法案（Commercial Space Launch Competitiveness Act），顯示美國政府有興趣建立某種形式的監管架構來支持太空經濟發展。

2017年，盧森堡成爲第一個「建立法律架構」保護太空開採資源私有權的歐洲國家，日本和阿拉伯聯合大公國在國內層級也採取類似措施。此外，九個國家（儘管俄羅斯和中國明顯缺席）簽署「阿提米絲協定」（Artemis Accords），爲月球、火星和小行星的永續國際發展制定願景。這些是重要的第一步，但它們尙未明確轉化爲全面性的條約，以管理所有主要航太國家之間稀有太空資源的公平使用和分配。

此外，政府應該繼續塡補仍在成長的「太空爲太空」經濟生態系統中的資金缺口，做法是資助基礎科學研究，來支持將人類送入太空，以及對太空新創公司提供合約。同樣地，儘管過度監管會扼殺產業，但政府的一些激勵措施，例如減少太空垃圾的政策，能夠用難以獨立協調的方式，幫助降低每個人在太空中的營運成本。

**超越地緣政治敵對關係**：最後，「太空爲太空」經濟的發展，絕不能被地球上的地緣政治敵對關係（例如美國和中國之間的地緣政治敵對關係）所破壞。這些衝突至少在一定程度上不可避免地會延伸到太空，而軍事需求長期以來一直是航太公司的重要資金來源。但如果不加以控制約束，這種敵對關係不僅會分散對無國界商業活動的關注和資源，也會製造出阻礙民間投資的障礙和風險。

在地球上，民間經濟活動長期以來將不同國家的人們聯繫在一起，即使他們的國家意見分歧。不斷成長的「太空為太空」經濟提供成為這種團結力量的非凡潛力，但世界各國政府的職責是不造成妨礙。在建立和執行太空法治上採取協作、國際性的方式，對於鼓勵健全的「太空為太空」經濟至關重要。

---

自1960年代太空時代開始以來，「太空為太空」經濟的願景就已經存在。到目前為止，那些希望大多沒有實現，但此刻不同往日。有史以來第一次，民間部門的資本、風險承受能力和利潤動機被用於將人送入太空。如果掌握這次機會，我們日後將會回想起，這時是我們展開眞正的轉型計畫，在太空、為太空建立經濟和社會的時刻。

## 註釋

1. Matthew C. Weinzierl, Angela Acocella, and Mayuka Yamazaki, "Astroscale, Space Debris, and Earth's Orbital Commons," Harvard Business School, February 25, 2016, https://hbsp.harvard.edu/product/716037-PDF-ENG; and Matthew C. Weinzierl, Kylie Lucas, and Mehak Sarang, "SpaceX, Economies of Scale, and a Revolution in Space Access," Harvard Business School, April 9, 2020, https://hbsp.harvard.edu/product/720027-PDF-ENG.
2. William M. Brown and Herman Kahn, "Long-Term Prospects for Developments in Space: A Scenario Approach," NASA

Technical Reports Server, October 30, 1977, https://ntrs.nasa.gov/citations/19780004167.

3. Matthew C. Weinzierl, "Space, the Final Economic Frontier," *Journal of Economic Perspectives* 32, no. 2 (Spring 2018), 173–192, https://www.hbs.edu/ris/Publication%20Files/jep.32.2.173_Space,%20the%20Final%20Economic%20Frontier_413bf24d-42e6-4cea-8cc5-a0d2f6fc6a70.pdf.
4. Marcia Smith, "Space Council Gets Human Spaceflight Strategy Report," SpacePolicyOnline.com, November 19, 2018, https://spacepolicyonline.com/news/space-council-gets-human-spaceflight-strategy-report/.

---

（林麗冠譯，改編自2021年2月12日哈佛商業評論網站文章）

---

**麥特・溫澤爾**

哈佛商學院約瑟夫和賈桂琳・埃爾布林講座（Joseph and Jacqueline Elbling）企管教授，也是美國經濟研究院（NBER）研究員。他的研究和教學側重於經濟政策以及太空經濟和商業的設計。

**梅哈克・沙蘭**

哈佛商學院研究員，以及麻省理工學院太空探索計畫（MIT Space Exploration Initiative）的月球探索專案（Lunar Exploration Projects）負責人。

—— 2020 ——

第二十八章

# 你感受到的那份難受，其實是悲傷

## That Discomfort You're Feeling Is Grief

史考特・貝里納托（Scott Berinato）訪問

大衛・凱斯勒（David Kessler）

前幾天，《哈佛商業評論》幾位編輯在線上開會，布滿人臉的螢幕，成爲各地愈來愈常見的景象。我們談到在疫情令人沮喪的此時該製作的內容，以及我們可以如何協助人們。但我們也聊到自己的感受。有位同事說，她感到悲傷，畫面小框框裡的眾人都點了點頭。

如果我們能說出自己的感受，或許就能處理這種感受。我們請教大衛・凱斯勒該如何處理這份感受。凱斯勒是全球研究悲傷的頂尖專家，曾與伊莉莎白・庫伯勒・羅斯（Elisabeth Kübler-Ross）合著《當綠葉緩緩落下：生死學大師的最後對話》（*On Grief and Grieving: Finding the Meaning of Grief through the Five Stages of Loss*）。他的新書爲前一本書列出的悲傷五階段增加另一個階段，書名爲《意義的追尋：轉化哀慟的最終關鍵》（*Finding Meaning: The Sixth Stage of Grief*）。凱斯勒也曾在洛杉磯由三家醫院組成的醫院體系工作10年，任職於處理生物危險性（biohazard）的團隊。他的志工活動，包括參加洛杉磯警察局專家後備隊（LAPD Specialist Reserve），以應付災難事件，以及擔任紅十字會的災難救助小組成員。凱斯勒創辦處理悲傷的網站www.grief.com，每年有167個國家超過500萬人次造訪。

凱斯勒告訴我們，爲什麼應該看清自己可能正在感受到的悲傷、如何處理這種悲傷，以及他相信我們能如何從中得到意義。爲求清楚理解，以下對話稍有編輯。

**貝里納托問（以下簡稱問）：現在大家心中有各種感受交織。是否可以說，其中某些感受是悲傷？**

**凱斯勒答（以下簡稱答）：**是的，而且我們是感受到許多不同的悲傷。我們覺得世界已經變了，而且確實如此。我們知道這種情況是暫時的，但感覺上並不是這樣，而且我們知道以後的情況會與現在不同。就像現在去機場，與911事件之前的情況完全不同，同樣的，未來的情況會有不同，而現在正是產生變化的轉捩點。我們失去常態，擔心經濟會有損失，失去彼此的連結。這讓我們大受打擊，於是感到悲傷。而且這是集體的感受。我們不習慣到處瀰漫著這種集體的悲傷。

**問：你說我們感受到的悲傷不只一種？**

**答**：沒錯，我們還感受到一種預期性的悲傷，這是我們不確定未來會如何時，會有的感受。通常是圍繞著死亡而產生。如果有人被診斷出病況危險，或是我們平常想到父母總有一天會離世，就會感受到預期性悲傷。這種悲傷也是來自更廣泛想像的未來。像是覺得有風暴將至，覺得有壞事要發生。而如果是關於病毒，這種悲傷會非常令人困惑。我們的原始心智知道有壞事在發生，但你看不到它。這打破我們的安全感。我們感受到失去安全。在我看來，過去從未有過這種集體失去整體安全感的經驗。曾有個人或小團體感受過，但像這樣全體的感受，是全新的情況。我們在宏觀和微觀層次上都感到悲傷。

**問：個人可以如何處理這些悲傷？**

**答**：第一步，就是去了解悲傷的各個階段。但我每次談到悲傷的各個階段時，都必須提醒大家，這些階段並非線性發生的，而且發生的順序可能不同。這不是一份地圖，而是為這個未知的世界提供某個簡單的架構。首先是「否認」階段，這個我們早就聽到許多：「這種病毒不會影響到我們。」還有「憤怒」階段：「你們要我待在家裡，剝奪我所有的活動。」還有「討價還價」階段：「好吧，如果我維持社交距離兩週，情況就會變好，對吧？」以及「傷心」階段：「我不知道這要到什麼時候才結束。」最後則是「接受」階段：「事情就是發生了；我得弄清楚要怎麼走下去。」

你或許猜得到，「接受」就是力量的泉源。我們可以從接受當中，獲得控制。「我可以洗手。我可以維持安全距離。我可以學習如何遠距工作。」

**問：我們感到悲傷的時候，身體會實際感覺到疼痛，心裡也亂成一片。是否有一些技巧可以處理這種情況，緩和這些症狀？**

**答：**我們再來談談預期性悲傷。不健康的預期性悲傷，其實就是焦慮，而且就是你提到的那種感受。心智會讓我們看到某些畫面。像是爸媽生病。我們會預想到最糟的情境。這是心智的一種保護機制。我們的目標，不是要去無視或驅散這些畫面；你的心智不會允許你這麼做，而且若硬要嘗試這麼做，會產生痛苦。目標應該是在你所想的那些事情當中找到平衡。如果你感覺最糟的景象正在浮現，就去想想最好的景象。每個人都曾經生過小病，而世界仍然繼續運行。並不是我愛的每個人都會過世。或許我愛的人都不會過世，因爲我們都做了正確的事。最好和最壞的兩種情境都不該被忽視，但也不該讓其中任何一種情境主導。

預期性悲傷就是心智想到了未來，並且想像著最糟的情境。爲了讓自己平靜下來，你應該回到現在。任何曾經靜坐冥想或練習正念的人，應該很熟悉這種建議，但大家總是很驚訝地發現，這件事竟然這麼簡單就能做到。你可以講出房間裡的五樣東西。房間裡有一部電腦、一把椅子、一張狗的照片、一條舊地毯，還有一個咖啡杯。就這麼簡單。呼吸。感受當下這個時刻，你預想的那些事情並沒有發生。在當下這個時刻，你一切平安，有食物可吃，沒有生病。運用你的五種感官，思考那些感官的感受。桌子很硬。毯子很軟。我能感受到吸入的空氣進入我的鼻子。這麼做，眞的就能讓那種痛苦減輕一部分。

你也可以思考，如何不再去想你不能控制的東西。你的鄰居要怎麼做，不是你能控制的。你能控制的，就是離他們兩公尺遠，而且要好好洗手。專注在這上面。

最後，這是個累積同情心的好時機。人人都會有不同程度的恐懼與悲傷，而且以不同的方式呈現。我有個同事，有一天忽然對我有些不耐煩，於是我想：「這個人平常不是這樣；現在這樣，只是他們面對問題的反應。我看到的是他們的恐懼和焦慮。」所以，要有耐心。想想看這個人平常的樣子，而不是看他們當下的樣子。

**問：這場疫情特別麻煩的一點，在於還不知道未來會如何。**

**答：**目前是暫時的狀態。說出這一點，就能有幫助。我曾在一個醫院體系工作10年，受過處理這種情況的訓練。我也研究過1918年的大流感，我們現在採取的預防措施是對的，這是歷史告訴我們的，疫情是可以克服的，我們將會克服疫情。此時此刻我們應該過度保護，但不要過度反應。

而且我相信，我們將會從疫情當中得到意義。我很榮幸，能夠得到伊莉莎白・庫伯勒・羅斯家族首肯，讓我為悲傷加入第六個階段：意義。我曾和伊莉莎白深入討論，在「接受」之後是什麼。我感受到悲傷時，並不想停在「接受」這個階段。我想在那些最黑暗的時刻裡找到意義。而且我很相信，我們會在那些時刻找到光明。就算是現在，我們也發現能透過科技互相連結，彼此之間的距離並不如想像中遙遠。我們發現，用電話也能談很久。我們很珍惜散步的時光。我相信，不論現在或是疫情結束後，我們都能持續找到意義。

**問：如果有人已經讀完所有內容，但仍然感到難以承受悲傷，你會對他們說什麼？**

**答：**繼續嘗試。單是說出這種感受是悲傷，就能帶來力量，協助我們感受到內心的情況。過去一週，有許多人告訴我：「我現在會告訴同事，我最近心裡很不好受。」或是「我昨晚哭了。」你說出來之後，就能感受到這份悲傷，讓悲傷越過你而離去。情緒要能移動。重要的是，我們要能認清自己正在經歷什麼。自助運動（self-help movement）有一個麻煩的副產品，就是我們成了第一代「對於自己的感受有所感受」的人。我們會對自己說：「我感覺難過，但我不該有這樣的感覺；別人的情況比我更糟。」但我們可以、而且應該在出現第一個感覺時就停止，別對這種感受產生感受。「我感覺難過。我就花5分鐘好好感受這份難過。」你該做的是感受自己的難過、恐懼、憤怒，別管其他人是否有什麼感受。抗拒感受對你沒有幫助，因爲你的身體正在產生這份感受。如果我們允許各種感受產生，它們就會有秩序地產生，並爲我們帶來力量。這樣一來，我們就不會是受害者。

**問：更有秩序地產生？**

**答：**是的。有時候，我們試著不去感受自己的感受，因爲心中有那種所謂「感受幫派」（gang of feelings）的印象。這種印象以爲，要是我們感到難過，並讓這種感受進到心裡，這種感受就永遠不會離開。「壞感受幫派」就會折磨我們。事實是，感受會越過我們。我們感覺到某種感受，然後這種感受會消失，接著我們會感覺到下一個感受。並沒有幫派要來抓我們。要說我們現在不應該感到悲傷，這是很荒謬的想法。就讓自己感受那份悲傷，然後繼續前行。

（林俊宏譯，改編自2020年3月23日哈佛商業評論網站文章）

## 大衛・凱斯勒

世界首屈一指的悲傷學專家，與伊莉莎白・庫伯勒・羅斯合著《當綠葉緩緩落下：生死學大師的最後對話》（*On Grief and Grieving*）。他的最新著作是《意義的追尋：轉化哀慟的最終關鍵》（*Finding Meaning: The Sixth Stage of Grief*），並創辦了www.grief.com。

## 史考特・貝里納托

《哈佛商業評論》英文版資深編輯，著有《哈佛教你做出好圖表》（*Good Charts: The HBR Guide to Making Smarter, More Persuasive Data Visualizations*）和《哈佛教你做出好圖表實作聖經》（*Good Charts Workbook: Tips, Tools, and Exercises for Making Better Data Visualizations*）。

— 2021 —

第二十九章

# 混合工作場所的心理安全感

## What Psychological Safety Looks Like in a Hybrid Workplace

艾美・艾德蒙森（Amy C. Edmondson）與
馬克・摩坦森（Mark Mortensen）

「我們的辦公室政策是，員工應該每週進辦公室一次。現在他們正在籌辦一場包含15人的團隊會議。我猜想有些人似乎輕鬆看待那場會議，但我並非如此；我家裡還有個幼兒，我們一直非常小心翼翼。可是我不能公開說這些話。」

——一家全球食品品牌高階主管私下透露

［致一位在家工作的同事］「大家很懷念有你一起在辦公室工作的日子。最近我們看到進辦公室的人變多了，身邊有更多同事真的很棒。」

——虛擬團隊咖啡聊天（coffee chat）中發表的意見

自從新冠肺炎疫情全球大流行改變工作面貌以來，在家工作（work from home, WFH）顯然得到人們的高度關注，這包括面臨遠端管理員工的挑戰（例如信任度降低和新的權力動態）。但有個較隱晦的因素，可能會大幅影響混合工作場所的效能。正如上述引言所顯示，梳理未來的工作安排，並且注意到員工對那些安排必然會產生的焦慮；這會讓經理人必須重新思考，同時擴展經證實爲最強有力團隊效能的一項預測因素：心理安全感。

## 新工作形式如何影響心理安全感

心理安全感是人們相信可以暢所欲言而沒有遭到懲罰或羞辱的風險，已經確立爲許多事項的關鍵推動因素：包括高品質決策、健全的團隊動態和人際關係、更好的創新，以及更有效的組織執行力。[1]儘管我們可能很容易理解這個概念，但是從艾德蒙森的研究來看，即使在最直接、接近眞實和具批判性的背景之下，建立和維持心理安全感依舊相當困難，例如確保手術室工作人員直言不諱，以免手術時出了差池；或者當執行長在公開會議上分享不精確的資料前加以糾正（兩者都是訪談中描述的心理安全感問題實例）。不幸的是，在家工作和混合工作使心理安全感變得一點也不簡單。

談到心理安全感，經理人傳統上關注於讓員工在工作上能夠更加坦率和提出不同意見。問題是，隨著工作和生活之間的界限日益模糊，經理人必須將員工的個人情況納入考量，以便制定人員任用、調度和協調上的決策，這是一個全然不同的領域。

對員工來說，決定何時在家工作，背後的原因可能是需要花時間陪伴喪偶的父親或母親，或是幫助在學校承受壓力的孩子；此外，這項決定也可能受到未公開的健康問題（新冠肺炎帶來的一些顯著問題）或非工作上熱中之事所影響，比如私下受訓爲奧運會等級運動員的年輕專業人士。值得注意的是，我們都聽過員工表示，他們覺得被邊緣化、被懲罰，或被排除在一些圍繞於如何平衡工作和生活的對話之外，因爲他們單身或無子女，而別人經常對他們說他們很幸運，不必應付更多的挑戰。那些圍繞於如何平衡工作和生活的心理安全感討論極富挑戰性，因爲它們較可能會觸及員工在身分、價值觀和選擇上根深柢固的面向。這會使人們對於法律和道德角度上的偏見變得更爲個人，而且更具風險。

## 我們不能繼續做那些正在做的事

過去，我們將「工作」和「非工作」分開討論，經理人會排除考慮後者。然而過去的一年裡，許多經理人發現，以往禁忌的話題，例如托兒、健康風險舒適度（health-risk comfort levels），或是配偶及其他家庭成員面臨的挑戰，愈來愈需要（經理人和員工）針對建構和調度混合工作做出共同的決策。

雖然我們通常會認爲，一旦回到辦公室就可以再將兩者畫出界線。但是隨著在家工作的比例提升，顯示出這既不實際，也並非長期持續的解決方案。組織若是未來仍不更新對策，就會發現，自己正在透過不完整（如果不是錯誤）的資訊，企圖優化極其複雜的工作調度和協調挑戰。請記住，混合的工作安排會同時增加管理上的複雜度；經理人面臨與過去相同的工作協調挑戰，如今更出現額外的挑戰：那就是，必須協調一些員工的工作安排，而且無法指望他們在可預期的時間出現。

## 經理人的策略

先來看一個事實：現在經理人會避免搜尋個人的詳細資訊，原因和以往相關且同樣重要。有鑑於詢問個人資訊涉及的法律限制、產生偏誤的可能性，以及尊重員工隱私的期望，分享這些資訊會帶來實質而重大的風險。因此，解決方案不應該是要求擴大揭露個人資訊；相反的，經理人必須創造一種環境：鼓勵員工分享與其工作安排或地點相關的個人情況，和／或仰賴員工爲自己和家人做出正確的選擇，並針對團隊的需求進行權衡。管理階層的責任是擴大讓員工能安心提出工作和生活問題的領域。現在，員工需要心理安全感，以便在具挑戰性（而且可能變得緊繃）的新領域中展開富有成效的對話。

而顯然的，純粹說「相信我」是行不通的。反之，我們建議採取五個步驟來建立心理安全感文化，這種文化超越工作內容，涵蓋更廣泛的員工體驗面向。

## 第1步：做好準備

雖然聽起來很老套，但第一步就是與你的團隊討論，幫助他們確認自己的挑戰之外，也確認你將面臨的挑戰。這項討論的目的是分擔問題的責任。

我們建議將這一點視爲團隊解決問題、發展有效工作新方法的一種需求。釐清當中的利害得失。員工必須明白，完成工作（對客戶、對使命、對自身職業生涯）在今日和過去一樣重要，但做法與過去完全不同。員工在這方面將需要扮演好某個（富創意且具責任感的）角色。同屬一個團隊，你和你的員工必須認識到，儘管前方存在許多障礙，每個人仍須清楚了解到工作和團隊需求，並且共同承擔取得成功的責任。

## 第2步：身先士卒

話誰都會說，可是一旦談到心理安全感，太多經理人的情況是，要求員工坦誠，尤其是圍繞在錯誤或其他可能令人尷尬的話題上，但自己卻沒有以身作則，或是在員工如實吐露後未提供保護。

要展現你嚴肅看待此事，最好的方式是先暴露自己的弱點：分別描述你在家工作／混合工作時遇上的個人挑戰和限制。請記住，經理人必須先承擔起這類風險。你要爲還不明確的計畫保持謙遜的態度，坦白說明你對於這將對管理帶來的挑戰有何看法。當你不願意對你的員工坦誠，你要怎麼期望他們對你坦誠呢？

## 第3步：循序漸進

別期望員工立刻表明他們眼中最私人和最具風險的挑戰，建立信任需要時間。即使你在工作環境中建立健全的心理安全感文化，仍要記住，這是個新領域，坦率談論錯誤百出的程式碼，與講述在家工作的辛苦是兩回事。

先小小的爆料自己不想被人知道的資訊，同時展現你對別人透露自身情況的歡迎態度，可以幫助你的員工相信分享不會受到懲罰。

## 第4步：分享正面例子

你手邊有很多資訊，可以證實對人們吐露這些挑戰和需求是正面的作法，但別就此認定你的員工也能立刻取得這些資訊。

負起你的行銷職責，促進員工的心理安全感，做法則是分享你的信念：落實團隊透明度，協助團隊設計出足以滿足個人需求和組織目標的新安排。這個做法的目標不在於分享那些私下向你陳述的資訊，而是讓員工理解，揭露資訊將讓你透過協作方式提出對團隊、也對員工更有利的解決方案。要達到這一點需要機智和技巧，同時避免製造出聽命行事的壓力，目標是讓員工相信，而且心甘情願這麼做。

## 第5步：擔任監督人

很多人會承認，建立心理安全感需要花時間，但是摧毀只需要片刻。一般情況是，當人們不確定說的話是否會廣爲接受，就會有所保留，甚至不分享自己在工作中最相關的想法；而當他們確實冒這個風險，卻遭到駁斥時，他們和其他所有人再這麼做的可能性就會降低。

身爲團隊的領導人，當你注意到員工發表一些看似無害的評論，例如「我們希望更了解你」或「我們眞的需要你」，但可能因此讓其他員工感覺自己讓團隊失望的時候，你需要保持警惕並予以反駁。這是一件非常困難的事，需要技巧。我們不是要成爲思想警察（thought police）、懲罰那些眞的想念在家工作的同事或需要他們幫助的人，而是幫助員工以更爲正向且寬容的方式表達言論，例如，「我們想念你深思熟慮的觀點，並了解你現在面臨限制。如果有我們可以效勞之處，請告訴我們……」坦言你的用意出於包容與幫助，如此一來，員工就不會將出席的要求視為一種責備。同時，也要堅決譴責那些不當利用共享個人資訊的員工。

經理人將這些對話視為正在進行的工作（並加以探討），這一點很重要。與所有的團體動態一樣，它們是隨時間發展和轉變的自然過程。這是第一步；未來的旅程沒有路線圖，必須反覆確定正確方向。你可能會越界，需要導正，但是你寧可反覆嘗試和試探大家的看法，也不要先入為主認定那就是不可碰觸的禁忌。將眼前的任務視為一段可能永遠不會達到穩定狀態的學習或解決問題的過程。當你愈能保持這樣的觀點，而非宣布勝利後繼續前進，你和團隊就愈能維持並擴大真正的心理安全感。

## 註釋

1. Amy C. Edmondson, *The Fearless Organization: Creating Psychological Safety in the Workplace for Learning, Innovation, and Growth* (Hoboken, NJ: John Wiley & Sons, 2018).

（林麗冠譯，改編自2021年4月19日哈佛商業評論網站文章）

## 艾美・艾德蒙森

哈佛商學院領導與管理講座教授，著有《心理安全感的力量》（*The Fearless Organization: Creating Psychological Safety in the Workplace for Learning, Innovation, and Growth*）。

## 馬克・摩坦森

歐洲工商管理學院（INSEAD）組織行爲領域主任。他的研究、教學、提供諮詢的議題涵蓋協作、組織設計與新工作方式，以及領導。

— 1989 —

第三十章

# 策略意圖

Strategic Intent

蓋瑞・哈默爾（Gary Hamel）與普哈拉（C.K. Prahalad）

今天，許多產業的經理人都在努力趕上全球新競爭對手的競爭優勢。它們將產線移到海外，尋找更低的勞動成本；對產品線進行改革，以獲取全球性的規模經濟；建立品管圈與及時生產制度，並採用日本的人力資源做法。當競爭力仍看似遙不可及時，它們會結成策略聯盟，通常是和一開始就顛覆競爭平衡的公司結盟。

雖然這些措施都很重要，但這些公司很少不只求模仿。太多公司花費巨大精力，只爲了重新複製競爭對手已經享有的成本和品質優勢。模仿可能是出自最眞誠的恭維，卻無法再現競爭優勢。建立在模仿之上的策略，對已掌握策略精要的競爭對手來說毫無祕密可言。此外，成功的競爭對手很少停滯不動。因此，許多高階主管覺得被困在一場看似永無止境的追趕遊戲中，經常因爲競爭對手的新成就而驚異不止，這並不讓人感到意外。

對這些高階主管和他們的公司而言，要重拾競爭力意味著必須重新思考許多基本的策略概念。[1]但「策略」已經發展成熟，西方公司的競爭力卻隨之式微。這可能只是巧合，但我們認爲不是這樣。我們相信，諸如（資源和機會之間的）「策略適配」（strategic fit）、（低成本、差異化、專注的）「基本競爭策略」（generic strategies）、（目標、策略、戰術的）「策略層級」（strategy hierarchy）等概念的應用，經常會導致競爭力衰退。新的全球競爭對手從根本上就不是從西方管理思想所依據的視角來看策略。而對抗這些競爭對手，微調當前的正統方法，不會比經營效率的微幅改善，更有可能占得競爭上風。（〈重塑策略〉說明我們的研究，並總結我們在大型跨國公司看到的兩種截然不同的策略方法。）

在研判新的全球競爭對手的動向上，很少西方公司有令人驚豔的紀錄。爲什麼？原因在於大多數公司分析競爭對手的方式。通常，競爭者分析聚焦於對手的現有資源（人力、技術、財務）。唯有擁有資源，可以在下一段計畫期間內侵蝕獲利率與市占率的公司，才會被視爲威脅。善用資源、可以快速建立新競爭優勢的公司很少會被納入分析。

在這方面，傳統的競爭者分析就像行駛中車輛的快照。照片本身在判斷車輛的速度或方向方面，幾乎沒有提供什麼資訊，我們不知道駕駛人是在周日放鬆心情開車外出，還是

## 重塑策略

過去10年，我們對全球競爭、國際結盟和跨國管理的研究，使我們與美國、歐洲、日本的資深經理人密切接觸。當我們試著揭露這些公司在全球市場成功或失敗的原因時，我們愈來愈懷疑，西方和遠東公司的高階主管經常以截然不同的競爭策略概念在經營企業。我們認爲，理解這些差異，可能有助於解釋競爭性戰役的執行方法和結果，而且可以補充傳統對日本崛起和西方沒落的解釋。

我們首先對照參與我們研究的經理人所隱含的策略模型。接著我們選擇一些競爭性戰役，建構詳細的歷程。我們從中尋找證據，說明策略、競爭優勢、高階經理人所扮演的角色是不是有不同觀點。

兩種截然有別的策略模型因此浮現。第一是大多數西方經理人都熟悉的策略模式，重心放在維持策略適配的問題上；另一個策略的重心放在善用資源的問題上。兩者並不互斥，但它們強調的重點有顯著的差異，而這深深影響競爭性戰役隨時間經過的攻守方略。

兩種模型都認爲，以有限的資源在敵對環境中會有競爭的問題。不過第一個模型的重點是調降野心，以符合可用的資源，第二個模型的重點則是善用資源，來達到看似無法實現的目標。

兩種模型也都認爲，相對競爭優勢會決定相對獲利能力。第一個模型強調尋找本質上可永續的優勢，第二個模型強調需要加快組織學習的步調，好在建立新優勢方面超越競爭對手。

兩種模型都認爲，很難和規模較大的競爭對手互別苗頭。但是第一個模型致力於尋找利基（或只是勸阻公司挑戰根基穩固的競爭對手），第二個模型則尋求能夠削減現有業者優勢的新規則。

兩種模型都認爲，組織活動範圍內的平衡，可以降低風險。第一個模型透過建立一個現金產生和現金消費業務達到平衡的組合，降低財務風險。第二個模型則是透過平衡且廣泛的優勢組合，尋求降低競爭風險。

兩種模型都承認需要有個方法來解構組織，允許高階經理人區別各計畫單位的投資需求。第一個模型將資源配置

---

在爲大獎賽熱身。可是許多經理人從痛苦的經驗中學到，用企業一開始擁有的資源（不管多寡）來預測未來進軍全球的成功並不可靠。

回想一下：1970年時，極少日本公司擁有美國和歐洲產業領導企業的資源基礎、生產數量或技術實力。日本小松株式會社（Komatsu）的規模（以銷售額衡量）不及美國開

到產品與市場單位，以共同的產品、通路、顧客定義相關性，假設每個業務都擁有成功執行策略所需的全部關鍵技能。第二個模型投資於核心競爭力（例如微處理器控制或電子成像）和產品與市場單位。高階經理人追蹤跨業務的這些投資，努力確保個別策略單位的計畫不會破壞未來的發展。

兩種模型都認爲，跨組織層級的行動必須保持一致。第一個模型中，公司與各業務層級之間的一致性，主要是符合財務目標；各業務與職能層級之間的一致性，則來自嚴格限制業務單位實現策略時使用的手段，包括建立標準作業程序、定義已服務的市場、遵守公認的業界實務。第二個模型中，業務和公司的一致性來自依循特定的策略意圖；業務和職能的一致性，則來自忠於中期的目標或挑戰，並鼓勵較低層級的員工開創新方法，以完成這些目標。

---

拓重工的35%，在日本以外幾乎沒沒無聞，而且大部分的營收仰賴一條產品線：小型推土機。本田（Honda）比美國汽車公司（American Motors）小，還沒有開始向美國出口汽車。與營業額40億美元的巨擘全錄相比，佳能在影印機業務小心翼翼踏出的第一步實在小得可憐。

如果西方經理人將競爭者分析範圍擴大到這些公司，只會凸顯它們之間的資源差異有多巨大。但到了1985年，小松株式會社的市值高達28億美元，產品範圍廣及各種土方設備、工業機器人和半導體。1987年，本田在全球生產的汽車數量幾乎和克萊斯勒一樣多。佳能與全錄的全球單位市占率不相上下。

這一課給我們的啟示很清楚：評估已知競爭對手當前的戰術優勢，無助於了解潛在競爭對手的決心、毅力或創造力。中國軍事戰略家孫子3000年前就一語道破：「人皆知我所以勝之形，而莫知吾所以制勝之形。」*

過去20年崛起、執全球市場牛耳的公司，一開始的雄心壯志總是和它們的資源、能力遠遠不成比例。但它們執著於在組織的所有層級都勝出，然後在接下來的10到20年維持那種執著，追求全球領導地位。我們將這種執著稱為「策略意圖」。

一方面，策略意圖設想一個想要取得的領導地位，並建立組織用於衡量進展的標準。小松株式會社著手「包圍開拓重工」、佳能設法「擊敗全錄」、本田力爭成為第二家汽車先驅福特公司，這些都是策略意圖的展現。

在此同時，策略意圖不只是天馬行空的野心。（許多公司擁有野心勃勃的策略意圖，卻未能實現目標。）這個概念

* 譯註：意思是「大家都看得見我打勝仗所用的戰術，卻沒人能看出運籌帷幄之中，決勝千里之外的戰略」。

也涵蓋一個主動積極的管理過程，包括將組織的注意力聚焦在獲勝的本質上、傳達目標的價值以激勵員工、爲個人和團隊留出貢獻的空間、在情況改變時提供新的運作定義來維繫熱情，並始終如一的運用策略意圖去引導資源分配。

## 策略意圖捕捉勝利的本質

搶在蘇聯之前載人登陸月球的阿波羅計畫（Apollo program），和小松株式會社力抗開拓重工的競爭一樣專注。太空計畫成爲美國和蘇聯科技競賽的計分卡。在動盪的資訊科技產業中，很難挑選單一的競爭對手爲目標，因此日本電氣公司（NEC）1970年代初設定的策略意圖是取得各種技術，讓它站在能夠善用運算與電信匯合的最佳定位。雖然其他產業觀察家也預見這種匯合，卻只有NEC以「運算與通訊」爲意圖，將這種匯合作爲後續策略決策的指引主題。至於可口可樂（Coca-Cola）的策略意圖則是把可樂放在世界上每一位消費者「伸手可及」之處。

## 策略意圖一段時間以後會保持穩定

在競奪全球領導地位之戰中，最關鍵的一項任務是延長組織的注意力持久度。策略意圖爲企業短期行動提供一致性，同時爲新機會的出現留下重新解釋的空間。小松株式會社包圍開拓重工的一連串中期計畫，目的是利用開拓重工的特定弱點，或是建立特定的競爭優勢。例如，開拓重工在日本威脅小松株式會社時，小松株式會社的回應是先改善品質，然後壓低成本，接著耕耘出口市場，再來是支援新產品的開發。

## 策略意圖會設定值得個人努力和奉獻的目標

如果詢問美國許多公司的執行長如何衡量他們對公司經營成功所做的貢獻，你很可能會得到的答案是他們爲股東創造多少財富。在具有策略意圖的公司中，高階經理人比較可能談論全球的市場領導地位。可以肯定的是，市占領先通常會產生股東財富，但是這兩個目標並沒有相同的動機衝擊。我們很難想像中階經理人，更不用說藍領員工，每天醒來唯一的念頭就是創造更多的股東財富。但如果高舉著「擊敗賓士」（Benz）的挑戰（一家日本汽車製造商喊出的口號），他們難道不會感覺有什麼不同嗎？策略意圖爲員工提供值得奉獻的唯一目標：擠下世界上最好的公司，或坐穩世界最佳公司的寶座。

許多公司比較熟悉策略規畫，而不是策略意圖。策略規畫流程通常能發揮「可行性篩選」的效果。策略被接受或遭到拒絕，取決於經理人能否準確了解「如何」擬訂計畫，以及計畫「內容」。里程碑是否明確？我們是否擁有必要的技能和資源？競爭對手會如何反應？是否徹底研究過市場？策略規畫幾乎總是以某種形式告誡部門經理「實事求是！」

但是你能「規畫」全球的領導地位嗎？小松株式會社、佳能和本田是否有20年進軍西方市場的詳細策略？日本與韓國的經理人是否比西方同行更擅長規畫？當然不能。儘管策略規畫有其價值，但全球領導地位是超出規畫範圍的事物。我們知道很少有公司擁有高度發展的規畫系統，能成功設定策略意圖。隨著策略適配的檢視趨於嚴格，無法規畫的目標將被束之高閣。但害怕致力於規畫範圍外的目標的公司，不太可能成爲全球領導廠商。

雖然策略規畫被安排爲更加未來導向的方式，但大多數經理人卻承認，受到壓力時，他們的策略規畫大多只能反映出今天的問題，而非明天的機會。在每個規畫週期之初，經理人面臨一堆新問題，重點往往逐年急劇改變。而且隨著大多數產業的變化步調加快，預測範圍會變得愈來愈窄。因此，計畫所做的只不過是漸進的預測不遠的未來。但策略意圖的目標是將未來倒推回現在。重要的問題不是「明年和今年會有什麼不同？」而是「明年我們必須採取什麼不同的做法，才能更接近我們的策略意圖？」只有小心謹慎的闡述並堅持策略意圖，才能將一系列的逐年計畫轉化爲全球領導地位。

正如你無法規畫未來10年到20年取得全球領導地位一樣，意外躋身領導地位的機會也很渺茫。我們不相信全球領導地位可以來自漫無目標的內部創業流程。它也不是臭鼬工廠（Skunk Works）*或其他內部創業技術的產物。這些計畫的背後，隱含著一個虛無假設：組織如此因循守舊、如此蕭規曹隨，因此創新的唯一方法是將少數一些聰明人關進一間暗室、投入一些錢，然後期待有某種奇妙的事情發生。在這種矽谷的創新方式中，高階經理人的唯一作用是改造企業策略，以實現從基層浮現的創業成功。說眞的，高階經理人在這裡的附加價值太低了。

可悲的是，這種創新觀點可能與許多大公司的現況吻合。[2]一方面，高階經理人除了滿足股東和阻止入侵者之外，對理想目標缺乏任何特別的看法。另一方面，規畫模式、獎勵標準、已服務市場的定義，以及對公認產業實務的信念，共同發揮作用，嚴格限制可用手段的範圍。因此，創新必然是孤立的活動。成長更加取決於個人與小型團隊的創新能力，而非高階經理人匯集多個團隊的努力，以實現宏偉策略意圖的能力。

在克服資源限制而建立起領導地位的公司中，我們見到手段與目的之間不同的關係。雖然策略意圖有明確的目的，手段卻是有彈性的，這留下即興發揮的空間。實現策略意圖需要在手段方面發揮豐富的創意：例如富士通（Fujitsu）在歐洲利用策略聯盟攻擊IBM。但這種創意是為

---

* 編注：洛克希德．馬丁公司的組織創新模式。

預先明定的目的而服務。創意可以天馬行空，但不能無的放矢，因爲高階經理人建立標準，讓員工可以預先測試他們提案的邏輯。中階經理人不只必須兌現已承諾的財務目標，也必須實現組織策略意圖中暗示的大方向。

策略意圖意指一個組織有相當大幅的進展。當前的能力和資源是不夠的。這迫使組織必須更具創造性，以充分利用有限的資源。傳統策略觀點側重於現有資源和當前機會之間的適配程度，策略意圖則會導致資源和野心之間極度不適配。接著高階經理人會挑戰組織，透過系統性的建立新優勢，來縮小野心與資源之間的差距。對佳能來說，這表示要先了解全錄的各項專利，然後取得技術授權，製造可以取得早期市場經驗的產品，接著加速內部的研發努力，之後授權技術給其他製造商，取得資金進一步研發，再來是打進全錄表現較差的日本和歐洲市場等等。

在這方面，策略意圖就像是以400公尺短跑衝刺的方式跑馬拉松。沒人知道26英里處的地形會是什麼樣子，所以高階經理人扮演的角色，是引導組織的注意力集中在接下來400公尺的地面上。有幾家公司的管理階層做法是：向組織提出一連串企業挑戰，每個挑戰都明確指出下一個要翻越的山嶺，來實現策略意圖。某一年的挑戰可能是品質，隔年可能是全面性的顧客關懷，再下一年是打進新市場，再隔一年則是重振一條產品線。正如這個例子顯示，提出企業挑戰是取得新競爭優勢、確認短期至中期員工努力焦點的一種方式。和策略意圖一樣，高階經理人有明確目的（例如，縮減產品開發時間75%），但對使用的手段規範較少。

挑戰和與策略意圖一樣，也會使組織發展。佳能爲了在個人影印機業務超前全錄，爲工程師設定家用影印機的目標價格在1,000美元。當時佳能最便宜的影印機要價數千美元。設法降低現有機型的成本並無法讓佳能大幅改善性價比，進而推遲或阻止全錄進入個人影印機市場。相反的，佳能的工程師接受挑戰，重新改造影印機，他們用一次性墨水匣代替其他影印機使用的複雜圖像傳輸機制，藉此克服這項挑戰。

企業挑戰來自分析競爭對手與可預見的產業發展型態。這些合起來可以顯示出潛在的競爭機會，並確定組織需要哪些新技能，才能從處於更有利地位的業者手中奪取主動權。（〈小松株式會社建立競爭優勢〉的表格說明各項挑戰協助小松株式會社實現策略意圖的方式。）

一項挑戰要得到效果，必須要整個組織的個人和團隊都要了解這項挑戰，並知道這項挑戰對本身工作的意義。設定企業挑戰來創造新競爭優勢的公司（就像福特和IBM改善品質那樣）很快就會發現，要使整個組織動起來，需要高階經理人做到以下幾點：

- **製造急迫感**，或是準危機，這可以藉由放大環境中指向需要改善的微弱訊號，而不是讓無作爲，導致眞正的危機爆發。例如，小松株式會社根據高估日圓的最壞匯率情況編製預算。

- **透過廣泛使用的競爭情報，強化組織中各單位對競爭對手的關注**。每個員工都應該將個人的努力與一流的競爭對手做比較，如此便能使企業挑戰變成個人的挑戰。例如，福特讓生產線工人觀看馬自達（Mazda）效率最高工廠的作業錄影帶。
- **提供員工有效工作所需的技能**，例如統計工具、解決問題的方法、價值工程和團隊建立方面的訓練。
- **發起另一項挑戰之前，給組織時間先消化上一個挑戰**。當相互競爭的行動方案使組織無法負荷時，中階經理人往往會試著保護部屬免受優先要務改變的折磨。但這種「等著看他們這次是不是玩眞的」態度，最後會破壞企業挑戰的可信度。
- **建立明確的里程碑並檢討機制**，以追蹤進度，並確保內部的認可和獎勵能強化期望行爲。這麼做的目標，是讓公司中的每個人都無法逃避挑戰。

區分管理企業挑戰的流程，以及這個流程創造的優勢很重要。不管實際的挑戰是什麼，例如品質、成本、價值工程或其他事情，都需要在發展新技能時，讓員工在知性與情感上參與。只有當資深高階主管與基層員工都覺得對競爭負有相互責任時，挑戰才能扎根。

## 小松株式會社建立競爭優勢

| 企業挑戰 | 保護國內市場免受開拓重工威脅 | 降低成本並維持品質 |
| --- | --- | --- |
| 計畫 | **1960年代初** 與（康明斯引擎公司（Cummins Engine）、國際收割機公司（International Harvester）、比塞洛斯－伊利公司達成授權協議，取得技術和建立標竿<br><br>**1961年** 推動專案A（一流之意），力求小松的中小型推土機產品品質勝過開拓重工<br><br>**1962年** 推展全公司的品質圈，訓練所有的員工 | **1965年** 降低成本（Cost Down, CD）計畫<br><br>**1966年** 全面降低成本計畫 |

我們認爲，許多公司的員工被要求爲競爭失敗負起不成比例的責任。例如，一家美國公司的管理階層曾要求調低計時員工40%的工資，使人工成本向遠東的競爭對手看

| 使小松成為國際企業，並且建立出口市場 | 因應威脅市場的外部衝擊 | 創造新產品和市場 |
|---|---|---|
| **1960年代初** 開發東方集團國家<br><br>**1967年** 設立小松歐洲行銷子公司<br><br>**1970年** 設立小松美國公司<br><br>**1972年** 推動專案B，以改善大型推土機的耐用性和可靠性，並降低成本<br><br>**1972年** 推動專案C，以改善運輸裝載機<br><br>**1972年** 推動專案D，以改善液壓挖掘機<br><br>**1974年** 建立預售和服務部門，以協助新興工業化國家的建設計畫 | **1975年** 推動V-10計畫，來降低成本10%，同時維持原有的品質；減少零件20%，並產生更合理的製造系統<br><br>**1977年** 推動¥180計畫，在匯率為1美元兌換240日圓時，以1美元兌換180日圓編製預算<br><br>**1979年** 推動專案E，建立團隊來加倍投入成本和品質方面的努力，以因應石油危機 | **1970年代末** 加快產品開發，以擴大產線<br><br>**1979年** 推動未來的拓展計畫，根據社會的需求和公司的專業技能，找到新的業務<br><br>**1981年** 推動EPOCHS計畫，在改善生產效率的同時，兼顧更多的產品多樣性 |

齊。結果員工發動長期罷工，產線員工最後同意調降工資10%。但製造業的直接人工成本占總附加價值不到15%。因此，公司只爲了將總成本降低1.5%，打擊整個藍領員工

的士氣。諷刺的是，進一步分析發現，競爭對手最顯著節省的成本，不是靠較低的每小時工資，而是來自員工創造更好的工作方法。你可以想像美國勞工在罷工和讓步之後，會有多渴望做出類似的貢獻？不妨拿上述的情況和日圓走強時日產（Nissan）的做法對比：高階經理人大幅減薪，只要求中階經理人與一線員工相對犧牲較少。

互惠責任的意思是指有福同享，有難同當。在太多的公司中，振興的痛苦幾乎完全落在最不需要對企業衰敗負起責任的員工身上。很多時候，員工被要求承擔企業目標，高階經理人卻沒有做出任何相應的承諾，不管是就業保障、利益分享，或是影響未來企業走向的能力，都是如此。這種重拾競爭力的片面方法，使許多公司無法借重員工的智慧。

建立互惠責任至關重要，因爲競爭力最終取決於公司將新優勢深植組織內部的速度，而不是任何特定時間下的優勢存量。因此，競爭優勢的概念必須擴展到許多經理人現在使用的計分卡之外：我的成本更低嗎？我的產品可以用更高價賣出嗎？

極少競爭優勢能夠持久不墜。發現新的競爭優勢有點像打聽到熱門的股票明牌：第一個根據見解採取行動的人，比最後一個人賺更多錢。當一家經驗曲線尚淺的公司搶在競爭對手之前建立產能、降低價格來填補產能，並隨著產量增加而把降低成本的錢存進銀行。先下手爲強的廠商根據的是競爭對手低估市占率來採取行動，它們不是靠訂價來取得額外的占有率，因爲它們不了解如何將市占領先地位轉化爲較低的成本和更高的利潤率。但是當20家半導體公司中，每一家公司都建立足夠的產能來服務10%的全球市場，就不再能低估市場占有率的價值。

維持現有的優勢不等於建立新的優勢。策略的本質在於創造明天的競爭優勢，速度比競爭對手模仿你今天擁有的優勢還快。1960年代，日本生產商依賴勞動與資本成本優勢。隨著西方製造商開始將生產轉移到海外，日本公司加快投資製程技術，並創造規模和品質優勢。接著，隨著美國和歐洲的競爭對手優化製程，日本公司加快產品開發速度，增加第二項對策。接下來，它們建立全球性品牌，然後透過策略聯盟與外包協議來削弱競爭對手的技能。這給我們什麼啟示？一個組織改善現有技能和學習新技能的能力，是最具防禦力的競爭優勢。

爲了實現策略意圖，企業通常必須對抗規模更大、資金更充裕的競爭對手。這表示必須審愼管理競爭活動，節約使用稀少的資源。經理人不能只是微幅改善競爭對手的技術和商業實務，藉由把相同的遊戲玩得更好來做到這一點。相反的，它們必須從根本改變遊戲，像是設計進入市場、建立優勢、發動競爭戰的全新方法，使現有的企業喪失優勢。對聰明的競爭對手來說，目標不是競爭性模仿，而是競爭性創新，而這是將競爭風險控制在可控範圍內的藝術。

在日本公司的全球擴張中，可以明顯看到四種競爭性創

新方法：建立層層優勢、尋找競爭對手的盲點、改變參與條件、透過合作展開競爭

企業的優勢組合愈廣大，在競爭性戰役中面對的風險就愈小。全新的全球競爭對手藉著穩步擴增競爭武器庫，來建立這樣的組合。它們以勢不可當之姿，從低工資成本等較難以防禦的優勢，走向全球品牌等更具防禦力的優勢。日本彩色電視機產業說明這種層層優勢的發展過程。

1967年，日本已經成爲最大的黑白電視機生產國。1970年，它正在縮小彩色電視機的落後差距。日本製造商利用自己的競爭優勢（當時主要是低勞動成本）打下自有品牌基礎，然後迅速建立世界規模的廠房。這方面的投資給它們在品質和可靠度上增添額外一層優勢，並因製程改善進一步降低成本。與此同時，它們了解以成本爲基礎的優勢，容易受到勞動成本、製程和產品技術、匯率和貿易政策變動的影響。因此在整個1970年代，它們也大力投資建立通路和品牌，從而創造另一層優勢：全球經銷權。1970年代後期，日本製造商擴大產品和業務的範疇，以攤銷這些巨額投資，而到了1980年，所有的主要業者，包括松下（Matsushita）、夏普（Sharp）、東芝（Toshiba）、日立（Hitachi）、三洋（Sanyo），都已建立起可以支持全球行銷投資的相關業務。最近，它們致力於區域製造和設計中心，使產品更貼近各國市場。

這些製造商認爲各種不同的競爭優勢來源，是相輔相成

的優勢組合，而不是相互排斥的選擇。有些人眼中的競爭性自殺（追求成本和差異化），正是許多競爭對手所追求的目標。[3]它們利用靈活的製造技術與更好的行銷情報，正從標準化的「世界產品」，轉而開發像馬自達（Mazda）多功能休旅車這樣特殊的產品，這是在加州工廠專爲美國市場研發的產品。

另一種競爭性創新的方法是尋找競爭對手的盲點，善用出其不意的優勢，對商戰來說，這與在軍事戰爭中一樣管用。尤其是在全球市場爭奪戰的早期階段，成功的新競爭對手必須努力保持在規模更大、力量更強的競爭對手不會做出反應的門檻之下。切進對手防禦不足的領域是一種方式。

要找到競爭對手的盲點，經理人在思考如何打進某個市場或挑戰某個競爭對手時，必須擺脫舊框架。例如，我們請一家大型美國跨國公司幾位各國分公司經理，說明一家日本競爭對手在當地市場做了什麼事。第一位高階主管說：「它們以低階產品來突襲；日本公司總是從低階市場切進。」第二位發言的人覺得這種說法很有趣，卻不同意：「他們在我們的市場沒有提供任何低階產品，但他們在高端產品尚有一些令人眼睛爲之一亮的東西，我們眞的應該對那個產品展開逆向工程。」另一位同事講了另一個故事。「他們沒有搶走我任何業務，」他說，「不過他們剛向我提出一個很棒的提案，要我供應零組件。」日本的競爭對手在每個國家都找到競爭對手不同的盲點。

尋找競爭對手盲點的起點，是仔細分析競爭對手的主流看法：這家公司如何定義它的「服務市場」？什麼業務最賺錢？哪些區域市場太棘手而難以進入？這麼做的目的，不是要找到規模較大的競爭對手很少涉足的產業一角（或利基），而是在市場領先者目前占領的市場領域外建立攻擊基地。目標是搶占無人競爭的獲利天堂，這可以是特定的產品區隔（機車的「低階產品」）、價值鏈的一部分（電腦產業的零組件），或特定的區域市場（東歐）。

例如，當本田在機車產業打下領導廠商的地位時，一開始推出的產品正好在領導廠商產品與市場領域的傳統定義之外。因此，它可以在防禦不足的領域建立一座行動基地，然後利用那塊基地擴大發動攻擊。許多競爭對手沒能看清本田的策略意圖，以及它在引擎和動力系統方面不斷成長的實力。即使本田只在美國銷售50cc的機車，它卻已經彙整它在整個機車相關業務內系統性擴張所需的設計與技術能力，在歐洲競逐更大型的機車市場。

本田在引擎上打造核心能力所取得的進展，競爭對手應該視之爲警訊，因爲它可能踏進一連串看似無關的產業，像是汽車、割草機、船用引擎、發電機。但由於每家公司都執著於自身的市場，本田橫向多元化發展的威脅並未引起注意。今天，松下和東芝等公司同樣準備以意想不到的方式跨越產業界限。企業爲了保護自己的盲點，必須追蹤並研判全球競爭對手跨越產品區隔、業務、各國市場、附加價值環節和銷售通路的動向，以擴大防禦視野。

改變參與條件，也就是拒絕接受市場領先者對產業和市場區隔所下的定義，則是另一種競爭性創新的形式。佳能踏進影印機業務證明這種方法的效果。

1970年代，柯達（Kodak）和IBM都試著在市場區隔、產品、配銷、服務與訂價方面，和全錄的商業系統看齊。結果，全錄不費吹灰之力便了解新進業者的意圖，並擬定對策。IBM最後退出影印機業務，而柯達在全錄仍然執牛耳地位的大型影印機市場上遙遙落後，屈居第二。

佳能不這麼做，而是改變競爭參與的條件。全錄生產種類繁多的影印機，佳能卻將機器和零組件標準化，藉此降低成本。它選擇透過事務產品經銷商行銷，而不是試著仿效全錄建立龐大的直接銷售隊伍。它也把可靠性和耐用性設計到產品中，然後將服務責任委託給經銷商，從而避免建立全國性服務網的需求。佳能的影印機只賣不租，因此省下租賃基地的資金負擔。最後，佳能不是將機器賣給總公司複印部門的負責人，而是銷售給需要零散複印的祕書和部門經理。佳能在每個階段，都巧妙的避開潛在的進入壁壘。

佳能的經驗告訴我們：進入壁壘和模仿壁壘之間有著重要的差別。試著向全錄的商業系統看齊的競爭對手，必須支付相同的進入成本，也就是說，模仿障礙很高。但佳能透過改變遊戲規則，大幅降低進入的障礙。

改變規則也削弱全錄面對新競爭對手時迅速反擊的能

力。全錄需要重新思考它的商業策略和組織，結果一時動彈不得。全錄的經理人認知到，它們愈快縮減產線、開發新通路、改善可靠性，便愈快侵蝕公司傳統的利潤基礎。全錄的全國銷售人力與服務網、租用機器的龐大使用者規模，以及對服務收入的依賴，也許曾經被視爲關鍵的成功因素，但現在反而成爲反擊對手的阻礙。從這個意義來說，競爭性創新就像柔道：目標是借力使力，擊倒規模更大的競爭對手，並非試圖追上市場領先者，而是發展自身不同的能力來達到目標。

競爭性創新要成功的前提是，成功的競爭對手很可能會固守過去的成功祕訣。這就是爲什麼新競爭對手擁有的最佳武器可能是一張白紙；現有廠商最大的弱點則是相信它的做法公認可行。

透過授權、外包協議、合資公司，有時可能不戰而勝。舉例來說，富士通在歐洲與西門子（Siemens）、STC（英國最大的電腦製造商）結盟，在美國和阿姆達爾（Amdahl）結盟，從而提高產量並進入西方市場。1980年代初，松下和英國的索恩（Thorn）、德國的德律風根（Telefunken）、法國的湯姆盛（Thomson）成立合資公司，使其在歐洲爭奪錄影機業務領導地位之戰中，迅速增加對抗飛利浦（Philips）的力量。利用合縱連橫與規模更大的全球競爭對手對戰時，日本公司採用與人類衝突本身一樣古老的格言：敵人的敵人就是我的朋友。

劫持潛在競爭對手開發產品的努力，是競爭式合作的另一個目標。在消費性電子產品之戰中，日本的競爭對手進攻電視機和高傳眞音響等傳統業務的同時，也主動爲西方的競爭同業製造錄影機、攝錄影機、CD播放器等下一代產品。它們希望競爭對手減少研發支出，而大多數時候競爭對手眞的這麼做了。但放棄研發的公司，很少在隨後的新產品大戰中，重新成爲實力雄厚的競爭對手。

合作也可用於掂量競爭對手的優勢和劣勢。豐田與通用汽車、馬自達與福特的合資企業，爲這些汽車製造商審視美國競爭對手在降低成本、品質、技術等方面取得的進展，提供寶貴的有利觀察位置。它們也可以得知通用汽車和福特汽車如何競爭：什麼時候開戰，什麼時候按兵不動。當然，反過來也是如此：福特和通用汽車有一樣的機會去向夥伴兼競爭對手學習。

我們一直規畫的競爭復興之路，隱含著一種新的策略觀點。策略意圖可以確保長期資源配置的一致性；目標明確的企業挑戰，可以聚焦中期的個人努力方向；最後，競爭式創新有助於降低短期內的競爭風險。這種長期的一致性、聚焦中期、短期的創造力與參與，是使企業利用有限資源追求宏偉目標的關鍵。但是正如企業有勝出的過程，也有投降的過程。企業力圖振作也需要了解這個過程。

美國和歐洲國家技術領先，也坐擁龐大的區域市場，怎麼會失去主導全球產業的先天優勢？這個問題沒有簡單的答案。很少有公司體認到記錄失敗的過程有其價值；爲數更少的公司仍在本身的傳統管理思維中尋找競爭敗退的原因。但是我們相信，對競爭敗退過程展開病理分析，能夠提供一些重要的線索。（見〈投降的過程〉）

把西方策略思想的本質想成可以簡化的八條卓越規則、七個S、五種競爭力、四個產品生命週期階段、三個一般性策略，以及不計其數的二乘二矩陣並不叫人放心。[4]過去20年，策略的「進步」在於囊括更多的類型學、經驗法則和一連串冗長的清單，但這些策略的經驗基礎卻十分可疑。此外，即使是產品生命週期、經驗曲線、產品組合和一般性策略等合理的概念，也經常產生有毒的副作用：它們減少管理階層願意考量的策略選項數量。它們偏愛出售業務，而非保護業務；它們產生可預測的策略，競爭對手很容易摸得一清二楚。

這些策略公式限制競爭性創新的機會。一家公司可能有40項業務，但卻只有4種策略：投資、持有、收割或撤資。很多時候策略被視爲是一種定位練習，各種策略選項是以它們適應現有產業結構的程度加以測試。但目前的產業結構反映出業界龍頭的實力，而依照領導人的規則行事，通常是競爭性自殺的行爲。

許多經理人有了市場區隔、價值鏈、競爭對手標竿、策略群組和流動性阻礙等概念，愈來愈會擘畫產業地圖。但是在他們忙於計畫時，競爭對手卻一直在移動整個產業板

## 投降的過程

在過去20年發生的全球領導地位爭奪戰中，我們看到各行各業都有非常相似的競爭性攻擊和退卻模式，我們稱之爲投降的過程。

這個過程從看不見的意圖開始，西方的公司本身並沒有長期關注競爭對手的目標，也不會將這樣的意圖歸咎給對手。它們還會根據潛在競爭對手的現有資源、而不是根據競爭對手的足智多謀，來計算潛在競爭對手所構成的威脅。這導致系統性的低估較小的對手，這些對手會透過授權合約、從下游代工生產的合作夥伴取得對市場的了解，以及透過全公司員工參與的計畫來改進產品品質和製造生產力，快速取得技術。美國和歐洲企業對競爭對手的策略意圖與無形的優勢視而不見，因而措手不及。

出其不意的競爭會增加在一個實際情況上：新進入者在與現有廠商正面交鋒之前，往往會在市場外圍發動攻擊（本田在小型摩托車市場、山葉〔Yamaha〕在平臺鋼琴市場、東芝在小型黑白電視市場）。現有廠商往往會誤判這些攻擊，視這些攻擊爲對手利基戰略的一部分，而不是對手用來尋找「現有廠商的盲點」。非傳統的市場進入策略（在較少開發的國家持有少量股權、使用非傳統管道、廣泛大打企業廣告）會被忽視，或是被認爲很古怪而不予理會。舉例來

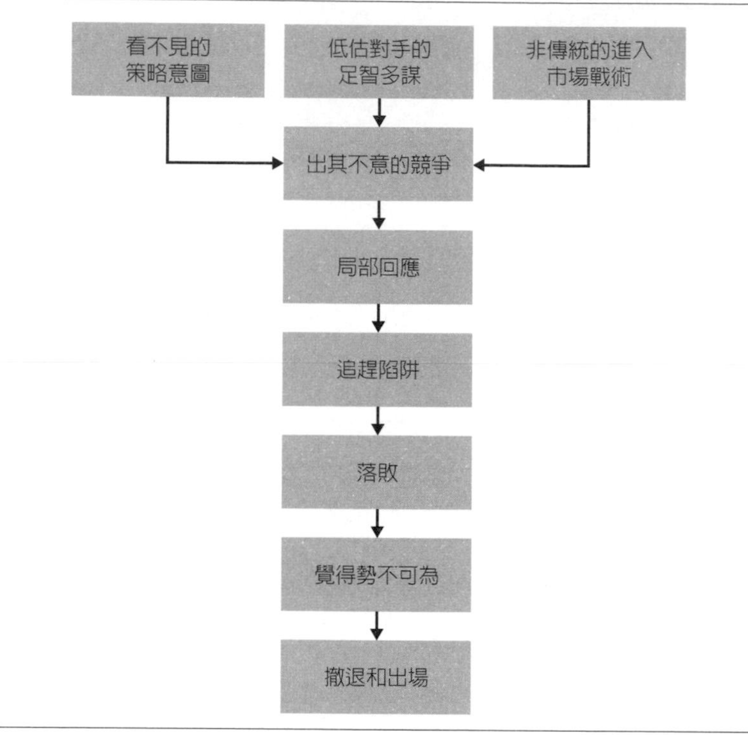


說，我們採訪過的經理人提到，在歐洲電腦產業中，日本公

塊。策略家的目標不是在現有的產業空間找到一個利基，而是創造適合公司本身優勢的新空間：一個不在地圖上的空間。

在現今產業邊界愈來愈不穩定的狀況下尤其如此。在金司並沒有任何地位。就占有的品牌份額而言，這幾乎是正確的，但是以歐洲為總部的電腦公司硬體銷售金額中，日本掌控高達三分之一的製造附加價值。同樣的，德國的汽車生產商宣稱並不擔心日本製造商可能朝高階市場發展，但是保時捷卻因為低價車款受到日本生產商的龐大壓力，現在宣布不再生產「入門款」汽車。

西方經理人往往會誤解對手的策略，他們認為，日本和韓國的公司只是在成本和品質的基礎上競爭。這通常會從他們競爭對手的舉動產生一些反應，包括把製造移至海外、外包，或是制定品質計畫。不過很少有人意識到競爭威脅的全貌，像是多層次的優勢、橫跨相關產品市場區隔的擴張、全球品牌地位的發展。模仿競爭對手目前可見的策略，會使西方企業陷入永無止境的追趕陷阱。很多公司一個接一個的輸了戰鬥，並認為投降是不可避免的。當然，投降並非不可避免，但是這種攻擊是以掩飾最終意圖、並以迴避直接對抗的方式來進行。

---

融服務與通訊等產業，快速變動的技術、放寬管制與全球化，都削弱傳統產業分析的價值。擘畫地圖的技能在地震的震央毫無價值。但動盪不安的產業能為野心勃勃的公司帶來機會：只要它們的思考能夠超越傳統的產業邊界，就有機會

能重新繪製有利於自己的地圖。

「成熟」與「衰退」等概念在很大的程度上任人定義。大多數高階主管在爲業務貼上「成熟」的標籤時，意思是在當前的區域市場，透過現有通路販售的產品，銷售成長停滯不前。其實在這種情況下，成熟的不是產業，而是高階主管對產業的看法。山葉一位資深高階主管被問到鋼琴業務是否成熟時，回答說：「只有當我們無法從世界上任何地方的任何人那裡搶占任何市場占有率，而且仍能賺錢時，才算成熟。再說，我們不是經營『鋼琴』業務，而是經營『鍵盤』業務。」年復一年，索尼重振收音機和錄音機業務，但其他製造商很早就放棄這些被它們視爲成熟的業務。

對成熟的狹隘見解會使一家公司無法獲得源源不絕的諸多機會。1970年代，幾家美國公司認爲消費性電子產業已經是成熟產業。它們問自己：有什麼可以超越彩色電視機？美國無線電公司（RCA）和奇異因爲大型電腦等更具「吸引力」的產業機會而分心，結果讓日本生產商幾乎獨占錄影機、攝錄影機和CD播放器市場。諷刺的是，曾經被視爲成熟的電視機產業，當時就要重振雄風。當美國市場推出高畫質電視機後，將創造出一個每年200億美元規模的產業。但電視機的開路先鋒可能只能分到一小杯羹。

大多數策略分析工具都關注國內情況，極少能使經理人思考全球性的機會和威脅。例如，事業組合的規畫把高階經理人的投資選擇描繪爲一堆業務，而不是一系列區域市場。結果可想而知：當業務受到外國競爭對手攻擊時，企業便放棄它們，轉而踏進全球競爭力量還沒那麼強大的其他領域。短期來看，這或許是在競爭力衰退時的正常反應，但是國內導向的公司能夠找得到庇護的業務愈來愈少。我們很少聽到這些公司問：我們能否搶在全球競爭對手之前進入海外新興市場，並延長這項業務的獲利能力？我們能否在全球競爭對手的本國市場展開反擊，減緩它們的擴張步調？一家成功的全球公司高階主管說了這麼一句發自內心的評論：「我們很高興找到依照事業組合規畫概念來管理企業的競爭對手，我們幾乎可以預測我們必須搶走多少市占，那項業務才會被那家公司的執行長放進『出售清單』。」

公司也可能過度投入組織公式，例如策略業務單位（strategic business units；SBUs），以及SBU結構所暗示的權力下放。權力下放的概念十分誘人，因為它讓部門經理直接扛起成敗的責任。每一項業務都被假定擁有成功執行策略所需的全部資源，而在這種沒有任何藉口的環境中，高階經理人很難有理由失敗。不過責任和權限畫分清楚雖然可取，但競爭性的振興還是需要高階經理人投入正面的附加價值。

擁有強大SBU導向的公司，極少建立起成功的全球配銷和品牌地位。投資全球品牌經銷需要投入的心力，往往會超越單一業務的資源與風險偏好。雖然一些西方公司已擁有30或40年以上的全球品牌地位（例如亨氏〔Heinz〕、西門子、IBM、福特和柯達），過去10到15年間卻很難找到任何美國或歐洲公司開創新的全球品牌經銷。然而日本公司已經創造20個品牌以上，像是日本電器、富士通、Panasonic（松下）、東芝、索尼、精工（Seiko）、愛普生（Epson）、佳能、美能達（Minolta）和本田。

奇異的情況十分典型。這家美國巨擘的許多業務在歐洲和亞洲幾乎不爲人知。奇異沒有協調各單位，努力建立全球的企業經銷權。任何懷有國際野心的奇異部門都必須單打獨鬥，在新市場建立信譽和名聲，因此一些曾經強大的奇異部門選擇放棄建立全球品牌地位的艱鉅任務就一點都不奇怪了。相較之下，三星（Samsung）、大宇（Daewoo）和LG集團（Lucky-Goldstar）等規模較小的韓國公司，正忙於打造全球品牌大傘，好讓整體業務容易打入各個市場。基本原則很簡單：進軍全球市場時，範疇經濟（Economies of scope）可能和規模經濟（Economies of scale）一樣重要，但要獲得範疇經濟，需要業務間的協調，而這只有高階經理人才能辦到。

我們相信，缺乏彈性的SBU型組織，也使一些公司的技術衰退。對於無法持續投資半導體、光學媒體（optical media）或內燃機等核心能力的單一SBU來說，維持競爭力的唯一方法，是從潛在競爭對手（往往是日本或韓國）那裡採購關鍵零組件。對於以產品與市場條件來定義的SBU來說，競爭力意味著提供價格和性能具競爭力的終端產品，但這會使SBU經理人缺乏動力去區分「對外採購來達到『產品體現』的競爭力」，和「內部開發、可適用多項業務且深植組織的競爭力」。如果把上游零組件製造活動視爲成本加成轉移訂價的成本中心，那麼在資本的運用上，額外投資核心活動比投資下游活動的獲利似乎較低。更糟的是，內部會計資料可能無法反映保有控制核心能力的競爭價值。

共同的全球企業品牌經銷與核心競爭力，對許多日本公司來說，作用就像是能長期牢固黏接物品的灰泥。缺少這種灰泥，一家公司的各項業務就眞的像鬆動的磚頭，很容易被穩定投資於核心能力的全球競爭對手敲掉。這些競爭對手可以使國內導向的公司依賴它們，向它們長期採購，並透過各業務間的協調，獲取全球品牌投資的範疇經濟。

權力下放危險清單的最後一項，是SBU組織經常使用的管理績效標準。在許多公司中，業務單位經理人得到的獎勵，完全是用他們的績效與投資報酬率目標爲基準。遺憾的是，這通常會導致經理人只管理分母部分，因爲高階主管很快就會發現，減少投資和員工人數（分母）會比營業收入這個分子的成長更容易「改善」財務比率。這也會使公司對業界景氣轉趨低迷產生一觸即發的敏感性，而且代價高昂。快馬加鞭減少投資和解雇員工的經理人會發現，當業界景氣再次復甦時，要重拾失去的技能並加強投資以迎頭趕上，得花更長的時間。結果，它們在每一次的景氣循環中失去市場占有率。尤其是在人才召募競爭激烈，以及競爭對手馬不停蹄投資的產業中，分母管理會導致企業持續落後。

把總經理視爲可移動的釘子的概念，使分母管理的問題更爲強化。這件事要怪大學的商學院，因爲它們爲經理人灌輸這樣的觀念：一方面計算淨現值，另一方面進行組合規畫的經理人，可以管理任何地方的任何企業。

許多多角化經營的公司中，高階經理人只根據數字考核部門經理，因爲不存在其他討論空間。經理人在「職業生涯發展」的過程中異動許多次，以至於他們經常不了解管理業務的細微差異。例如，奇異負責重要新事業的一位經理人升遷快速，5年內待過5個業務單位。當他面對的日本競爭對手經理人在相同的業務中磨練已長達超過10年時，他的一連串成功終於寫下句點。

不管能力和投入的努力如何，升遷快速的經理人都不太可能培養必須討論的技術選項、競爭對手策略與全球機會等深入的業務知識，因此到頭來，他們的討論總是落到「數字」上，而經理人的附加價值只限於他們從一個職務帶到另一個職務的財務與規畫能力。對公司內部規畫和會計系統的理解，取代對業務的實質了解，導致競爭性創新不可能出現。

當經理人知道他們指派擔任的職務時間只有二到三年，便會感到巨大的壓力，需要快速創造佳績。這種壓力通常造成兩種形式的結果：一是經理人不投入時間會超過預定任期的目標，二是將雄心勃勃的目標擠壓到不切實際的短期裡面。目標放在成爲某項業務的龍頭，是策略意圖的本質，但是將這個目標設下三到四年的期限，只會招來災難。結果，併購其他企業時，他們很少關注日後的整合問題，組織因爲推展各項計畫而不堪負荷；這是在沒有充分注意競爭後果下所形成的合資公司。

幾乎每一個策略管理理論和企業規畫系統都以策略層級結構爲前提，由整體企業目標指導業務單位的策略，而業務單位的策略指導職能戰術。[5]在這個組織結構中，資深管理階層負責制定策略，下層單位負責執行。擬定和執行的二分法眾所周知，並廣爲接受，但管理階層採用的精英觀點，往往剝奪大部分組織成員參與經營的權利，從而削弱競爭力。員工無法辨識企業目標，或深入參與提高競爭力的工作。

策略層級當然不是管理階層精英觀點的唯一解釋，但圍繞成功高階經理人的神話，像是「李・艾科卡（Lee Iacocca）拯救克萊斯勒」、「卡洛・德・貝內代蒂（Carlo De Benedetti）使歐里維帝（Olivetti）起死回生」、「約翰・史考利扭轉蘋果的頹勢」，使這種觀點延續下去。動盪不安的企業經營環境也是。受到超越掌控能力外的狀況打擊的中階經理人，也迫切想要相信高階經理人握有的所有答案。反過來說，高階經理人因爲害怕打擊低階員工的士氣，也不願承認事實不是如此。

所有這一切的結果，往往是高層保持沉默，讓公司競爭力問題的全貌並沒有廣爲員工所知。例如，我們訪問一家公司的業務部門經理，他們非常焦慮，因為高層沒有公開談論公司面臨的競爭挑戰。他們認為，高層主管不談這件事，表示他們沒有感受到競爭壓力。但當這些經理被問到他們是否會對部屬開誠布公時，他們回答：雖然他們可以面對問題，但底下的人卻不能。事實上，基層員工唯一一次聽到公司的競爭力問題，是在工資談判期間，因為公司高層用這個問題要求他們讓步。

遺憾的是，每個人都察覺到、卻沒有人談論的威脅，比已經清楚確認、並成為全公司解決問題工作重點的威脅更令人焦慮。這就是高階經理人的誠實和謙遜可能是振興公司先決條件的一個原因。另一個原因是需要讓「參與」一詞不只是口頭上說說而已。

品質圈和全面顧客服務等計畫往往達不到預期，因為管理階層沒有認清成功執行需要的不只有行政管理結構的調整。培養新能力遇到困難，通常歸結為「溝通」問題，但沒有明說的假設是，如果向下溝通更有效果的話（「如果中階經理人有話直說」），新計畫會很快扎根。向上溝通的需求經常遭到忽視，或被認為只是意見回饋而已。相比之下，日本公司會勝出，並不是因為它們的經理人比較聰明，而是因為它們發展出善用「蟻丘智慧」的方法。它們意識到高階經理人有點像乘坐太空梭繞行地球的太空人。太空人可能獲得所有的榮耀，但每個人都知道，飛行任務背後的真正智慧無疑是來自地面。

在策略制定屬於精英部門的情況下，也很難產生眞正有創意的策略。一方面，各事業部門或總公司規畫部門沒有夠多的人才和觀點去挑戰傳統智慧，另一方面，有創意的策略極少來自年度計畫這類例行公事。明年策略的起點幾乎都是今年的策略；改進是緩步漸進的。即使眞正的機會可能在別的地方，企業卻仍堅守它熟悉的市場區隔和領域。佳能率先踏進個人影印機業務的動力來自一家海外銷售的子公司，而不是來自日本本土的高階管理階層。

策略層級結構的目標仍然有效：它可以確保組織上下的一致，但這種一致性最好來自明確闡述的策略意圖，而非來自由上而下缺乏彈性的計畫。1990年代的挑戰將是賦予員工權力，發揮創意，開創各種方法，以實現雄心勃勃的目標。

我們極少在爭奪全球領導地位後來居上的公司高階經理人中，找到行事小心謹愼的行政管理人員，但在研究投降的組織時，總是能夠發現資深經理人不管出於什麼原因，都缺乏勇氣帶領公司投入超出規畫和現有資源可及的宏偉目標。他們設定的保守目標無法爲競爭性創新帶來壓力與熱情，也無法提供組織實用的指引。財務目標和模糊的任務說明無法提供一致性的方向，而這是贏得全球競爭性戰役的先決條件。

這種保守心態通常被歸咎於金融市場。但我們相信，在大多數情況下，投資人所謂的搶短線心態，只是反映他們對資深經理人構思與達到更高目標的能力缺乏信心。一家公司的董事長吐苦水說，即使將已動用資本報酬率（return on capital employed）提高到40％以上（透過冷酷無情的撤離績效不彰的業務，並縮小其他業務的規模），股票市場仍然給他的公司8倍的本益比。當然，市場發出的訊息很清楚：「我們不信任你，你沒有展現實現獲利成長的能力，你只是割捨多餘的業務、管理好分母，也許你會被能以更有創意的方式運用貴公司資源的公司併購。」大多數西方大型公司的業績紀錄很少能讓股票市場抱持信心。投資人並不是徹底的短期心態，他們有理由抱持懷疑的態度。

我們相信，高階經理人的審慎作爲，反映出他們只想提高財務目標，卻對帶領公司振興缺乏信心。培養組織能夠實現艱鉅目標的信念、激勵它起而行、集中夠長的注意力來讓新能力得以內化，這些是高階經理人面臨的眞正挑戰。高階經理人只有迎接這份挑戰，才能鼓起勇氣全力投入，帶領公司贏得全球領導者的地位。

## 註釋

1. 最早將策略的概念應用在管理上的是H. Igor Ansoff in *Corporate Strategy: An Analytic Approach to Business Policy for Growth and Expansion* (McGraw-Hill, 1965) and Kenneth R. Andrews in *The Concept of Corporate Strategy* (Dow Jones-Irwin, 1971)。
2. Robert A. Burgelman, “A Process Model of Internal Corporate Venturing in the Diversified Major Firm,” *Administrative Science*

*Quarterly*, June 1983.

3. 例如，見Michael E. Porter, *Competitive Strategy* (Free Press, 1980).
4. 多角化經營公司資源配置的策略框架總結可見Charles W. Hofer and Dan E. Schendel, *Strategy Formulation: Analytical Concepts* (West Publishing, 1978).。
5. 例如，見Peter Lorange and Richard F. Vancil, *Strategic Planning Systems* (Prentice-Hall, 1977).

---

（羅耀宗譯，轉載自2005年7月至8月號《哈佛商業評論》，最初在1989年5月至6月號發表）

---

## 蓋瑞・哈默爾

倫敦商學院（London Business School）客座教授，非營利組織「管理實驗室」（Management Lab）創辦人。他也是《人本體制》（*Humanocracy*）的合著者。

## 普哈拉

密西根大學羅斯商學院（University of Michigan's Ross School of Business）的保羅和露絲麥克拉肯（Paul and Ruth McCracken）傑出大學策略教授。

# 譯者簡介

### 周旭華

師範大學英語系畢業，英國瑞汀大學歐洲與國際研究所碩士，政治大學法律系碩士，政治大學外交系國際關係學博士。譯有《競爭策略》等商管經濟趨勢書十餘種。

### 吳佩玲

國立政治大學企業管理學系、企業管理研究所畢業，曾於美國紐約大學專業進修教育學院及明尼蘇達大學管理學院進修。譯有《危機管理》、《如何成爲領導人》（天下文化出版）。

### 胡瑋珊

中興大學經濟學系畢業，曾任英商路透社財經新聞編譯、記者，目前爲專業口筆譯人員。譯作四度榮獲經濟部金書獎。譯作散見財經、企管、科技、勵志等各領域。

## 李明

臺大商學系畢業，政大財政學研究所畢業，曾任職民間及政府研究機構、證券業。現爲自由譯者與特約編輯。曾譯有《亂序》、《記憶七罪》、《全球化的許諾與失落》、《收買與出賣的祕密》、《企業的性格與命運》（以上均爲大塊出版）、《執行力》、《成長力》（以上均爲天下文化出版）等。

## 林蔭庭

台灣大學外文系學士。美國德州大學奧斯汀校區新聞碩士。曾任《遠見雜誌》記者、天下文化出版公司副總編輯。著有《追隨半世紀——李煥與經國先生》、《尋找世紀宋美齡——一個紀錄片工作者的旅程》；譯有《亞洲大趨勢》、《回歸眞愛》（以上皆由天下文化出版）。

## 劉純佑

國立政治大學新聞系學士。美國美利堅大學國際關係碩士。曾任報社編譯、金融學刊經理、投顧翻譯。與人合譯有《誰是美國人？》、《哈佛教你推動醫療管理》、《哈佛教你行銷策略》、《跟著哈佛修練職場好關係》、《哈佛教你精修管理力》。

## 林麗冠

台灣大學中文系學士，美國密蘇里大學新聞碩士，從事編輯及翻譯工作多年，譯作《玩具盒裡的創新》和《獲利的魔鬼，就躲在細節裡》曾榮獲金書獎。

## 周宜芳

臺灣大學國際企業學系畢，後負笈劍橋大學經濟學研究所。曾任職金融人員、出版社財經主編。現爲自由譯者，譯作累積近四十種，曾獲經濟部中小企業金書獎。

## 林俊宏

臺灣師範大學翻譯研究所博士。喜好電影、音樂、閱讀、閒晃，覺得把話講清楚比什麼都重要。譯有《人類大歷史》、《人類大命運》、《21世紀的21堂課》、《大數據》、《大數據資本主義》、《造局者》、《人類大歷史：知識漫畫》（合譯）等書。

## 游樂融

政大企業管理學系畢業。曾任職《哈佛商業評論》全球繁體中文版，現為自由工作者，主要從事英翻中筆譯、撰稿等文字工作。

## 潘東傑

曾任中視新聞部國際新聞室編譯、副主任，有《大象與跳蚤》、《視野：杜拉克談經理人的未來挑戰》等十一本譯作。

## 羅耀宗

台灣清華大學工業工程系、政治大學企業管理研究所碩士班畢業。曾任《經濟日報》國外新聞組主任、寰宇出版公司總編輯。著有《Google：Google成功的七堂課》（獲經濟部中小企業處金書獎）、《第二波網路創業家：Google, eBay, Yahoo劃時代的繁榮盛世》。譯作無數，包括《雪球：巴菲特傳》（合譯）、《坦伯頓投資法則》、《誰說大象不會跳舞——葛斯納親撰IBM成功關鍵》、《資訊新未來》、《意外的電腦王國》等。

## 張玉文

台灣新竹人，台大外文系畢業，美國威斯康辛大學麥迪遜校區新聞碩士，曾任職《天下雜誌》、《聯合報》、《遠見雜誌》，目前擔任《哈佛商業評論》全球繁體中文版資深編務顧問，譯有《知識管理》等書，以及採訪整理兩本書籍《宏碁的世紀變革》、《實在的力量》。

## 侯秀琴

台灣大學圖書館學系學士，淡江大學美國研究所碩士。曾任職於中時晚報、時報出版公司、遠見天下文化出版集團《哈佛商業評論》。譯作有：《中國大趨勢》、《大移轉》、《雪球：巴菲特傳》（合譯）、《西方憑什麼》（合譯）等。

## 蘇偉信

美國賓州大學碩士。《哈佛商業評論》譯者。

## 陳佳穎

台北人，在美國主修社會學，目前從事顧問工作，同時也熱愛翻譯書籍、影片字幕、商業文案、各類型的雜誌文章。

## 黃秀媛

台灣大學外文系畢業，台大外文研究所碩士，曾任《聯合報》、《世界日報》編譯。譯有《巨龍》、《生命在愛中成長》、《愈成熟，愈快樂》、《男人新中年主張》、《十誡》、《半斤非八兩》、《杜拉克精選：社會篇》、《完全通路行銷》、《關鍵十年》、《沃爾瑪王朝》、《藍海策略》、《思考型工作者》、《簡單的法則》、《急迫感》、《長尾理論》、《簡單的領導》等（以上皆爲天下文化出版）。

**國家圖書館出版品預行編目(CIP)資料**

哈佛商業評論最有影響力的30篇文章/《哈佛商業評論》編著；《哈佛商業評論》中文版特約翻譯群譯. -- 第一版. -- 臺北市：遠見天下文化出版股份有限公司, 2022.06
608面；14.8×21公分. -- (財經企管；BCB774)
譯自：HBR at 100 : the most influential and innovative articles from Harvard Business Review's first century.

ISBN 978-986-525-671-5(精裝)

1.CST: 職場成功法 2.CST: 企業管理 3.CST: 文集

494.35 111008936

財經企管 BCB774

# 哈佛商業評論最有影響力的 30 篇文章

## HBR at 100: The Most Influential and Innovative Articles from Harvard Business Review's First Century

編者 ──《哈佛商業評論》
譯者 ──《哈佛商業評論》中文版特約翻譯群

總編輯 ── 吳佩穎
書系副總監暨責任編輯 ── 蘇鵬元
協力編輯 ── 黃麗瑾、周奕君、黃雅蘭
封面設計 ── 張議文

出版者 ── 遠見天下文化出版股份有限公司
創辦人 ── 高希均、王力行
遠見・天下文化 事業群榮譽董事長 ── 高希均
遠見・天下文化 事業群董事長 ── 王力行
天下文化社長 ── 林天來
國際事務開發部兼版權中心總監 ── 潘欣
法律顧問 ── 理律法律事務所陳長文律師
著作權顧問 ── 魏啟翔律師
社址 ── 台北市 104 松江路 93 巷 1 號
讀者服務專線 ──（02）2662-0012 ｜傳真 ──（02）2662-0007；（02）2662-0009
電子郵件信箱 ── cwpc@cwgv.com.tw
直接郵撥帳號 ── 1326703-6 號　遠見天下文化出版股份有限公司

電腦排版 ── 立全電腦印前排版有限公司
製版廠 ── 東豪印刷事業有限公司
印刷廠 ── 祥峰印刷事業有限公司
裝訂廠 ── 精益裝訂股份有限公司
登記證 ── 局版台業字第 2517 號
總經銷 ── 大和書報圖書股份有限公司｜電話 ──（02）8990-2588
出版日期 ── 2022 年 6 月 30 日第一版第 1 次印行
2024 年 1 月 29 日第一版第 10 次印行



定 價 ── NT 800 元
ISBN ── 978-986-525-671-5 ｜ EISBN ── 9789865256722（EPUB）；9789865256739（PDF）
書 號 ── BCB774
天下文化官網 ── bookzone.cwgv.com.tw